Schultz **Elektrische Meßtechnik**

1000 Begriffe für den Praktiker

Elektrische Meßtechnik

Herausgeber
Dipl.-Ing. Jürgen Schultz

Dr. Alfred Hüthig Verlag Heidelberg

Autoren:

Dipl.-Ing. Jürgen Schultz, Freital
Dipl.-Ing. Konrad Dörrer, Pirna
Dr. Gottfried Gubsch, Dresden

CIP-Kurztitelaufnahme der Deutschen Bibliothek

Schultz, Jürgen:
Elektrische Meßtechnik / [Autoren: Jürgen Schultz ;
Konrad Dörrer ; Gottfried Gubsch]. Hrsg. Jürgen
Schultz. – Heidelberg : Hüthig, 1986.
  (1000 Begriffe für den Praktiker)
  ISBN 3-7785-1131-9
NE: Dörrer, Konrad; Gubsch, Gottfried; HST

Ausgabe des Dr. Alfred Hüthig Verlag, Heidelberg, 1986
© VEB Verlag Technik, Berlin, 1986
Printed in the German Democratic Republic
Lichtsatz: Druckerei Neues Deutschland
Offsetdruck und Buchbinderei: Offizin Andersen Nexö, Graphischer Großbetrieb, Leipzig III/
18/38

Vorwort

Die elektrische Energie ist zu einem der wichtigsten Hilfsmittel in der modernen Industrie-Gesellschaft geworden. Zwangsläufig entwickelte sich damit als eines der notwendigen Glieder die elektrische Meßtechnik. Elektrotechnik, Elektronik und Mikroelektronik stellen immer höhere Anforderungen an die Meßgeräte und deren Meßgenauigkeit. Alte Instrumente erfüllen die Anforderungen zum fehlerfreien Ermitteln der Meßdaten nur noch bedingt. Neue Geräte, die den Forderungen der Wissenschaft und Technik entsprechen, sind in den letzten Jahren geschaffen worden. Die Vielfalt der Anwendungsbereiche und Einsatzmöglichkeiten erfordert darum besonders vom Praktiker umfassendes Wissen über die Meßgeräte und deren Einsatz.
Das Lexikon ist behilflich, sich mit dem Gebiet der elektrischen Meßtechnik vertraut und sie für die Praxis nutzbar zu machen. Die Erklärungen der 1000 Stichwörter geben Antwort auf wichtige Fragen zum Sachgebiet. Dabei wendet es sich einerseits an den Elektro-Fachmann, der zur schnellen Klärung von Sachfragen einer Hilfe bedarf; andererseits vermittelt es vom Auszubildenden in den Elektrohandwerken bis hin zum Hobbyelektroniker das Grundsätzliche zum Messen, einer der Tätigkeiten in der Elektrotechnik/Elektronik.
Im Anhang des Lexikons werden die zu den Themenkomplexen gehörenden wichtigsten Normen, VDE- und IEC-Bestimmungen genannt. Ziffern am Ende vieler Texte verweisen darauf. Der Nutzer kann so Nummer und Titel der Bestimmungen schnell finden und sich auf diesem Wege mit weiteren Informationsquellen bekannt machen.

Herausgeber, Autoren und Verlag

Hinweise

- Das Lexikon enthält 1000 Stichwörter in alphabetischer Folge. Der zum Stichwort gehörende Text gibt eine in sich geschlossene Information.
- Der Text besteht aus einer Definition und einem Ausführungsteil. Die Definition bestimmt in knappen Worten den Begriff des Stichworts.
- Der Ausführungsteil bringt in Wort und Bild dem Praktiker dienliche Erläuterungen.
- Verweispfeile machen deutlich, daß in dem Stichwort, auf das verwiesen wird, zusätzliche Informationen enthalten sind, die unter Umständen zum besseren Verständnis notwendig sein können.
- Die Stichwörter sind im Text abgekürzt. Es wird stets nur ihr Anfangsbuchstabe genannt.
  Grammatische Änderungen wurden wegen der besseren Lesbarkeit nicht berücksichtigt.
- Die am Ende vieler Texte zum Stichwort stehenden Verweise auf den Anhang machen deutlich, daß es Bestimmungen bzw. Vorschriften zu beachten gilt. Geradestehende Zahlen vor dem Schrägstrich führen zum Verzeichnis der Normen, VDE- und IEC-Bestimmungen, hinter dem Schrägstrich stehende schräge (kursive) Zahlen verweisen auf Standards.
- Bei der Arbeit mit den zitierten Quellen ist zu beachten, daß stets nur die mit dem neuesten Ausgabedatum versehenen Normen, Bestimmungen bzw. Standards verbindlich sind.

Abfallzeit
→ Anstiegszeit

Abgleichen
→ Justieren

Ableitungsskala
→ *Skala eines Meßmittels, die im Unterschied zur* → *Direktskala in den Werten einer indirekt gemessenen Größe kalibriert ist.*
Einem Meßgerät mit einer A. wird ein Abbildungssignal der Meßgröße oder eine mit der Meßgröße gesetzmäßig verknüpfte andere Größe zugeführt. Aus dieser Zwischengröße wird die Anzeige abgeleitet. Die Teilungsmarken der A. geben aber die Werte der Meßgröße an. – Anh.: 6, 63, 64, 69, 83/24, 57, 67.

Ablenkelektroden
(Ablenkplatten). Elektroden innerhalb einer → *Elektronenstrahlröhre, die der elektrostatischen* → *Strahlablenkung dienen.*
Zwischem dem Elektronenstrahlerzeugersystem und dem Bildschirm sind zwei metallene Plattenpaare rechtwinklig zueinander angeordnet. An sie werden die Spannungen zur Strahlablenkung angelegt.
Der Elektronenstrahl durchläuft zuerst die katodennahen Y-Platten (oft mit d_{11} oder y und d_{12} oder y′ gekennzeichnet) und wird dabei in vertikaler Richtung abgelenkt. Die horizontale Ablenkung erfolgt durch die bildschirmnäher angeordneten X-Platten (Kennzeichen d_{21} oder x und d_{22} oder x′).
Um eine optimale Strahlablenkung zu erreichen, erhalten die A. geeignete Formen und werden häufig in kleine Einzelplattenpaare (Kapazitätssegmente), die direkt oder über Induktivitäten verbunden sind, unterteilt. – Anh.: 103, 104, 134/17, 28, 29.

Ablenkempfindlichkeit
→ *Empfindlichkeit einer Elektronenstrahlröhre oder eines Oszilloskops.*
Die A. gibt an, um welche Strecke X bzw. Y in Längeneinheiten (z. B. mm, cm) oder in (Raster-)Teilstrichabständen (z. B. DIV, T.) der Leuchtpunkt auf dem Bildschirm durch eine Spannung von 1 V am jeweiligen Anschluß (u_x bzw. u_y) abgelenkt wird:
A. in vertikaler Richtung

$$E_y = \frac{Y}{u_y} \quad \text{z. B. in } \frac{\text{mm}}{\text{V}}, \frac{\text{T.}}{\text{V}}$$

A. in horizontaler Richtung

$$E_x = \frac{X}{u_x} \quad \text{z. B. in } \frac{\text{mm}}{\text{V}}, \frac{\text{T.}}{\text{V}}$$

Vielfach wird der Kehrwert der A. als → Ablenkkoeffizient angegeben.
Die A. einer → Elektronenstrahlröhre wird durch ihre Konstruktion bestimmt (→ Strahlablenkung).
Die A. eines → Oszilloskops setzt sich aus den Kennwerten der Elektronenstrahlröhre und der vorgeschalteten Baugruppen zusammen. Ihr Kehrwert wird als Ablenkkoeffizient bei der oszilloskopischen → Spannungsmessung genutzt. – Anh. 72/78.

Ablenkfaktor
→ Ablenkkoeffizient

Ablenkkoeffizient
(Ablenkfaktor). Kennwert eines Oszilloskops.
Der A. gibt an, welche Spannung am jeweiligen Oszilloskopeingang (u_y bzw. u_x) notwendig ist, um den Leuchtpunkt auf dem Bildschirm um eine Längeneinheit (z. B. mm, cm) oder einen (Raster-)Teilstrichabstand (z. B. DIV, T.) abzulenken.
A. in vertikaler Richtung

$$K_y = \frac{u_y}{Y} \quad \text{z. B. in } \frac{\text{V}}{\text{mm}}, \frac{\text{V}}{\text{T.}}$$

A. in horizontaler Richtung (bei X-Betrieb)

$$K_x = \frac{u_x}{X} \quad \text{z. B. in } \frac{\text{V}}{\text{mm}}, \frac{\text{V}}{\text{T.}}$$

Der A. ist der reziproke Wert der → Ablenkempfindlichkeit. Er ist für eine vom Hersteller festgelegte Stellung (CAL oder andere Markierungen) des Amplituden-(Verstärkungs-)Feineinstellers am Schalter des Eingangsspannungsteilers auf der Frontplatte bzw. am Knopfkragen oder durch alphanumerische Einblendungen auf dem Bildschirm (read out) angegeben.
Mit dem A. wird bei der oszilloskopischen → Spannungsmessung durch Multiplikation mit der auf dem Bildschirm bestimmten Auslenkung des Leuchtpunkts der Spannungswert bestimmt. – Anh.: 72/78.

Ablesefehler

Ablesefehler
→*Beobachtungsfehler, dessen Ursache die ungenaue Ablesung der Anzeige eines Meßmittels durch den Messenden ist.*

Zufälliger Fehler, der beim Ablesen der Anzeige von einem Meßmittel auftreten kann.
Vielfach versteht man unter A. auch den kleinsten an einer Skala noch ablesbaren oder abschätzbaren Wert.
Der A. wird manchmal unexakt als Ablesegenauigkeit oder nur kurz als Genauigkeit bezeichnet.
→Parallaxe

Abschaltbedingung
Kriterium beim →*Prüfen der Schutzmaßnahmen gegen gefährliche elektrische Durchströmung mit Schutzleiter.*
– Anh.: 111/99.

Absorptionsfrequenzmesser
Meßgerät zur Frequenzmessung nach dem →*Resonanzverfahren.*

Der A. ist zur Vermeidung von Rückwirkungen möglichst lose (induktiv oder kapazitiv) an die Meßstelle angekoppelt (Bild).

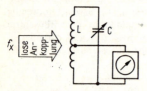

Absorptionsfrequenzmesser

Der Schwingkreis des A. hat ein veränderbares und meist in Hz (kHz, MHz) kalibriertes Bauelement (im Bild: C). Damit läßt sich am Indikator ein Maximum einstellen. Die Frequenz f_x ist dann gleich der am Kondensator C eingestellten Frequenz.

Abtastoszilloskop
→Samplingoszilloskop

Abweichung
Nichtübereinstimmung (Differenz) des beobachteten (Ist-)Zustands bzw. Wertes mit einem vorgegebenen (Soll-)Zustand oder Wert.
Umgangssprachlich für absoluter → Fehler; Kurzform für → Standardabweichung.
Anh.: 6/77.

AC
Abk. für alternating current. Kurzbezeichnung für Gleichstrom oder Gleichspannung.
– Anh.: 33, 34, 41, 43, 47, 63/38, 64.

Achslager
→ *Lager bei elektrischen Meßgeräten.*
Je nachdem, ob die Achsen des beweglichen Organs in Spitzen oder schwachverrundeten Zapfen auslaufen, unterscheidet man → Spitzenlager und ⋯→ Zapfenlager. – Anh.: 21. 83/–

ADU
(A/D-Umsetzer). Abk. für → *Analog/Digital-Umsetzer.*

A-Gleichrichtung
Betriebsart bei der → *Meßgleichrichtung mit spezieller Lage des Arbeitspunktes.*

Im Unterschied zur → B- und → C-Gleichrichtung liegt bei der A. der Arbeitspunkt (A) im nutzbaren Teil der Flußkennlinie des Gleichrichterbauelements (Bild).

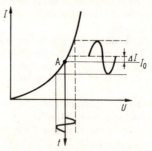

A-Gleichrichtung

Der Richtstrom ΔI als Mittelwert des dem Ruhestrom I_0 überlagerten Wechselstromanteils ist ein Maß für den Effektivwert der angelegten Wechselspannung.
Bei quadratischem Kennlinienverlauf ergibt sich für den angezeigten Strom der Zusammenhang $I = k U^2$ (k Kennlinienkonstante). Man spricht dann auch von quadratischer Gleichrichtung. Bei Anwendung besonderer Schaltungen zur A. werden diese als quasiquadratische Gleichrichter bezeichnet.

AM
Abk. für → *Amplitudenmodulation.*
Anh.: 107/–

Amplitude

Amplitude
→ *Scheitelwert einer sinusförmigen Wechselgröße (Bild).*

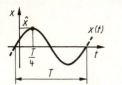

Amplitude

A. werden als größter Augenblickswert einer → Sinusgröße mit dem Formelzeichen $\hat{x}$ oder x_m gekennzeichnet (z. B. $\hat{u}$, u_m). Bei sinusverwandten Größen spricht man von einer zeitlich abhängigen A. – Anh.: 15 / 61.

Amplitudenmodulation
(Abk. AM) Modulationsverfahren, bei dem die Amplitude einer Schwingung zeitlich verändert wird.
Die Amplitudenänderung der meist hochfrequenten Schwingung u_{HF} (Trägerfrequenz) erfolgt im Takt einer niederfrequenten Schwingung u_{NF} (Signalfrequenz), welche die zu übertragene Information enthält (Bild).

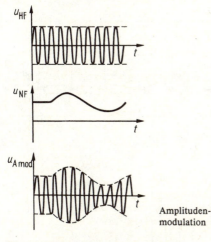

Amplitudenmodulation

Die wichtigste Kenngröße der A. ist der → Modulationsgrad. Bei der A. entstehen Seitenfrequenzen. Die obere Seitenfrequenz ist die Summe von Hoch- und Niederfrequenz, die untere die Differenz von Hoch- und Niederfrequenz. Bei der A. mit einem Niederfrequenzband bildet sich oberhalb und unterhalb der Trägerfrequenz ein oberes und unteres Seitenband.

Die A. wird in der Meßtechnik zur Fernübertragung von Meßsignalen benutzt. Einem Meßgenerator kann man meist auch eine amplitudenmodulierte Meßfrequenz entnehmen. – Anh.: 45, 107 / –

Analoganzeige
Lat. analogia, gleiches Verhältnis → Anzeige eines Meßmittels in Form einer dem Wert der Meßgröße entsprechenden Strecke oder eines Winkels.
Bei den meisten Meßgeräten besteht die A. aus einer → Anzeigemarke und einer → Strichskala bzw. einem → Raster. Beim Ablesen bildet der Messende aus der stetigen Anzeige eine quantisierte Zahl und gewinnt daraus den Meßwert. Die Ablesegenauigkeit ist von der Genauigkeit und der Länge der Skala, der Feinheit der Anzeigemarke und vom Geschick des Ablesenden abhängig. – Anh.: 6 / 63, 64.

Analog/Digital-Umsetzer
(A/D-Umsetzer, allg. abgekürzt ADU). Funktionseinheit einer Meßeinrichtung um eine analoge Meßgröße in ein digitales Signal umzuwandeln (→ Analog/Digital-Umsetzung).
Im A. werden analog vorliegende Werte der Meßgröße bewertet, in Digitalschritte (→ Inkrement) zerlegt und gezählt bzw. codiert.
Je nach Funktionsprinzip unterscheidet man:
● A. mit Spannungs-Zeit-Umsetzung. (auch Sägezahnumsetzer).
→ Analog/Digital-Umsetzung unter Verwendung einer Sägezahnspannung als Vergleichsspannung.
Es wird die analog vorliegende Meßspannung u_x mit einer sägezahnförmig ansteigenden Vergleichsspannung u_s eines → Sägezahngenerators mittels → Komparator verglichen (Bild a).

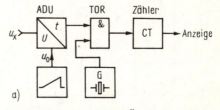

a)

Analog/Digital-Umsetzer. a) Übersichtsschaltplan

Erreicht die Sägezahnspannung einen Bezugswert u_0, z. B. den Wert Null, dann laufen Impulse eines → Impulsgenerators mit Quarzstufe über eine → Torschaltung in den Zähler

Analog/Digital-Umsetzer

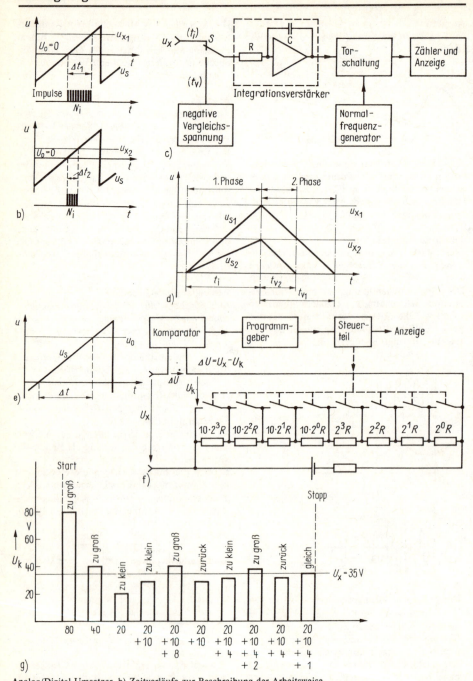

Analog/Digital-Umsetzer. b) Zeitverläufe zur Beschreibung der Arbeitsweise c) Übersichtsschaltplan; d) Zeitverläufe zur Beschreibung der Wirkungsweise; e) Änderung des Zeitintervalls; f) Grundschaltung; g) Ablauf des Meßvorgangs

ein. Erreicht die Sägezahnspannung u_s die Meßspannung u_x, stoppt eine Torschaltung die Impulse. Die Impulse werden während dieser Toröffnungszeit gezählt und ihre Anzahl wird angezeigt (Bild b). Die Zahl der Impulse N_i in der Zeit Δt entspricht dem Wert der Meßspannung u_x:

$N_i = K \cdot u_x$

● **A. nach dem Ausschlagverfahren.** (Weg- bzw. Winkelumsetzer).
Die Meßgröße liegt als analoger Ausschlag (Weg oder Winkel) vor oder wird in einen solchen gewandelt.
Durch Schablonen mit regelmäßiger Rasterung erfolgt nur eine Quantisierung (→ inkrementaler Geber). Hat die Schablone ein geeignetes Codemuster (→ Codewegumsetzer) wird der Ausschlag quantisiert und codiert. Die Abtastung der Schablonen kann beim Wechsel von magnetischen und nichtmagnetischen Streifen magnetisch oder beim Wechsel von lichtdurchlässigen bzw. reflektierenden und lichtundurchlässigen bzw. nichtreflektierenden Streifen optisch bzw. optoelektronisch erfolgen.

● **A. nach dem Doppelintegrationsverfahren**
Art des A. nach dem Integrationsverfahren.
Bei der Doppelintegration erfolgt die Messung in zwei Zeitphasen. Zunächst wird mittels eines Integrationsverstärkers die Meßspannung u_x in eine Sägezahnspannung umgewandelt. Dann wird in der zweiten Phase mittels Schalters eine negative Vergleichsspannung angelegt. Diese entlädt den Integrationskondensator C (Bild c).
In der ersten Phase t_i entsteht eine von der Meßspannung u_{x1} bzw. u_{x2} im Anstieg abhängige Sägezahnspannung u_{s1} bzw. u_{s2}. Durch die Entladung des Integrationskondensators wird in der zweiten Phase t_v wird die Entladezeit t_{v1} bzw. t_{v2} gemessen. Diese ist vom Wert der Meßspannung abhängig (Bild d).
A. nach dem Doppelintegrationsverfahren zeichnen sich durch gute Störspannungsunterdrückung aus. Die feststehende Umsetzungszeit ermöglicht einen direkten Anschluß an Rechnereinheiten.

● **A. nach dem Integrationsverfahren**
Art der → Analog/Digital-Umsetzung mittels Integration der Meßspannung.
Die Sägezahnspannung wird (im Unterschied zum A. mit Spannungs-Zeit-Umsetzung) durch Integration der Meßspannung gebildet.

Der Anstieg der Sägezahnspannung u_s wird vom Wert der Meßspannung bestimmt. Indem sich bei Veränderung der Meßspannung ein anderer Anstieg der Sägezahnspannung u_s ergibt, verschiebt sich auch der Schnittpunkt mit der Vergleichsspannung u_o. Damit verändert sich auch das Zeitintervall Δt (Bild e).
Als elektronischer Integrator wird ein Operationsverstärker verwendet. Der Vorteil dieses Verfahrens liegt in der Störspannungsunterdrückung beim Meßvorgang.
In der Praxis wird überwiegend der A. nach dem Doppelintegrationsverfahren verwendet.

● **A. nach dem Kompensationsverfahren**
Möglichkeit der → Analog/Digital-Umsetzung unter Nutzung des → Kompensationsverfahrens.
Es gibt zwei Möglichkeiten der Kompensation (→ Gleichspannungskompensator). Bei Anwendung des Potentiometerverfahrens wird die analog vorliegende Meßspannung U_x mit einer hochkonstanten, dem gewählten Code entsprechend (z. B. binär-tetradisch) abgestuften Kompensationsspannung U_k verglichen. Eine Steuerlogik schaltet elektronisch Widerstände eines Präzisionsspannungsteilers zu oder ab, bis der → Komparator die Gleichheit feststellt und die Messung beendet wird (Bild f).
Die Wertigkeit der dem gewählten Code entsprechend abgestuften Widerstände wird erfaßt und digital angezeigt (Bild g). –
Anh.: 75, 79/64.

Analog/Digital-Umsetzung
(auch Digitalisierung). Verfahren zur Umsetzung einer analogen Meßgröße (→ Analogmeßverfahren) in ein digitales Signal (→ Digitalmeßverfahren).
Funktionseinheiten zur A. nennt man → Analog/Digital-Umsetzer.

Analogmeßverfahren
Meßverfahren der Analogmeßtechnik.
Man nennt ein → Meßverfahren analog bzw. ein Meßgerät oder eine Meßeinrichtung analog arbeitend, wenn die Ausgangsgröße (meist eine Anzeige) eine stetige Funktion der Änderung der Meßgröße (als Eingangsgröße) ist. Bei vielen A. ergeben sich die Meßwerte innerhalb eines Meßbereichs aus der Stellung einer Marke gegenüber einer Skala als stetige Strecken- oder Winkeländerung; dabei kann der Meßwert jeden beliebigen Wert annehmen. A.

Analogmeßverfahren

nutzen (im Unterschied zu → Digitalmeßverfahren) zur Darstellung des Meßwerts analoge Signale. – Anh.: 6/64.

Anlaufwert
(ungenau auch Ansprechempfindlichkeit). Wert, bei dem ein zählendes Meßgerät zu zählen beginnt.
Wegen der Reibung, besonders bei → Zählern, ist der A. nicht einheitlich. Man gibt deshalb nur an, daß der A. unterhalb einer bestimmten Grenze bleibt.
Bei Elektrizitätszählern gibt z. B. eine Leerlaufhemmung den Läufer frei, wenn die Belastung die Anlaufleistung übersteigt.

Ansprechempfindlichkeit
Ungenaue Bezeichnung für → Ansprechschwelle oder → Anlaufwert.

Ansprechschwelle
(Meßschwelle, auch Auflösungsvermögen). Kleinste Änderung der Meßgröße, die an einem → Meßmittel eine wahrnehmbare Anzeigeänderung oder bei → Meßwandlern eine feststellbare Änderung am Ausgang hervorruft.
Als A. wird auch oft der minimale Pegel bei der → Triggerung bezeichnet.
Die A. darf nicht mit der → Empfindlichkeit verwechselt werden.

Anstiegszeit
Dauer zwischen den beiden Zeitpunkten, zu denen die Augenblickswerte eines → Impulses vorgegebene Werte annehmen.
Wenn die Impulsform nicht zu einer anderen Festlegung zwingt, gilt als A. T_r die Zeit, die zwischen dem Erreichen von 10 % und 90 % des eingeschwungenen Höchstwertes (Impulsamplitude) an der steigenden Flanke vergeht (Bild).

$T_t = t_{r0,9} - t_{r0,1}$.

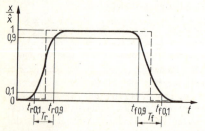

Anstiegszeit

Die Abfallzeit T_f ist analog der fallenden Flanke definiert:

$T_f = t_{f0,1} - t_{f0,9}$.

Anh.: 15, 72/61, 78.

Anwärmeinfluß
Erwärmung eines Meßgeräts durch den Meßstrom als → Einflußgröße.
Der A. wird bestimmt aus dem Unterschied der Anzeige nach kurzer (10 min) und langer (60 min) Einschaltdauer, wenn das Meßgerät mit 80 % des Meßbereichsendwerts betrieben wird.
Der A. ist nicht identisch mit dem → Temperatureinfluß. – Anh.: 78/57.

Anwendungsbedingung
(Nenngebrauchsbereich). Bedingungen, die für die Anwendung eines → Meßmittels mit seinem → Zubehör entsprechend seiner Art, seiner Konstruktion, seiner Ausführung und seinem Verwendungszweck eingehalten werden müssen (z. B. → Bezugsbedingungen).
A. werden in Vorschriften festgelegt oder vom Hersteller angegeben. – Anh.: 78/77

Anzeige
Wert der Meßgröße, der von einem → Meßmittel angezeigt und abgelesen werden kann.
Die A. kann direkt in Einheiten der zu messenden Größe, in anderen Einheiten oder in Skalenteilen erfolgen. Der → Meßwert entspricht der A. oder wird aus ihr ermittelt. – Anh.: 6/77.

Anzeigebereich
Bereich der Meßwerte, die von einem Meßgerät angezeigt werden können.
Der A. stimmt nicht immer mit dem → Meßbereich überein. Bei → Strichskalen ist er meist mit dem → Skalenbereich identisch. Ein Meßgerät kann mehrere durch Unterbrechungsbereiche getrennte Teila. haben. – Anh.: 115/31, 77.

Anzeigeeinrichtung
Teil eines Meßmittels, das zum Ablesen der Meßwerte bestimmt ist.
A. können in verschiedener Form ausgeführt werden. Man unterscheidet grundsätzlich → Analog- und → Digitalanzeige. – Anh.: –/77.

Anzeigegerät
Abk. für anzeigendes Meßgerät.

Anzeigemarke

Anzeigemarke
(kurz Marke). Teil der → Anzeigeeinrichtung.
Die A. kann ein Masse- oder Lichtzeiger, ein Leuchtpunkt, eine Kante, ein Flüssigkeitsspiegel, die Markierung eines Schaulochs o. ä. sein. Beim Meßvorgang nehmen die A. und eine → Skala bzw. ein → Raster eine bestimmte Stellung zueinander ein. Dabei ist es gleichgültig, ob sich die A. oder die Skala bewegt. Das Einstellen kann stetig oder sprungweise geschehen. Die Stellung der A. zu den → Teilungsmarken der Skala bestimmt die Anzeige des Meßgeräts. – Anh.: – / 77.

Anzeigestabilisierung
→ Synchronisation; → Triggerung

Äquilibrierung
Ausbalancieren des beweglichen Organs.
Das bewegliche Organ mit dem meist asymmetrisch angebrachten Zeiger soll in jeder Anzeigestellung ein labiles Gleichgewicht um die Drehachse einnehmen. Dieses Gleichgewicht wird durch Anbringen von Ausgleichgewichten (Bild) oder durch geeignete Bauteile (z. B. des Dämpfungsflügels) gegenüber dem Zeiger erreicht.

Äquilibrierung. *1* Zeiger; *2* Meßwerksachse; *3* Ausgleich- oder Äquilibriergewichte

Arbeit
→ Energie

Arbeitsbereich
(auch Arbeitsteil einer Skala). Skalenabschnitt bzw. -sektor, in dessen Grenzen die Meßgröße entsprechend der → Genauigkeitsklasse des Meßgeräts angezeigt wird.
Der A. ist bei elektrischen Meßgeräten mit dem → Meßbreich identisch. – Anh.: 6, 83 / 24, 57, 67.

Arbeitstemperaturbereich
Temperaturbereich, in dem Meßgeräte und/oder Zubehör bei konstanter Belastung störungsfrei arbeiten.
Der A. liegt i. allg. zwischen $-20\,°C$ und $+40\,°C$. Meßgeräte und Zubehör müssen aber nur innerhalb der Einflußbereiche (→ Temperatureinfluß) ihre Genauigkeitsklasse einhalten. Für einzelne Meßgerätegruppen (z. B. Registriergeräte) kann der A. eingeschränkt werden. – Anh.: – / 57.

Arbeitszyklus
Gesamtheit der aufeinanderfolgenden Vorgänge in einem Meßgerät, nach deren Ablauf der Anfangszustand wieder erreicht ist.
Anh.: – / 77.

arithmetisches Mittel
(Mittelwert, linearer Mittelwert). 1. Rechengröße der → Fehlerstatistik.
Formelzeichen $\bar{x}$ (gesprochen x-quer)

$$\bar{x} = \frac{1}{n} \sum_{i=1}^{n} x_i$$

Das a. M. gilt als Ergebnis einer Meßreihe, bei der n voneinander unabhängige Einzelwerte $x_1, x_2, x_3, \ldots x_i \ldots x_n$ unter gleichen Meßbedingungen gemessen wurden (→ Streuung).
Alle Meßwerte werden addiert und diese Summe durch die Anzahl der Messungen dividiert.
Das a. M. wird oft als Durchschnittswert bezeichnet und als endgültiges Meßergebnis der Meßreihe angegeben. Es ist aber nicht der wahre → Wert, der sich unter Ausschluß systematischer Fehler nur aus einer sehr großen Anzahl von Messungen ergibt. Man gibt deshalb → Vertrauensgrenzen zum a. M. an.
2. Zeitlicher Mittelwert einer periodischen Größe → Gleichwert.
– Anh.: 6, 110 / 77.

Aron-Schaltung
(Zwei-Leistungsmesser- bzw. Zwei-Wattmeter-Verfahren). Schaltung zur → Leistungsmessung im unsymmetrisch belasteten Drehstrom-Dreileitersystem.
● A. zur direkten → Wirkleistungsmessung
Ein Dreileitersystem kann man als System mit zwei Leitern und einem gemeinsamen Rückleiter auffassen. Deshalb reichen auch bei unsymmetrischer Belastung zwei Meßwerke aus (Bild a).

Aron-Schaltung

Die Strompfade sind in zwei Außenleiter geschaltet, an die auch die Eingangsklemmen der Spannungspfade (in Energieflußrichtung vor die Strompfade) angeschlossen sind. Die Ausgangsklemmen der Spannungspfade beider Meßwerke sind an die durchgehende Phase anzuklemmen (z. B. im Bild: Leiter 2). Grundsätzlich kann jeder Leiter als durchgehende Phase verwendet werden.
Beide Meßwerke bilden die Produkte $p_1 = u_{12}i_1$ und $p_2 = u_{32}i_3$. In einem Dreileitersystem ist stets $i_1 + i_2 + i_3 = 0$ und $u_{12} = u_1 - u_2$ sowie $u_{32} = u_3 - u_2$, so daß sich aus der Summe der beiden Meßwerkanzeigen die gesamte Drehstromleitung ergibt:

$$p = u_1 i_1 + u_2 i_2 + u_3 i_3 = u_1 i_1 - u_2 i_1 - u_2 i_3 + u_3 i_3$$
$$= i_1(u_1 - u_2) + i_3(u_3 - u_2) = p_1 + p_2 .$$

Die Anzeigewerte zweier einzelner Meßwerke P_1 und P_2 müssen addiert werden; bei der Verwendung eines → Mehrfachleistungsmessers wird der Wert der Gesamtleistung direkt angezeigt.
Bei einer Phasenverschiebung über 60° ($\cos\varphi < 0{,}5$) zeigt einer der Leistungsmesser einen „negativen Ausschlag".
Durch Vertauschen der Anschlüsse des Spannungspfades wird der Ausschlag wieder positiv

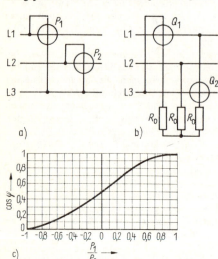

Aron-Schaltung. a) Zwei-Leistungsmesser-Schaltung zur Wirkleistungsmessung; b) Zwei-Leistungsmesser-Schaltung zur Blindleistungsmessung; c) Diagramm zur Ermittlung des Leistungsfaktors aus dem Verhältnis der Meßwerte P_1/P_2

und ist dann vom Anzeigewert des anderen Meßwerks zu subtrahieren.
In Netzen mit Erdschluß sind Messungen mit der A. unsicher, da die Voraussetzung, daß die Summe der Leiterströme Null ist, nicht mehr erfüllt ist. Bei genauen Messungen ist in Zweifelsfällen das → Drei-Leistungsmesser-Verfahren anzuwenden.
In Drehstrom-Vierleitersystemen kann die duale Aron-Schaltung genutzt werden.
● A. zur direkten → Blindleistungsmessung
Zwei Leistungsmesser werden mit ihren Strompfaden in zwei Außenleiter geschaltet, und man schließt die Spannungspfade über → Nullpunktwiderstände R_0 zu einem künstlichen Nullpunkt zusammen (Bild b).
Gegenüber der A. zur direkten Wirkleistungsmessung wird die Außenleiterspannung durch die um den Faktor $1/\sqrt{3}$ kleinere und um 90° phasenverschobene Mittelpunktleiterspannung ersetzt. Auch hier ergibt sich die Gesamtblindleistung aus den beiden Meßwerkanzeigen $Q = \sqrt{3}\,(Q_1 + Q_2)$.
Der Faktor $\sqrt{3}$ kann bei der Widerstandsbemessung bzw. bei der Skalenteilung berücksichtigt werden.
● A. zur → Leistungsfaktormessung
Aus den Meßwerten der beiden Leistungsmesser der A. zur direkten Wirkleistungsmessung P_1 und P_2 kann bei symmetrischer Belastung des Netzes der Leistungsfaktor errechnet

$$\cos\varphi = \frac{P_1 + P_2}{2\sqrt{P_1^2 - P_1 P_2 + P_2^2}}$$

oder aus einem Diagramm (Bild c) entnommen werden. Dabei ist streng auf die Vorzeichen von P_1 und P_2 zu achten.

Aron-Schaltung, duale

Verfahren zur direkten → *Leistungsmessung in unsymmetrisch belasteten Drehstrom-Vierleitersystemen.*
● d. A. zur direkten → Wirkleistungsmessung
Zwei sog. Doppelspulleistungsmesser (→ Differenzmeßwerk) werden mit der einen Stromspule in zwei Außenleiter geschaltet. Der Strom des dritten Außenleiters wird gegensinnig durch die andere Stromspule geführt. Der Spannungspfad wird zwischen die beiden Außenleiter und einen künstlichen Sternpunkt (kS) geschaltet (Bild a).
Die Meßwerke bilden das Produkt aus einer Spannung und einer Stromdifferenz, ihre

Aron-Schaltung, duale

Meßwerte p_1 und p_2 werden zur gesamten Drehstromleistung addiert. Dabei wird die Spannungssymmetrie im Vierleitersystem ($u_1 + u_2 + u_3 = 0$) vorausgesetzt.

$p = u_1 i_1 + u_2 i_2 + u_3 i_3 = u_1 i_1 - i_2(u_1 + u_3) + u_3 i_3$
$= u_1(i_1 - i_2) + u_3(i_3 - i_2) = p_1 + p_2$

Der Meßfehler beträgt ein Drittel derjenigen Leistung, die vom Strom im Mittelleiter und der Spannungsdifferenz zwischen künstlichem Sternpunkt und Mittelleiter gebildet wird. Er ist zwar häufig vernachlässigbar klein, jedoch die d. A. darf nicht für Verrechnungszwecke verwendet werden.

● d. A. zur direkten → Blindleistungsmessung
Durch geeigneten Anschluß der Strompfade in die Außenleiter und der Spannungspfade an entsprechende 90° phasenverschobene Sternspannungen kann die d. A. auch zur Blindleistungsmessung genutzt werden (Bild b).

Astasierung
Konstruktive Maßnahme beim astatischen → Meßgerät, die den Einfluß äußerer, gleichförmiger Magnetfelder ausschließt.

Auflösungsvermögen
→ Ansprechschwelle

Aufnehmer
→ Meßfühler

Aufnehmer, dielektrischer
Übliche Bezeichnung für → Aufnehmer, kapazitiver.

Aufnehmer, elektrodynamischer
Erstes Glied einer Meßkette zur Beschleunigungs- oder indirekten Wegmessung.
Beim e. A. ist eine Spule beweglich über einem Magnet angeordnet (Bild).

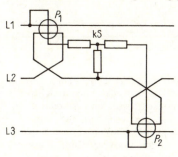

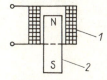

Aufnehmer, elektrodynamischer.
1 Spule; *2* Magnet

Durch eine äußere Beschleunigung der Anordnung tritt eine Relativbewegung zwischen Spule und Magnet ein. Dadurch wird in der Spule eine Spannung induziert, die gemäß Induktionsgesetz der Änderungsgeschwindigkeit des Magnetflusses in der Spule proportional ist. Somit ist der Momentanwert der induzierten Spannung ein Maß für die Beschleunigung.
Durch nachfolgende mathematische Behandlung des Ausgangssignals (z. B. Integration) lassen sich auch Größen wie beispielsweise Wege oder Geschwindigkeiten mit e. A. messen.

Aufnehmer, induktiver
Erstes Bauelement einer Meßkette zur → Wegmessung.
Die Induktivität einer Spule ist ihrem magnetischen Widerstand proportional. Seine Änderung, z. B. eines Luftspaltes des magnetischen Kreises, läßt sich in einer Induktivitätsmeßbrücke als Induktivitätsänderung auswerten.

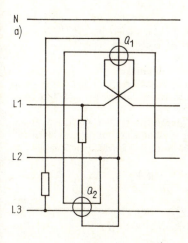

Aron-Schaltung, duale.

Aufnehmer, induktiver

Je nach Anordnung unterscheidet man Queranker- und Taucherankeraufnehmer (Bild).

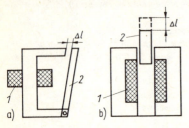

Aufnehmer, induktiver. a) Querankeraufnehmer; b) Tauchankeraufnehmer; *1* Spule; *2* Anker

Aufnehmer, kapazitiver
Erstes Bauelement einer Meßkette zur → Wegemessung.
In einer planparallelen oder Zylinderanordnung eines Kondensators sind meist die Elektrodenabstände veränderbar. Wegen der Proportionalität zwischen Elektrodenabstand und Kapazität eines Kondensators ist der Übergang von Länge zu einer elektrischen Größe leicht. Die Auswertung der Kapazitätsänderung erfolgt in CCCC-Brücken (→ Meßbrücken mit vier Blindwiderständen). Die Ausführung erfolgt überwiegend als → Differentialkondensator.

Aufnehmer, ohmscher
Erstes Bauelement einer Meßkette zur → Wegemessung.
Wegen der Proportionalität zwischen Länge und ohmschem Widerstand eines linienförmigen Leiters gelingt mit Potentiometern die Umwandlung einer Länge (eines Weges) in eine elektrische Größe (Strom, Spannung, Widerstand).
O. A. eignen sich für geringe Ansprüche bei vorzugsweise statischer Messung. Für höhere Ansprüche sind o. A. als → Dehnungsmeßstreifen ausgeführt. – Anh.: 86 / –

Aufnehmer, piezoelektrischer
Erstes Glied einer Meßkette zur Kraftmessung.
P. A. nutzen den piezoelektrischen Effekt. Demnach läßt sich bei bestimmten Materialien (z. B. Turmalin, Quarz) infolge äußerer Kraftanwendung an zwei gegenüberliegenden Flächen eine elektrische Urspannung nachweisen. Die Spannung ist proportional der Kraft. Das gilt auch für dynamische Belastungen. Daher eignen sich p. A. wegen der Beziehung $F = m \cdot a$ auch als Beschleunigungsaufnehmer.

Aufnehmer, thermoelektrischer
Meßfühler zur elektrischen Temperaturmessung.
Zu den t. A. gehören → Thermoelement und temperaturabhängiger Widerstand.

Augenblickswert
(Momentanwert). Wert einer zeitabhängigen Größe zu einem bestimmten Zeitpunkt.
Für eine periodische Größe $x = f(t)$ bzw. $x(t)$ kann der A. für jeden beliebigen bzw. interessierenden Zeitpunkt angegeben werden, z. B. $x = x_1$ für $t = t_1$ (Bild).

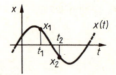

Augenblickswert

Der A. wird durch Kleinbuchstaben gekennzeichnet. So ist z. B. das Formelzeichen für den A. der Wechselspannung $u(t)$ oder $u_\sim(t)$. Die Anfügung „(t)" kann entfallen, wenn die Zeitabhängigkeit durch den kleinen Buchstaben eindeutig und unmißverständlich gekennzeichnet werden kann, also z. B. u oder $u_\sim$. – Anh.: 15, 43 / 61, 77.

Aussagewahrscheinlichkeit
→ Sicherheit, statistische

Ausschlag(meß)brücke
(Verstimmungsmeßbrücke). → Meßbrücke nach einer kombinierten Nullabgleich- und Ausschlagmeßmethode.
Ist eine Meßbrücke nicht abgeglichen, fließt durch den Nullindikator mit dem Widerstand R_G ein Strom I_G. Bei konstantem Speisestrom I_B gilt:

$$I_G = I_B \frac{R_2 R_3 - R_1 R_4}{K_1}$$

darin ist

$$K_1 = R_G(R_1 + R_2 + R_3 + R_4) + (R_1 + R_3)(R_2 + R_4)$$

bei konstanter Speisespannung U_B (→ Meßbrücke, Bild) gilt:

$$I_G = U_B \frac{R_2 R_3 - R_1 R_4}{K_2}$$

Ausschlag(meß)brücke

darin ist

$K_2 = R_G(R_1 + R_2)(R_3 + R_4)$
$+ R_1R_2(R_3 + R_4) + R_3R_4(R_1 + R_2)$.

Ist die Brücke für den Widerstand R1 abgeglichen und variiert dieser um ΔR_1, so ändert sich der Meßgerätestrom I_G in erster Näherung proportional mit dem Speisestrom I_B und der Schwankung ΔR_1.

Die A. kann mit Gleich- oder Wechselstrom betrieben werden. A. dienen der direkten Anzeige einer (kleinen) Abweichung eines Brückenwiderstands von einem eingestellten Sollwert. Hauptanwendungsgebiete sind z. B. die Messung nichtelektrischer Größen, die sich in Widerstandsänderungen wandeln lassen. Die Brücke wird auf einen Sollzustand abgeglichen und dann durch die Änderung der Meßgröße direkt oder indirekt verstimmt. Der Nullindikator kann als Anzeigegerät unmittelbar in den Einheiten der Meßgröße kalibriert werden.
– Anh. 139 / 69.

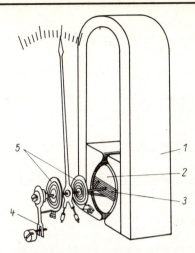

Außenmagnet-Drehspulmeßwerk. *1* Außenmagnet; *2* Weicheisenkern; *3* Drehspule; *4* Nullstelleinrichtung; *5* Spiralfedern (Rückstellorgan und Stromanschlüsse der Drehspule)

Ausschlag(meß)methode
Direkte → Meßmethode, bei der der Wert der Meßgröße unmittelbar an einer Anzeigeeinrichtung eines Meßgeräts bestimmt wird.
Der Wert der Meßgröße wird direkt oder über eine → Zwischengröße in einen entsprechenden Ausschlag einer Anzeigemarke umgewandelt. Für die eigentliche Meßwertbildung ist i. allg. keine Energiezufuhr von außen erforderlich. Durch den Energieentzug aus dem Meßobjekt kommt es zu einer mehr oder minder großen Rückwirkung des Meßgeräts auf das Meßobjekt. – Anh.: 6, 120, 147 / 77.

Außenmagnet-Drehspulmeßwerk
Bauform des → Drehspulmeßwerks, bei der sich die rechteckige Drehspule im homogenen Magnetfeld zwischen dem durch Weicheisenteile ergänzten Außenmagnet und einem zylindrischen Weicheisenkern befindet (Bild).
Außenmagnete ermöglichen hohe Luftspaltflußdichten bei weitgehend homogenem Magnetfeld. Sie lassen sich durch einen magnetischen → Nebenschluß abgleichen. Infolge der Streuung ist der Nutzfluß im Luftspalt geringer als der gesamte vom Permanentmagneten erzeugte Fluß. Der Aufwand an Magnetmaterial ist groß. – Anh.: 78 / 57.

Außenspitzenlager
→ Spitzenlager

Ayrton-Shunt
Zusammenschaltung von Nebenwiderständen bei Mehrbereichsstrom- und Vielfachmessern.
Beim A. werden mehrere Nebenwiderstände in Reihe und diese Kombination parallel zum Meßwerk geschaltet (→ Mehrbereichsstrommesser, Bild). Der unvermeidbare Kontaktübergangswiderstand des Umschalters liegt so in Reihe zur Schaltung. Er wird vom Gesamtstrom durchflossen, beeinflußt also die Stromaufteilung und die Anzeige nicht.

B

Balkenzeiger
→ Massezeiger

Bandaufhängung
Einseitiges → Spannbandlager, bei dem das bewegliche Organ hochempfindlicher Meßwerke (z. B. Galvanometer) einseitig an einem Metallband oder -faden aufgehängt wird (Bild).
Für eine einwandfreie Funktion ist eine genaue vertikale Ausrichtung des Meßgeräts notwendig. Bei Transport muß das bewegliche Organ arretiert werden.

Bandaufhängung

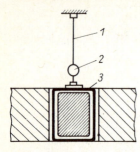

Bandaufhängung (schematisch). *1* Hängeband; *2* Meßwerkspiegel für Lichtzeiger; *3* bewegliches Organ (z. B. Drehspule)

Bandbreite
Kennwert für den Durchlaß- bzw. Sperrbereich eines aktiven oder passiven Vierpols bzw. einer Übertragungseinrichtung.
Die B. kann nach Aufnahme des → Frequenzgangs aus der Differenz zwischen oberer und unterer → Grenzfrequenz ermittelt werden:

$$B = f_o - f_u$$

Bezieht man bei Schwingkreisen, Bandfiltern oder Selektivverstärkern die B. auf die Resonanzfrequenz f_{rsn}, dann ergibt sich die normierte oder relative B.:

$$B_{rel} = \frac{B}{f_{rsn}}$$

Anh.: – / 61.

Bandschreiber
→ Streifenschreiber

Beglaubigung
Beurkundung zur Eichung eines Meßmittels.
Die B. erfolgt durch eine staatlich anerkannte Prüfstelle nach vorschriftsgemäßem → Eichen durch Bescheinigung und/oder Stempelung. Mit der B. wird bestätigt, daß das Meßmittel die vorgegebenen Fehlergrenzen einhält, seine Ausführung der zugelassenen Bauart entspricht und es im rechtsgeschäftlichen Verkehr (z. B. als Normal) eingesetzt werden kann.
Die B. ist meist zeitlich begrenzt und muß nach Ablauf des Gültigkeitszeitraums durch Nacheichung erneut erworben werden. – Anh.: 6 / 1, 78.

Belastung
(eines Zählers) → Zählerbelastung

Belastungsbereich
Wertebereich der → Zählerbelastung, für den der Zähler die Fehlergrenzen einhält.
Der B. eines Zählers ist die dem → Meßbereich der übrigen Meßgeräte analoge Größe. Er wird durch die untere und obere Belastungsgrenze angegeben.
Vielfach wird die → Überlastungsgrenze als B. bezeichnet.

Beleuchtungsstärkemesser
Meßgerät zur Messung der Beleuchtungsstärke.
Das auf den B. auftreffende Licht wird in einer lichtempfindlichen Zelle (Fotoelement) in elektrischen Strom oder Spannung gewandelt. Nach deren Verstärkung kommt der Wert der Beleuchtungsstärke in Lux kalibriert meist analog zur Anzeige. Die geforderte Anpassung des B. an die spektrale Empfindlichkeit des menschlichen Auges geschieht mit einem Filter. Die richtige Bewertung schräg einfallenden Lichts (Kosinuskorrektur) gewährleisten geeignete Vorsätze in Form einer Kugelkalotte (Bild). Die Auswahl eines geeigneten Meßwerks in Verbindung mit dem Verstärker sichert eine weitgehend lineare Anzeige.
Die Empfindlichkeit von B. reicht von 10 bis 10^4 Lux in 1 bis 5 Bereichen. – Anh.: 12, 13, 14 / 80, 101.

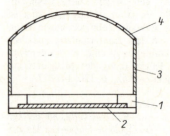

Beleuchtungsstärkemesser. *1* Halterung; *2* Fotoelement; *3* Tubus; *4* Kalotte

Beleuchtungsstärkemessung
Ermittlung der Helligkeit einer beleuchteten Fläche.
Die B. ist wesentliches Kriterium für die Qualitätsbewertung von Beleuchtungsanlagen.
Für die B. werden spezielle Meßgeräte, → Beleuchtungsstärkemesser eingesetzt. Es ist darauf zu achten, daß ein geeigneter Beleuchtungsstärkemesser eingesetzt wird, daß er nicht teilweise oder ganz durch Personen oder Gegenstände abgeschattet wird und daß eine aus-

reichende Anzahl Meßpunkte festgelegt werden. – Anh.: 12, 13, 14 / *80, 101.*

Beobachtungsfehler
(auch subjektiver Fehler, persönlicher Fehler). Fehleranteil, der während des Meßvorgangs vom Messenden verursacht wird.
B. ergeben sich hauptsächlich durch → Ablesefehler, → Interpolationsfehler, Benutzen einer falschen → Skalenkonstante, Nichtbeachten der → Parallaxe und der → Umkehrspanne. Sie sind grobe → Fehler, die sich bei notwendiger Sorgfalt vermeiden lassen.

Beruhigungszeit
1. Vorgeschriebene Zeit für die Beruhigung der Anzeige.
Voraussetzung für zügiges Messen ist eine schnelle Anzeigeberuhigung. Die → Dämpfungsorgane müssen allgemein gewährleisten, daß beim Einschalten einer Meßgröße von 2/3 (66 %) des Skalenendwerts das erste Überschwingen nicht mehr als 20 % der Skalenlänge beträgt. Die B. als Zeit zwischen dem Einschalten und dem endgültigen Einschwingen in einen Bereich von ±1,5 % der Skalenlänge um den Anzeigewert soll ≤4 s betragen. Einzelne Meßgeräte (z. B. Leistungsfaktormesser, Bimetallmeßwerke, Vibrationsmeßwerke, Meßgeräte mit langen Skalen und einseitiger Bandaufhängung) sind von dieser Festlegung ausgenommen.
2. Zeitdauer des → Überschwingens.
Anh.: 78 / 57

Berührungsthermometer
Meßgerät zur → Temperaturmessung.
Beim B. muß zum Wärmeübergang ein stofflicher Kontakt (Berührung) vorhanden sein.
Man unterscheidet elektrische B. und mechanische B. – Anh.: 24, 26, 66, 67, 68, 70, 71, 76, 77 / *96*.

Berührungsthermometer, elektrisches
Meßgerät zur → Temperaturmessung.
E. B. nutzen entweder den thermoelektrischen Effekt mit → Thermoelementen oder die Abhängigkeit des elektrischen Widerstands von der Temperatur in → Widerstandsthermometern zur Temperaturmessung.
Die Anzeige der Temperatur kann sowohl analog als auch nach Umsetzung in → Analog/Digital-Umsetzern digital erfolgen. – Anh.: 23, 24, 26, 66, 67, 68, 70 / *93, 96*.

Berührungsthermometer, mechanisches
Meßgerät zur → Temperaturmessung.
M. B. nutzen den Effekt der Volumenänderung von Stoffen bei Temperaturänderung aus. Es bestehen z. B. feste, bekannte und z. T. lineare Zusammenhänge zwischen der Länge von Quecksilber- oder Alkoholsäulen und deren Temperatur. Darauf beruhen die bekannten Quecksilber- und Alkoholthermometer. – Anh.: 23, 25, 26 / *96*.

Betriebsmeßgerät
Meßmittel, das überwiegend in der → Betriebsmeßtechnik eingesetzt wird.
Als B. werden häufig Meßgeräte mit einer → Genauigkeitsklasse über 1 charakterisiert.

Betriebsmeßtechnik
(Fertigungsmeßtechnik). Bereich der → Meßtechnik, der mit dem Produktionsprozeß im weitesten Sinn zusammenhängt.
Die B. gewinnt Informationen (Meß- und Prüfergebnisse), die zur Führung und Analyse der Produktion beitragen. Innerhalb der Fertigung und der damit im Zusammenhang stehenden Prozesse dient die B. der betrieblichen Qualitätskontrolle, der Bilanzierung, Abrechnung und Dokumentation, der Sicherheit und dem Umweltschutz. Zur Wartung und Instandhaltung von Anlagen ist die B. unerläßlich.
In der B. werden meist kontinuierliche oder sich periodisch wiederholende Messungen ausgeführt. Die Genauigkeitsforderungen sind häufig geringer als bei der → Präzisionsmeßtechnik. – Anh.: 32, 40, 53 / *70, 82*.

bewegliches Organ
Teil eines → Meßwerks, von dessen Bewegung und Lage die Anzeige abhängt.
Beim Meßwerk treten Wechselwirkungen zwischen den festen Bauteilen und dem b. O. auf. Die auf das b. O. ausgeübten Kräfte und damit dessen Bewegung sind vom Wert der Meßgröße abhängig. In Verbindung mit einer → Anzeigeeinrichtung, kann der Meßwert bestimmt werden. – Anh.: 78 / *57*.

Bezugsbedingung
(Referenzbedingung, früher Nennbedingung). → Anwendungsbedingungen, auf die sich die Fehlerangaben beziehen.
B. können durch einzelne Werte oder durch einen Bereich für jeweils eine → Einflußgröße vom Meßmittelhersteller festgelegt oder ander-

Bezugsbedingung

weitig vereinbart werden. Sie werden durch Aufschriften auf dem Meßmittel (z. B. → Skalenzeichen) oder in den zugehörigen Unterlagen angegeben (z. B. Bezugs-/Referenztemperatur: 23 °C oder Bezugs-/Referenzlage: senkrecht). Beim Bezugswert (Referenzwert) oder innerhalb des Bezugsbereichs (Referenzbereichs) tritt der → Grundfehler des Meßmittels auf. – Anh.: 78 / 57, 77.

Bezugslinie
(einer Strichskala). → Skalenlänge

Bezugstemperatur
→ Temperatureinfluß

Bezugswert
1. Wert der → Bezugsbedingungen, unter denen die Meßgeräte angewendet werden.
2. Veraltete Bezeichnung für → Normierungswert.

B-Gleichrichtung
Betriebsart bei der → Meßgleichrichtung mit spezieller Lage des Arbeitspunktes.
Im Unterschied zur → A- und → C-Gleichrichtung liegt der Arbeitspunkt B am Nullpunkt der Kennlinie (Bild).

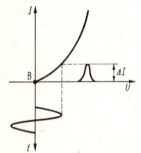

B-Gleichrichtung

Der Ruhestrom I_0 der A-Gleichrichtung fällt weg. Bei sinusförmiger Wechselspannung und quadratischer Kennlinie wird ein Strom erzeugt, der dem Quadrat der positiven Halbwelle $I = 0,5\ kU_\sim^2$ (k Kennlinienkonstante) entspricht.

Bildmustergenerator
Anwendungsspezifischer → Meßgenerator, der zur Überprüfung und Einstellung von Farbfernsehempfängern dient.
Der B. gibt ein festgelegtes Testsignal im UHF-, VHF- oder Videofrequenzbereich ab.

Mittels B. können auf dem Bildschirm des Fernsehgeräts z. B. ein Balken-, Gitter- oder Schachbrettmuster entstehen.

Bildschirm
Darstellungsfläche einer → Elektronenstrahlröhre.
Auf der Innenseite des Frontglases des Röhrenkolbens ist ein Leuchtstoff als ein- oder mehrschichtiger Belag aufgetragen. Trifft ein beschleunigter Elektronenstrahl auf die Leuchtstoffe (Phosphorsubstanzen), wird Licht ausgesendet. Die Lichtemission besteht aus dem Leuchten während der Strahleinwirkung (Fluoreszenz) und dem Nachleuchten (Phosphoreszenz). Von den Eigenschaften des Leuchtstoffs hängen Oszillogrammhelligkeit, → Bildschirmfarbe und → Nachleuchtdauer ab. Vielfach ist der Leuchtschirm auf der der Katode zugewandten Seite metallhinterlegt. Die dünne Aluminiumschicht verhindert durch seine Spiegelwirkung das Zurückstrahlen in das Röhreninnere und gewährleistet eine schnellere Wärmeabfuhr zum Schutz gegen Einbrennen.
Einige B. haben ein internes → Raster. – Anh.: 72, 103 / 17, 28, 78.

Bildschirmfarbe
Farbe, in der die Oszillogramme auf dem → Bildschirm erscheinen.
Die B. wird durch Eigenschaften des Leuchtschirmmaterials bestimmt und soll möglichst dem Anwendungszweck angepaßt werden. Bei Beobachtungen mit dem Auge sind grünliche und gelbliche B. vorteilhaft, da vom Menschen Licht im Gelbgrünbereich als besonders hell empfunden wird. Für die Bildschirmfotografie sollte die B. wegen der Filmempfindlichkeit blau oder purpurfarben sein.
Vielfach unterscheidet sich die B. beim Aufleuchten (Fluoreszenz) und beim Nachleuchten (Phosphoreszenz). – Anh.: 72 / –

Bildschirmröhre
→ Elektronenstrahlröhre

Bimetallmeßwerk
→ Meßwerk mit einer Bimetallspirale, die vom Strom direkt (oder indirekt) erwärmt und durch deren Verformung eine Anzeige betätigt wird.
Zwei Metallstreifen mit unterschiedlicher Ausdehnung bei gleicher Temperatur werden zu einem Bimetall verbunden und zu Spiralen aufgerollt. An der Meßwerksachse sind zwei

Bimetallmeßwerk

dieser Spiralfedern mit entgegengesetztem Wicklungssinn befestigt. Wenn der über das richtkraftlose Kupferband zugeführte Strom durch eine Bimetallfeder fließt, erwärmt und verformt sich diese. Die Achse erhält ein entsprechendes Drehmoment. Die andere Bimetallfeder wird nicht vom Strom durchflossen und gleicht durch ihren umgekehrten Wicklungssinn die Schwankungen der Umgebungstemperatur aus. Sie wird durch eine Schutzscheibe gegen die Wärmestrahlung der Stromspirale geschirmt. Dämpfungsorgane sind nicht notwendig. Die Nullpunkteinstellung kann durch direktes Verdrehen der Meßwerksachse erfolgen (Bild).

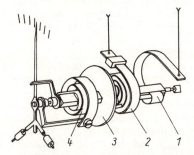

Bimetallmeßwerk. *1* richtkraftloses Kupferband zur Stromzufuhr; *2* stromdurchflossene Bimetallfeder; *3* wärmedämmende Schutzscheibe; *4* stromlose Bimetallfeder

Allgemeine Eigenschaften:
- B. sind für Strom- und indirekte Spannungsmessung geeignet.
- Die Einstellung der Anzeige erfolgt sehr träge; die Beruhigungszeit beträgt etwa 10 min. Kurzzeitige Stromspitzen tragen also nur unwesentlich zum Zeigerausschlag bei. Es wird der Mittelwert der schwankenden Stromwerte angezeigt. Vielfach werden B. auch mit einem zusätzlichen Dreheisenmeßwerk für die Anzeige von kurzzeitigen Stromänderungen kombiniert.
- Das Drehmoment des B. ist etwa tausendmal größer als das anderer Meßwerke; es kann deshalb mit → Schleppzeigern oder mit direkt arbeitenden Kontakteinrichtungen ausgerüstet werden. – Anh.: 78 / 57.

BIPM
Abk. für Bureau International des Poids et Mesures (Internationales Büro für Gewichte und Maße); → *Internationale Meterkonvention.*

Blendenstroboskop
Meßgerät zur optischen Drehzahlmessung.
Beim B. wird durch einen Beobachter oder Sensor die unbekannte Drehzahl über eine geschlitzte Blende mit einer bekannten und einstellbaren Drehzahl verglichen (Bild).

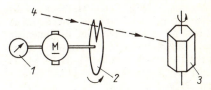

Blendenstroboskop. *1* Drehzahlmesser; *2* Schlitzblende; *3* Drehkörper (Meßobjekt); *4* Beobachter (Aufnehmer)

Wenn für den Beobachter der Drehkörper scheinbar still steht, sind die eingestellte Drehzahl und die der Schlitzblende gleich.

Blindarbeitszähler
(bzw. Blindenergiezähler). Meßmittel zur Bestimmung des Blindanteils der elektrischen → *Energie.*
Für B. verwendet man die gleichen Induktionszähler wie für → Wirkarbeitszähler; auch die → Zählerschaltungen sind prinzipiell gleich. Wegen $\sin \varphi = \cos (90° - \varphi)$, entsteht aus jedem Wirkarbeitszähler der zugehörige B., wenn man entweder den inneren Phasenwinkel (+90°) in allen Triebsystemen um weitere 90° auf 180° vergrößert und so B. für nacheilenden (induktiven oder positiven) Blindstrom erhält oder den Phasenwinkel auf 0° zurückdreht, wodurch B. für voreilenden (kapazitiven oder negativen) Blindstrom entstehen. Die Winkeldrehungen der Kraftflüsse lassen sich sowohl spannungsseitig, z. B. durch Vorschalten von ohmschen Widerständen vor die Spannungsspulen als auch stromseitig durch Parallelschalten von Widerständen zu den Stromspulen, vornehmen (B. mit Blindleistungsmeßwerk). Bei Drehstrom-B. können die Phasenverschiebungen von außen her durch Anschluß der Spannungsspulen an andere, ihrer Phasenlage nach passende Spannungen des Netzes bewirkt werden (B. mit Kunstschaltung). Grundsätzliche Voraussetzung für die richtige Anzeige aller B. mit Kunstschaltungen ist, daß sie in richtiger Phasenfolge betrieben werden. Beim Anschließen ist deshalb unbedingt ein → Drehfeldrichtungsanzeiger zu benutzen.

Blindarbeitszähler

B. laufen bei nacheilendem Strom vorwärts, bei voreilendem Strom rückwärts. Will man in beiden Fällen Vorwärtslauf erreichen, müssen die Stromspulen der B. durch Vertauschen der äußeren Anschlüsse umgepolt werden. Um das Zurückdrehen des Zählwerks in jedem Fall zu verhindern, enthalten alle B. Rücklaufsperren. Analog den → Überverbrauchszählern bei der Wirkarbeitsmessung erfassen Überschuß-B. nur den Teil der Blindenergie, die unterhalb eines bestimmten Leistungsfaktors (z. B. $\cos\varphi = 0{,}8$) auftritt. – Anh.: 91, 92, 93, 94, 96, 97, 98, 101/ *9, 58.*

Blindfaktor

Zahl, die das Verhältnis von Blind- zur Scheinleistung angibt (→ Leistung).
Anh.: 1, 2, 3, 43/ *61.*

Blindleistung

Elektrische → Leistung, die beim Auf- und Abbau elektromagnetischer und elektrostatischer Felder zwischen Generator und Last ausgetauscht wird.
B. wird (im Unterschied zur → Wirkleistung) nicht direkt nach außen wirksam; sie wird aber von induktiven und kapazitiven Betriebsmitteln zum Feldaufbau benötigt und wieder abgegeben. Dafür wird der Blindanteil des Stroms ($I \cdot \sin\varphi$) genutzt.
Die B. ist die mit dem Blindfaktor verknüpfte → Scheinleistung: $Q = UI\sin\varphi = S\sin\varphi$.
Die B. wird positiv, wenn die Spannung dem Strom voreilt, wenn also der Phasenwinkel zwischen 0 und $+180°$ liegt. Bei nichtsinusförmigem Strom- bzw. Spannungsverlauf bildet die → Verzerrungsleistung einen Anteil der B. – Anh.: 1, 2, 3, 43/ *61, 75.*

Blindleistungsmesser

Meßmittel zur → Blindleistungsmessung.
Elektrodynamische → Leistungsmesser erfassen wegen des praktisch reinen Wirkwiderstands des Spannungspfads die Wirkkomponente des Stroms und zeigen die Wirkleistung

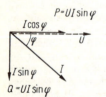

Blindleistungsmesser. Stromkomponenten zur Wirk- und Blindleistungsmessung

$P = UI\cos\varphi$ an. Für B. wird die Blindkomponente des Stroms $I\sin\varphi$ gebraucht (Bild). Sorgt man dafür, daß der durch die Drehspule fließende Strom um 90° gegenüber der zugehörigen Lastspannung in der Phasenlage verschoben ist, können auch für B. elektrodynamische Meßwerke verwendet werden [$\sin\varphi = \cos(90° - \varphi)$]. Die notwendige 90°-Phasenverschiebung kann durch Einfügen von Blindwiderständen in den Spannungspfad (→ Hummel-Schaltung) erfolgen. Bei Drehstrom-B. können die natürlichen Phasenverschiebungen des Netzes genutzt werden. Der Spannungspfad wird an die gegen die Sternspannung um 90° verschobene verkettete Außenleiterspannung angeschlossen (→ Ein- oder → Drei-Blindleistungsmesser-Verfahren).
– Anh.: 63, 64, 69, 78, 79, 84/ *18, 42, 57.*

Blindleistungsmessung

Bestimmung der elektrischen → Blindleistung.
Indirekte B. kann durch → Strom-/Spannungs-/Frequenz-Wirkleistungs-Messung erfolgen.
Zur direkten B. lassen sich → Blindleistungsmesser in allen grundsätzlichen → Leistungsmesserschaltungen anwenden, die Verfahren müssen nach dem Stromsystem ausgewählt werden. Zur Blindleistungsanzeige im frequenzkonstanten Einphasen-Wechselstromnetz können Leistungsmesser mit → Hummel-Schaltung eingesetzt werden. Sie sind auch im symmetrisch belasteten Drehstrom-Vierleitersystem so einzusetzen, daß der Strompfad im Außenleiter liegt und die Spannungsspule in Verbindung mit der Kunstschaltung zwischen Außen- und Mittelleiter angeschlossen wird.
Im symmetrisch belasteten Drehstromnetz mit und ohne Mittelleiter genügt das → Ein-Blindleistungsmesser-Verfahren. Bei unsymmetrischer Belastung kann in allen Drehstromsystemen das → Drei-Blindleistungsmesser-Verfahren angewendet werden. Im Drehstrom-Dreileitersystem nutzt man hauptsächlich das Zwei-Leistungsmesser-Verfahren (→ Aron-Schaltung).

Brückenschaltung

Ringförmige Anordnung von vier Bauelementen bzw. Bauelementkombinationen.
- B. zur Messung elektrischer und nichtelektrischer Größen; → Meßbrücke
- B. zur (Meß)Gleichrichtung → Graetzschaltung

Anh.: 41, 139/ *69*

Brückenverhältnis

Brückenverhältnis
Einheitenlose Zahl aus dem Quotienten der Verhältniswiderstände einer → Meßbrücke.
Das B. ergibt sich für den Brückenabgleich aus den Widerstandswerten (z. B. R_3 und R_4; → Meßbrücke, Bild) oder bei Verwendung eines homogenen Schleifdrahts aus dem Längenverhältnis der mit dem Gleitkontakt gebildeten Teilstücke (z. B. $R_3 \sim l_3$, $R_4 \sim l_4$):

$$b = \frac{R_3}{R_4} = \frac{l_3}{l_4} = \frac{l_3}{l_{ges} - l_3}.$$

Bei den meisten Meßbrücken kann das B. in einer Dekade (zur Überlappung der Meßbereiche vielfach $0,9 \geq b \geq 11$) variiert werden.
Der unbekannte Widerstandswert ergibt sich aus der Multiplikation des Vergleichswiderstandswerts mit dem B.

Bürde
Vorschriftsmäßige Bezeichnung des sekundärseitig angeschlossenen Scheinwiderstands von → Stromwandlern und des sekundärseitig angeschlossenen Scheinleitwerts von → Spannungswandlern.
Anh.: 119 / 94, 95.

C

Carey / Foster / Heydweiller-Meßbrücke
→ Wechselstrommeßbrücke zur Bestimmung der Gegeninduktivität.
Die vollständige C. (Bild) ist frequenzabhängig. Nach dem Brückenabgleich gilt

$$M_x = (R_1 R_4 - R_2 R_3) C_2 \text{ und}$$

$$M_x = \frac{1}{R_2 + R_4}\left(L_1 R_4 + \frac{R_3}{\omega^2 C_2}\right).$$

Beträgt der Widerstand $R_3 = 0$, vereinfachen sich die Gleichungen zu

$$M_x = R_1 R_4 C_2 \quad \text{und} \quad M_x = \frac{L_1 R_4}{R_2 + R_4}.$$

Bei dieser frequenzunabhängigen Schaltungsvariante läßt man R4 konstant und gleicht mit R1 und R2 oder C2 ab. Dabei muß $L_1 > M$ sein, anderenfalls müssen die beiden Wicklungen vertauscht oder L_1 durch eine zusätzliche Selbstinduktivität mit bekanntem Wert vergrößert werden. Um den Einfluß der Erdkapazität aufzuheben, kann ein Dye-Hilfszweig (im Bild gestrichelt dargestellt) genutzt werden.

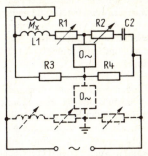

Carey/Foster/Heydweiller-Meßbrücke. Zur Gegeninduktivitätsmessung mit Dye-Hilfszweig (gestrichelt)

CCE
Abk. für Comité Consultatif d'Electricité (Beratendes Komitee für Elektrizität); → Internationale Meterkonvention.

C-Gleichrichtung
Betriebsart bei der → Meßgleichrichtung mit spezieller Lage des Arbeitspunktes.
Im Unterschied zur → A- und → B-Gleichrichtung liegt bei der C. der Arbeitspunkt (C) im Sperrbereich der Gleichrichterkennlinie. Nur die Spitzen der positiven Halbwelle der gleichzurichtenden Wechselspannung liegen im Flußbereich der Kennlinie, wenn eine geeignete Vorspannung U_v erzeugt wird (Bild).

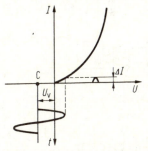

C-Gleichrichtung

Die C. wird zur Messung des → Scheitelwerts von Strom und Spannung verwendet.

CGPM
Abk. für Conférence Général des Poids et Mesure (Generalkonferenz für Maß und Gewicht); → Internationale Meterkonvention.

Chopperverstärker

Chopperverstärker
Spezielle Art des → Gleichspannungsverstärkers zur stabilen Verstärkung kleiner Meßwerte.
Beim C. wird mittels eines mechanischen oder elektrischen Zerhackers die zu messende meist sehr kleine Gleichspannung in eine ihr proportionale Wechselspannung umgeformt, anschließend verstärkt und nach einer → Meßgleichrichtung angezeigt.
Für das Chopperprinzip verwendet man Relaiszerhacker, Dioden- oder Transistorschaltungen sowie Schwingkondensatoren. Setzt man Elektronenröhren in der Elektrometerröhren-Schaltung ein, erreicht man Eingangswiderstände von 10^{12} bis 10^{14} Ohm, mit Schwingkondensatoren auch bis 10^{15} Ohm bei Meßspannungen im mV-Bereich.
Der technische Aufwand ist relativ hoch. – Anh.: – / 64.

CIPM
Abk. für Comités International de Métrologie Légale (Internationales Komitee für Maß und Gewicht); → Internationale Meterkonvention.

Codewegumsetzer
Umsetzer zur Weg- und Winkelmessung.
Beim C. trägt die Schablone (im Unterschied zum → inkrementalen Geber) ein geeignetes Codemuster. Bei den von der Meßgröße abhängigen Stellungen der Codescheibe bzw. des Codelineals wird ein quantisiertes und codiertes Signal abgetastet, ausgewertet und digital angezeigt (Bild).

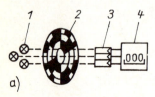

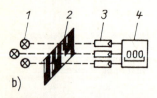

Codewegumsetzer mit optischer Abtastung. a) Winkelumsetzer; b) Längenumsetzer; *1* Lichtquellen; *2* Codescheibe bzw. -lineal; *3* optische Aufnehmer; *4* Auswerte- und Anzeigeeinrichtung

Codierung
Verschlüsseln einer (analogen) → Meßinformation in ein digitales → Meßsignal.
Bei der C. wird jedem Wert, der nach → Quantisierung nur noch bestimmte diskrete Werte annehmen kann, eine Kombination von Informationsparametern (→ Meßsignal) zugeordnet.
Die vereinbarte Vorschrift dazu nennt man Alphabet oder Code.
In der Meßtechnik nutzt man überwiegend → binäre Meßsignale, die in geordneter Folge ein Codewort bilden. – Anh.: – / 64.

Codierverfahren
Grundlegendes → Digitalmeßverfahren.
Jedem durch → Quantisierung entstandenen Einzelwert wird durch eine festgelegte Vorschrift (Code) ein bestimmtes „Codewort" zugeordnet, aus dem die Meßwertanzeige abgeleitet wird.
Bei Veränderung des Werts wird das alte Codewort durch das neue ersetzt; Zwischenwerte bleiben unberücksichtigt. – Anh.: – / 64.

Crestfaktor
→ Scheitelfaktor

D

Dachabfall
(Dachschräge). Verzerrung des Impulsdachs beim Rechteckimpuls.

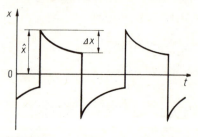

Dachabfall

D. ist der Unterschied Δx zwischen Anfangs- und Endamplitude der Abbildung eines Rechteckimpulses (→ Impuls) ohne Berücksichtigung anderer Verzerrungen (Bild). Diese Diffe-

Dachabfall

renz wird auf die Impulsamplitude $\hat{x}$ bezogen und in Prozent angegeben.

$$D_{/\%} = \frac{\Delta x}{\hat{x}}$$

Anh.: 72 / 64, 78.

Dämpfung
*1. Beruhigung der Schwingungen des beweglichen Organs bei Meßwerken (→ Dämpfungsorgan).
2. Umgangssprachliche Bezeichnung für die Abschwächung eines Meßsignals (→ Verstärkungsfaktor).*

Dämpfungsmaß
→ Pegelmaß

Dämpfungsorgan
Konstruktionselement des → Meßwerks zur Dämpfung der Schwingungen des beweglichen Organs, um die vorgeschriebene → Beruhigungszeit für die Anzeige zu erreichen.
Man wendet je nach Meßwerkart eine mechanische (→ Kammerdämpfung) oder eine elektrische (→ Induktionsdämpfung) Dämpfung an. – Anh.: 78 / 57.

DAU
(D/A-Umsetzer). Abk. für → Digital/Analog-Umsetzer.

DC
Abk. für direct current. Kurzbezeichnung für Wechselstrom oder Wechselspannung.
Anh.: 33, 34, 41, 47, 63 / 38, 61.

DDU
(D/A-Umsetzer). Abk. für → Digital/Analog-Umsetzer.

Dehnung
Betriebsart der Horizontalablenkung eines Oszilloskops bei Zeitbetrieb.
Um die Zeitablenkung in ihren Grenzen zu erweitern, wird ein gedehnter Zeitmaßstab verwendet. Bei der D. erhöht man die Ablenkgeschwindigkeit (meist durch eine größere Verstärkung der Sägezahnspannung). Dadurch wird das Betrachten von Oszillogrammausschnitten über die gesamte Bildschirmbreite ermöglicht.
Der D.faktor muß ggf. bei der oszilloskopischen Zeitmessung berücksichtigt werden. – Anh.: 72 / 78.

Dehnungsmeßstreifen
(DMS). Ohmscher Aufnehmer.
Auf einer Folie oder einem Spezialpapier ist ein meist mäanderförmiger Leiter oder Halbleiter aufgebracht (Bild).

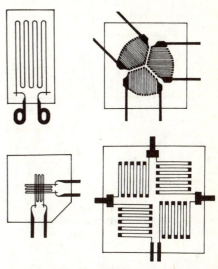

Dehnungsmeßstreifen. Ausführungsbeispiele

Zu Meßzwecken ist der D. auf das Meßobjekt geklebt. Kleine Längenänderungen führen beim D. zu Widerstandsänderungen. Die Auswertung erfolgt meist in → Meßbrücken.
Wesentliche Kenngröße der D. ist der k-Faktor. Er ist das Verhältnis der relativen Widerstandsänderung zur relativen Längenänderung. Metallische D. haben einen k-Faktor von etwa 2, Halbleiterd. von etwa 150. Der einsatzbeschränkende Nachteil von Halbleiterd. ist ihr großer Temperaturkoeffizient. – Anh.: 86 / –.

Dekadenwiderstand
(Drehschalter-, Kurbelwiderstand). Mehrwertiger → Präzisionswiderstand für Meßzwecke.
Zehn gleiche Widerstände werden umschaltbar zu einer Dekade vereinigt (Bild). Sie sind einzeln und untereinander elektrostatisch geschirmt, die Schirmung ist an eine besondere Anschlußklemme geführt.
Häufig sind mehrere dekadisch gestufte D. kombiniert (z. B. je zehnmal 1000, 100, 10, 1, 0,1 Ω) und in einem Gehäuse untergebracht.
Beim Betrieb darf der angegebene höchstzulässige Strom nicht überschritten werden, da eine Überlastung meist zu einer bleibenden Ände-

Dekadenwiderstand

rung der Widerstandswerte führt. – Anh.: 135, 137/ *13, 15.*

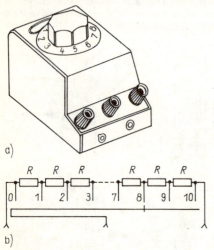

Dekadenwiderstand. Drehschalterwiderstand; a) Ansicht; b) Schaltung

Detektor
→ *Meßfühler für die Messung bzw. den Nachweis von Strahlung, Feldern oder Teilchen.*

Dezibel
Meßeinheitenähnliches Kennwort zur Angabe des → Pegels.
Anh.: 19/ *66, 91.*

Diagrammträger
Unterlage, auf der Meßinformationen durch → Schreiber in Form von Diagrammen aufgezeichnet werden.
D. bestehen i. allg. aus Papier, auf das mit Tinte gezeichnet oder mittels eines Farbbands gedruckt wird, je nach Aufzeichnungsgeschwindigkeit und -dauer als Streifen (→ Streifenschreiber), Trommel (→ Trommelschreiber) oder Scheibe (→ Kreisblattschreiber). Auch lichtempfindliches (Foto-)Papier, das von einem Lichtstrahl geschwärzt wird, Wachspapier, bei dem ein Schreibgriffel den dünnen weißen Wachsfilm auf einer farbigen Unterlage durchdringt, oder Metallpapier, bei dem eine dünne Metallschicht durch eine spannungführende Schreibelektrode zum Schmelzen gebracht wird, sind üblich.
Je nach Verwendungszweck ist der D. mit rechtwinkligen, geradlinigen Bogen- oder Polarkoordinaten bedruckt. – Anh.: 27, 28, 29, 30, 87/ *77.*

Differentialaufnehmer
Meßfühler zur elektrischen Messung nichtelektrischer Größen.
D. treten vorzugsweise als → Differentialkondensator und → Differentialtransformator auf.

Differentialkondensator
Ausführungsart eines kapazitiven → Aufnehmers.
Ein D. besteht aus den Platten *1, 2* und *3* (Bild). Die Platte *2* ist beweglich und verstellbar (in Pfeilrichtung). Steht die Platte *2* symmetrisch zu *1* und *3* ist $C_{12} = C_{32}$. In allen anderen Fällen ist $C_{12} \pm \Delta C = C_{32} \mp \Delta C$.

Differentialkondensator

Differentialtransformator
Bauteil von → Wechselstrommeßbrücken und Modulatoren.
Beim D. ist die Sekundärwicklung genau symmetrisch geteilt. Der Kern ist beweglich und verstellbar in Pfeilrichtung (Bild). Nur wenn der Kern symmetrisch zu den Teilwicklungen steht, gilt $U^L_{12} = U^L_{32}$. In allen anderen Fällen gilt $U^L_{12} \pm \Delta U^L = U^L_{32} \mp \Delta U$.

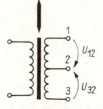

Differentialtransformator

Differenz(meß)methode
Direkte → Meßmethode, die auf der Messung der Differenz zwischen der Meßgröße und einer Größe derselben Art mit einem bekannten, von der Meßgröße nur wenig abweichenden Wert beruht.
Zu den D. gehören die → Kompensations-, die → Nullabgleich- und die → Koinzidenz(meß)methode. – Anh.: 6, 130, 147 / *77.*

Differenzmeßwerk
Meßwerk mit mehreren Wicklungen, die von verschiedenen Strömen durchflossen werden und de-

Differenzmeßwerk

ren Wirkungen auf den Zeigerausschlag entgegengesetzt gerichtet sind, so daß die Stromdifferenz angezeigt bzw. zur Meßwertbildung genutzt wird.
Anh.: 51, 78 / 57.

Differenzverstärker
Grundschaltung eines → Verstärkers.
Der D. besteht aus zwei parallel geschalteten Verstärkerbauelementen, er hat zwei symmetrische Eingänge und zwei Ausgänge (Bild).

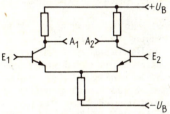

Differenzverstärker

Er wird meist in integrierter Schaltungstechnik ausgeführt. Zwischen den beiden Ausgängen ($A1, A2$) entsteht nur dann eine Spannung, wenn zwischen den beiden Eingängen ($E1, E2$) eine Spanungsdifferenz vorliegt.
In der Meßtechnik wird der D. als → Gleichspannungsverstärker verwendet, wenn die Ausgangsspannung von Temperatur- und Betriebsspannungsschwankungen unbeeinflußt bleiben soll. Er zeichnet sich durch hohe Stabilität aus. Außerdem kann der D. als Endverstärker beim → Oszilloskop zum Erzeugen symmetrischer Ansteuerspannungen für die Ablenkelektroden eingesetzt werden.

Digitalamperemeter
Strommeßgerät mit digitaler Anzeige.
Beim D. wird der Spannungsabfall durch digitale Spannungsmessung mittels eines → Digitalvoltmeters über einen Vergleichswiderstand mit einem genau bekannten Wert gemessen (indirekte → Strommessung). Ein D. ist vielfach Bestandteil des → Digitalmultimeters.

Digital/Analog-Umsetzer
(D/A-Umsetzer, Entschlüssler, allg. abgekürzt DAU). Funktionseinheit zum Umsetzen von digitalen Signalen in analoge Signale.
Der D. kann nach folgenden Verfahren arbeiten:
• D. mit gestuftem Spannungsteiler
Beim D. wird die analoge Ausgangsspannung U_2 aus einer konstanten Spannung U_1 mittels eines Spannungsteilers erzeugt. Die Spannungsteilerwiderstände sind dabei nach dem verwendeten Code gestuft.
Der Spannungsteiler besteht aus jeweils zwei gleichgroßen Widerstandspaaren ($R1$ und $R1'$, $R2$ und $R2'$ usw.), denen elektronische Schalterpaare ($S1$ und $S1'$, $S2$ und $S2'$ usw.), zugeordnet sind (Bild a).
Indem jeweils z. B. der Schaltkontakt $S1$ öffnet und gleichzeitig $S1'$ schließt, wird stets ein konstanter Strom fließen. Die analoge Spannung U_2 ergibt sich zu $U_2 = U_1(\sum R/\sum R')$.
• D. mit gestuftem Stromteiler
Die analoge Ausgangsspannung U_2 wird durch einen vorgegebenen Code entsprechende Stufung der Teilströme (I_1, I_2 usw.) durch Einschalten verschiedener Widerstände ($R1, R2$ usw.) an die konstante Spannung U_1 erzeugt (Bild b).
Die analoge Spannung U_2 ergibt sich zu

$$U_2 = U_1 \cdot R_a \cdot \sum_{i=1}^{n} 1/R_i.$$

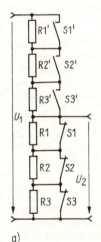

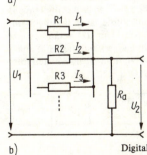

Digital/Analog-Umsetzer

Digital/Analog-Umsetzer

● **D. mit Widerstandsketten**
Durch die Schalter $S1$, $S2$ usw. werden elektronisch gleichgroße Widerstände R eingeschaltet, so daß eine Aufteilung des Gesamtstroms der konstanten Spannungsquelle U_1 in Teilströme erfolgt. Alle Teilströme fließen durch den Widerstand R_a, über den die analoge Ausgangsspannung U_2 abgenommen wird (Bild c).
– Anh. 75/64.

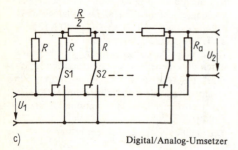

c) Digital/Analog-Umsetzer

Digitalanzeige
Lat. digitus; engl. digit, Finger, im übertragenen Sinn: Ziffer. → *Anzeige eines Meßmittels in Form einer Ziffernfolge.*
D. erfolgt mit → Ziffernskalen, die meistens den Zahlenwert zur Bestimmung des Meßwerts angeben. Sie kann durch die Darstellung der Kommastelle, der Maßeinheit und der Polarität ergänzt werden (alphanumerische Anzeige).
Die Ablesegenauigkeit kann durch entsprechend viele Stellen der Ziffernfolge (in sinnvollen Grenzen) erhöht werden. – Anh.: 6, 59, 75/64.

Digital/Digital-Umsetzer
(D/D-Umsetzer, auch Umcodierer, allg. abgekürzt DDU). Funktionseinheit zur Umsetzung digital vorliegender Signale in andere digitale Signale.
Der D. wird angewandt, wenn eine analog vorliegende Meßgröße bereits in ein digitales Signal umgewandelt wurde, aber nunmehr umcodiert werden soll. Der D. verändert den Code, die eindeutige Verknüpfung zum analogen Ausgangssignal muß aber erhalten bleiben. – Anh.: 6 / 64.

Digitalisierung
→ Analog/Digital-Umsetzung

Digitalmeßverfahren
Meßverfahren der Digitalmeßtechnik.
Man nennt ein → Meßverfahren digital bzw. ein Meßgerät oder eine Meßeinrichtung digital arbeitend, wenn die Meßgröße (als Eingangsgröße) in fest gegebenen Stufen quantisiert wird und die Ausgangsgröße als diskrete Signale bzw. die Anzeige in Ziffernform erscheint.
Der Meßwert ergibt sich unstetig als Summe von Quantisierungseinheiten.
D. nutzen (im Unterschied zu → Analogmeßverfahren) entweder ein digital vorliegendes Primärsignal oder man wendet einen Analog/Digital-Umsetzer und danach hauptsächlich das → Zählverfahren oder das → Codierverfahren an. – Anh.: 6 / –

Digitalmultimeter
Digital anzeigendes Vielfachmeßgerät.
Ein → Digitalvoltmeter wird durch spezielle Umschaltmöglichkeiten für verschiedene Meßgrößen genutzt. Dazu werden Schaltungen wie beim → Digitalamperemeter und → Digitalohmmeter kombiniert (Bild).

Digitalohmmeter
Widerstandsmeßgerät mit digitaler Anzeige.
Es sind zwei Meßverfahren möglich. Einmal kann man nach dem Verfahren der → Wheatstone-Meßbrücke einen automatischen Abgleich vornehmen. Dazu werden nach einem Code abgestufte Brückenwiderstände durch eine Steuereinheit nacheinander eingeschaltet bis Brückenabgleich erreicht ist.
Die andere Möglichkeit besteht darin, daß der zu messende Widerstand durch einen definierten Strom gespeist wird. Die über den Widerstand abfallende Spannung wird ähnlich wie beim → Analog/Digital-Umsetzer nach dem Kompensationsverfahren gemessen und digital als Widerstandswert angezeigt.
D. sind häufig Bestandteile des → Digitalmultimeters.

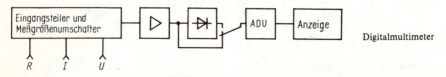

Digitalmultimeter

Digitaloszilloskop

Digitaloszilloskop
(Digital Processing Oszilloskop). → *Oszilloskop mit digitaler Meßsignalerfassung, -speicherung und -berechnung.*
Das analoge Meßsignal wird mit einem → Analog/Digital-Umsetzer digitalisiert. Es kann dann in dieser Form gespeichert werden. Das D. besitzt einen Mikrocomputer, der zur direkten Parameterberechnung (z. B. Wechselstrom- und Impulskennwerte) und/oder zur Steuerung programmierbarer Meßabläufe genutzt werden kann. Es ist meist in → Einschubtechnik ausgeführt und wird in Meßsystemen eingesetzt. Über entsprechende → Interface kann es auch mit externen Rechnern verbunden werden.
Gelegentlich werden auch Oszilloskope, auf deren Bildschirm alphanumerische Einblendungen (read out) dargestellt werden können, als D. bezeichnet.

Digitalvoltmeter
→ *Verstärkervoltmeter unter Anwendung von Digitalmeßverfahren.*
Die hauptsächlichsten Baugruppen eines D. sind der → Analog/Digital-Umsetzer, → Impulsgenerator mit Quarzstufe, → Zähler und die → Digitalanzeige (Bild).
Je nach Ausführungsform können D. neben → Meßverstärker mit → Eingangsspannungsteiler auch Meßgleichrichter vor der Analog/Digital-Umsetzung enthalten.
D. besitzen vielfach sowohl einen massebehafteten (unsymmetrischen) als auch einen massefreien (symmetrischen) Eingang. In Verbindung mit einem Meßwertdrucker kann das D. auch zur Meßwertregistrierung eingesetzt werden.
D. teilt man nach Art des Analog/Digital-Umsetzers ein in D. mit Spannungs-Zeit-Umsetzung, D. nach dem Kompensationsverfahren (Prinzip der Stufenverschlüsselung), D. nach dem Integrationsverfahren und D. nach dem Doppelintegrationsverfahren.
Der Analog/Digital-Umsetzer nach dem Doppelintegrationsverfahren wird gegenwärtig in D. am häufigsten verwendet.

Dip-Meter
Meßgerät zur Frequenzmessung nach dem → *Resonanzverfahren.*
Beim D. wird ein veränderbarer und kalibrierter Oszillator möglichst lose an das Meßobjekt angekoppelt (Bild).

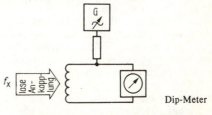
Dip-Meter

Im Resonanzfall (Oszillatorfrequenz gleich der zu messenden Frequenz f_x) entzieht das Meßobjekt dem Oszillator maximal Energie. Am Indikator zeigt sich ein Spannungsminimum.

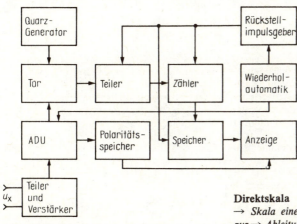
Digitalvoltmeter

Direktskala
→ *Skala eines Meßmittels, die, im Unterschied zur* → *Ableitungsskala, in den Werten einer direkt gemessenen Größe kalibriert ist.*

Direktskala

Einem Meßgerät mit einer D. wird die Meßgröße, aus der die Anzeige abgeleitet wird, unmittelbar zugeführt. Die Teilungsmarken der D. geben die Werte der Meßgröße direkt an. – Anh.: 6, 63, 64, 69, 83 / *24, 57, 67.*

Diskretisierung
→ Quantisierung

Display
Digitale → Anzeigeeinrichtung.
D. enthalten elektronische Ziffernanzeigeelemente oder nutzen einen Bildschirm (Datensichtgerät, Monitor) zur Darstellung alphanumerischer und grafischer Informationen.

DMS
Abk. für → Dehnungsmeßstreifen.

Doppelkörperschluß
Fehler in Starkstromanlagen.
Als D. bezeichnet man die Verbindung eines spannungführenden Leiters mit den nicht spannungführenden Teilen (Körpern) von mindestens zwei gegeneinander isoliert stehenden Betriebsmitteln. – Anh.: 111 / *98.*

Doppel(meß)brücke
→ Thomson-Meßbrücke

Doppelschaltung
→ Elektrometerschalter

Doppelteilung
→ Teilungsanordnung

Dosieren
Trennen einer Menge in vorgegebene Teile als → metrologische Tätigkeit.
Beim von Hand oder selbsttätig vorgenommenen D. wird unter Zuhilfenahme von Meßgeräten und Dosiereinrichtungen ein stetiger oder aus Teilen bestehender Stoffstrom nach vorgegebenen Massen (Gewichten) oder Volumina zugeteilt. Das Ergebnis können einzelne Teilmengen oder Gemische mit vorbestimmter Zusammensetzung sein.
Das ergebnisorientierte Mischen wird (bes. in der Chemie) auch als Gattieren bezeichnet. – Anh.: 6 / *77.*

Dreheisenmeßwerk
(Elektromagnetisches Meßwerk, früher Weicheisenmeßwerk). → Meßwerk mit beweglichen Eisenteilen, die vom Magnetfeld feststehender stromdurchflossener Spulen abgelenkt werden.

Beim Rundspultyp (der Flachspultyp wird heute kaum noch gefertigt) befinden sich im zylindrischen Hohlraum der Feldspule ein festliegendes Weicheisenblech und ein mit der Zeigerachse drehbares Weicheisenstück. Der durch die Spule fließende Meßstrom erzeugt ein Magnetfeld, das die Weicheisenteile in gleicher Richtung magnetisiert, so daß sich die beiden Blechstücke abstoßen. Wechselt der Strom seine Richtung, so ändert sich auch die Richtung von Feldstärke und Fluß, in beiden Blechen kehren sich die Magnetfelder um, die Abstoßung bleibt bestehen. Die Richtung des Drehmoments ist also unabhängig von der Stromrichtung, die Messung von Gleich- und Wechselstrom ist möglich. Als Gegenkraft wirkt eine stromlose Spiralfeder (Bild). Die Zeigerschwingungen werden durch Luftkammer- oder Induktionsdämpfung beruhigt. Die quadratische Skalenteilung kann durch geeignete Wahl der Form der Spule und der Eisenbleche sowie ihrer Lage zueinander weitgehend linearisiert werden.

Allgemeine Eigenschaften:
- Das D. hat einen einfachen, betriebssiche-

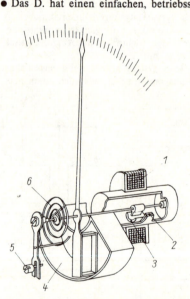

Dreheisenmeßwerk. *1* feste Feldspule; *2* festes Weicheisenstück; *3* bewegliches Weicheisenstück; *4* Luftkammerdämpfung; *5* Nullstelleinrichtung; *6* Rückstellfeder

Dreheisenmeßwerk

ren Aufbau ohne Stromzufuhr zum beweglichen Organ; es ist mechanisch und elektrisch robust. Man kann es zur Messung von Gleichstrom und -spannung und zur Anzeige des Effektivwerts von Wechselstrom und -spannung einsetzen. Das Meßwerk ist ohne Meßbereichserweiterung für hohe Meßbereiche (bis etwa 60 A und 600 V) ausrüstbar.

● Die Spannungsmeßbereichserweiterung erfolgt durch Vorwiderstände; eine Strommeßbereichserweiterung wird durch Umschalten von Teilen der Feldspule (nicht durch Nebenwiderstände!) erreicht. Beim Messen von hohen Wechselwerten werden dem Meßwerk → Strom- bzw. Spannungswandler vorgeschaltet.

● Wegen seines höheren → Leistungseigenbedarfs gegenüber dem Drehspulmeßwerk wird das D. vorwiegend in der Leistungselektrotechnik eingesetzt.

Die Störung durch magnetische Fremdfelder kann durch → Schirmung oder Astasierung vermindert werden. Vorwiderstände können den Temperatureinfluß auf den Spulenwiderstand teilweise kompensieren. – Anh.: 78 / 57.

Dreheisen-Spannungsmesser
Spannungsmeßgerät mit einem → Dreheisenmeßwerk.

Mit D. lassen sich Gleichspannung und ohne zusätzliche Bauelemente auch Wechselspannung messen. Sie zeigen bei Wechselspannungsmessungen den Effektivwert weitgehend unabhängig von der Kurvenform an.

Durch Vorwiderstände wird der Spulenstrom durch das Dreheisenmeßwerk der Spannung proportional. Der Vorwiderstand bestimmt den Meßbereich. Er erhält bei Schalttafelmeßgeräten einen mehrfachen Betrag des Spulenwiderstands und wird aus einem temperaturunabhängigen Werkstoff gefertigt, um zu große Temperatur- und Anwärmfehler zu vermeiden. Der induktive Widerstand der Feldspule ruft einen zusätzlichen Frequenzfehler hervor, der durch Parallelschalten von Kondensatoren zum Vorwiderstand kompensiert werden kann. Zur Messung von Hochspannung werden Spannungswandler vor den D. geschaltet.

Durch geeignete Form der Weicheisenbleche kann eine dem jeweiligen Verwendungszweck angepaßte Skalenteilung erreicht werden.

Der D. erhält zum Schutz gegen Fremdfehler eine Schirmung. D. haben gegenüber vergleichbaren Drehspulmeßgeräten einen höheren Leistungseigenbedarf und werden deshalb vorzugsweise in der Leistungselektrotechnik genutzt.

Dreheisen-Strommesser
Strommeßgerät mit einem → Dreheisenmeßwerk.

D. lassen sich zur Gleichstrommessung und zur Effektivwertanzeige bei Wechselstrommessungen nutzen.

Zur Meßbereichserweiterung dürfen Nebenwiderstände nicht verwendet werden; sie kann bei Wechselstrom nur durch Stromwandler erfolgen. Mehrere Meßbereiche erhält man durch Anzapfungen an der Feldspule. Dabei ändert sich die Feldverteilung, so daß jeder Meßbereich eine eigene Skala erhalten muß. Die Überlastbarkeit der D. ist groß, da bei hohen Überströmen die Weicheisenblättchen gesättigt werden. Der (funktionsbedingt quadratische) Skalenverlauf kann durch geeignete Wahl der Form der Spule und der Eisenbleche weitgehend anders gestaltet (z. B. linearisiert) werden.

Da der Scheinwiderstand des Meßwerks mit steigender Frequenz zunimmt, lassen sich D. nur in bestimmten (relativ geringen) Frequenzbereichen verwenden.

D. müssen gegen Fremdfelder abgeschirmt werden.

Gegenüber vergleichbaren Drehspulmeßwerken ist der Leistungseigenbedarf der D. höher; sie werden deshalb vorzugsweise in der Leistungselektronik angewendet.

Drehfeldinduktionsmeßwerk
→ Ferraris-Instrument

Drehfeldrichtungsanzeiger
Meßgerät zum Bestimmen der vorgeschriebenen Leiterfolge eines Drehstromsystems.

Drehfeldrichtungsanzeiger.
1 Grundkörper;
2 Spulen;
3 Weicheisenzeiger

Ein Grundkörper trägt drei um 120° versetzte Pole mit drei Spulen. Im Zentrum ist ein Weicheisenanzeiger beweglich und gebremst gelagert (Bild).

Drehfeldrichtungsanzeiger

Ein Drehstrom-Dreileitersystem erzeugt in den Polen ein Drehfeld, dem der Zeiger folgt. Ihre Drehrichtung kann durch die Bremsung leicht beobachtet werden.

Drehmagnetmeßwerk

(Magnetelektrisches Meßwerk mit beweglichem Magnet). → *Meßwerk mit einem beweglichen Dauermagneten, der vom Feld feststehender, stromdurchflossener Spulen abgelenkt wird.*

Auf der Meßwerksachse ist eine dünne Scheibe aus hochwertigem Magnetwerkstoff befestigt. Sie ist in Richtung des Durchmessers magnetisiert und dreht sich im Inneren einer feststehenden Spule, die vom Meßstrom durchflossen wird. Eine zweite magnetische Scheibe, der Richtmagnet, dient als Rückstellorgan und ist so befestigt, daß der Zeiger auf Null steht, wenn sich bei stromloser Spule die ungleichnamigen Pole von Richt- und Drehmagnet gegenüberliegen (Bild). Bei Stromfluß durch die Spule stellt sich der Drehmagnet in Richtung des resultierenden Felds ein, das sich aus der vektoriellen Addition des Felds des Richtmagneten und des Spulenfelds ergibt. Da das Richtmagnetfeld konstant ist, hängt die Lage des Drehmagneten und damit die des Zeigers nur von der Größe des Spulenfelds, d. h. vom Meßstrom, ab.

Die Beeinflussung der Größe des Richtmagnetfelds (z. B. durch einen magnetischen → Nebenschluß) ändert die Empfindlichkeit des Meßwerks. Veränderung der Richtung des Richtmagnetfelds (z. B. durch Verdrehen) ermöglicht die Nullpunkteinstellung sowie die Unterdrückung von Bereichen am Skalenanfang bzw. -ende.

Allgemeine Eigenschaften:
- Das D. ist ein stoß- und rüttelfestes, überlastungsunempfindliches, billiges Meßwerk. Es ist ohne zusätzliche Schaltelemente nur zur Messung von Gleichstrom und -spannung geeignet.
- Die Zeigerausschlagrichtung wird von der Richtung des Meßstroms bestimmt; der Skalennullpunkt kann innerhalb oder außerhalb der Teilung liegen. – Anh.: 78/57.

Drehmelder

Elektrische Anordnung zur elektrischen Winkel(stellungs)messung.

D. bestehen aus Stator und Rotor. Die mehrphasige (2, 3, 5, 10) Ständerwicklung wird von Wechselspannungen gespeist. Sie induzieren in den mehrphasigen (1, 2, 3) Rotorwicklungen amplitudenmodulierte Spannungen. Ihre Amplitude und Phasenlage sind Maße für die Winkelstellung des Rotors. Die Auswertung erfolgt oft digital.

Drehspulgalvanometer

→ Galvanometer

Drehspulmeßwerk

(Magnetelektrisches Meßwerk). → *Meßwerk mit feststehenden Dauermagneten und einer beweglichen Spule, die vom Meßstrom durchflossen und dabei elektromagnetisch bewegt wird.*

Je nach Sitz der magnetischen Energie unterscheidet man → Außenmagnet-D. und → Kernmagnet-D. Die rechteckige Drehspule befindet sich entweder zwischen dem Außenmagnet und einem zylindrischen Weicheisenkern oder zwischen dem Kernmagnet und dem weichmagnetischen Jochring als Rückschluß. Bei beiden Bauformen werden Achs- oder Spannbandlager angewendet. Als Rückstellorgane und gleichzeitig zur Stromzufuhr werden gegensinnig gewickelte Spiralfedern bzw. die Spannbänder benutzt. Eine Rähmchendämpfung beruhigt die Zeigereinstellung. Mit einer von außen zugängigen Nullstelleinrichtung kann die Nullage des Zeigers justiert werden.

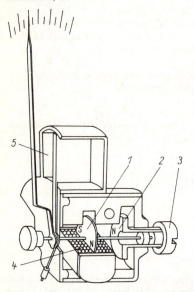

Drehmagnetmeßwerk. *1* Drehmagnet; *2* Richtmagnet; *3* Versteileinrichtung für den Richtmagneten; *4* feststehende Spule; *5* Luftkammerdämpfung

Drehspulmeßwerk

Die Dauermagnete sollen eine möglichst große, zeitlich unveränderliche Magnetflußdichte im Luftspalt erzeugen. Das erfordert den Einsatz von Dauermagnetwerkstoffen mit hoher Koerzitivkraft nach einer künstlichen Alterung. Solche Stähle sind sehr hart und spröde. Deshalb werden vorzugsweise einfach geformte Magnetstücke verwendet, und der magnetische Kreis wird durch Weicheisenteile ergänzt. Durch einen magnetischen → Nebenschluß kann das Magnetfeld im Luftspalt beeinflußt werden.

Allgemeine Eigenschaften:
- Das D. hat einen relativ einfachen Aufbau und eine hohe Empfindlichkeit. Die direkte Proportionalität zwischen Meßstrom und Anzeige führt zu linearen Skalen. Auch der geringe → Leistungseigenbedarf ist ein weiterer Grund für den verbreiteten Einsatz des Meßwerks.
- Ohne zusätzliche Bauelemente ist das D. nur für Gleichstrom- und Gleichspannungsmessungen anwendbar. Drehmoment und damit die Anzeige ändern mit dem Strom ihre Richtung. Der Nullpunkt kann innerhalb der Skala liegen. Durch Vorschalten von Gleichrichtern oder Thermoumformern zum D. ist es auch zur Messung von Wechselströmen und -spannungen bis zu hohen Frequenzen geeignet.
- Der Fremdfeldeinfluß ist durch das starke eigene Magnetfeld gering. Der Temperatureinfluß auf den Drehspulwiderstand und die Härte der Meßwerkfedern kompensieren sich zum größten Teil selbst; ein Rest kann durch Vor- und Parallelschalten von Widerständen (→ Swinburne-Schaltung) vermindert werden. Sonderformen des D. sind → Galvanometer, → Kreuzspulmeßwerk, → Schleifenschwinger- und → Spulenschwinger-Meßwerk. – Anh.: 78/57.

Drehspulquotientenmesser
→ Kreuzspulmeßwerk

Drehspulwiderstandsmesser
Meßgerät zur Widerstandsbestimmung mit einem Drehspulmeßwerk (→ Meßwerk, in-Ohm-kalibriertes).

Drehstromzähler
→ Elektrizitätszähler zur Erfassung und Verrechnung der → Energie im Drehstromnetz.
D. haben zwei oder drei Triebwerke, die auf ein bis drei Läuferscheiben auf gemeinsamer Achse wirken. Die Drehmomente addieren sich, und das Zählwerk zeigt die gesamte Drehstromenergie an.
D. mit zwei Triebsystemen (Dreileiterzähler) messen nur in den Drehstrom-Dreileitersystemen korrekt, in denen die Summe der drei Leiterströme Null ist.
Vierleiterzähler, d. h., D. mit drei messenden Systemen werden in Drehstrom-Vierleitersystemen und wegen der größeren Meßsicherheit zunehmend auch in Dreileitersystemen verwendet.
D. werden für den unmittelbaren Anschluß an das Netz oder als → Meßwandlerzähler gefertigt. – Anh.: 91/20, 92.

Drehzahlmessung
Bestimmung der Winkelgeschwindigkeit rotierender Körper.
D. erfolgt mechanisch mit → Fliehkrafttachometern, elektrisch mit → Wirbelstromtachometern oder → Tachometergeneratoren, elektronisch mit Impulszählern und optisch mit → Stroboskopen. – Anh.: 58/56.

Drei-Blindleistungsmesser-Verfahren
Verfahren zur direkten → Blindleistungsmessung im symmetrisch oder unsymmetrisch belasteten Drehstrom-Vierleitersystem.
Drei elektrodynamische → Leistungsmesser werden so angeschlossen, daß sich Strom- und Spannungspfade in oder an verschiedenen Außenleitern befinden (Bild). Dann ist, wie bei → Blindleistungsmessern erforderlich, die verkettete Spannung gegenüber der Sternspannung um 90° phasenverschoben (→ Ein-Blindleistungsmesser-Verfahren, Bild).
Da die verkettete Spannung $\sqrt{3}$ mal so groß ist wie die zugehörige Sternspannung, ergibt sich

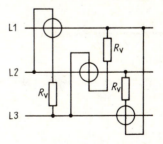

Drei-Blindleistungsmesser-Verfahren

Drei-Blindleistungsmesser-Verfahren

als gesamte Blindleistung:

$Q_{3\sim} = (Q_{L1} + Q_{L2} + Q_{L3}) / \sqrt{3}$.

Werden die Vorwiderstände in den Spannungspfaden $\sqrt{3}$ mal so groß gewählt wie bei der Wirkleistungsmessung, wird die Blindleistung unmittelbar angezeigt. Die Addition der einzelnen Blindleistungen kann mathematisch oder mechanisch (→ Mehrfachleistungsmesser) erfolgen.

Für Spannungen über 220 V ist die direkte → Leistungsmesserschaltung durch die indirekte zu ersetzen, da zwischen den Meßwerkspulen die Außenleiterspannungen auftreten.

Drei-Leistungsmesser-Verfahren

(Drei-Wattmeter-Verfahren). Verfahren zur direkten → Wirkleistungsmessung in symmetrisch und unsymmetrisch belasteten Drehstromnetzen mit und ohne Mittelleiter.

Die gesamte Drehstromwirkleistung ist die Summe der drei Strangleistungen

$P_{3\sim} = P_{L1} + P_{L2} + P_{L3}$
$= U_1 I_1 \cos\varphi_1 + U_2 I_2 \cos\varphi_2 + U_3 I_3 \cos\varphi_3$.

Ihre genaueste und in jedem Fall richtige Ermittlung erfolgt durch gleichzeitige Messung in jedem Außen-(Haupt-)leiter mit drei einzelnen → Leistungsmessern oder mit einem → Mehrfachleistungsmesser. Dabei sind die direkte, halbindirekte oder indirekte → Leistungsmesserschaltung möglich.

Im Vierleitersystem werden die Spannungspfade (ggf. über einen Vorwiderstand) an den Mittelleiter angeschlossen (Bild a). Im Dreileitersystem müssen die drei Spannungspfade über → Nullpunktwiderstände R_0 zu einem künstlichen Nullpunkt verbunden werden (Bild b).

Dreileiterzähler
→ Drehstromzähler

Drei-Spannungsmesser-Verfahren

(Drei-Voltmeter-Verfahren). Verfahren zur indirekten → Wirkleistungsmessung und zur → Leistungsfaktormessung vorzugsweise bei hohen Frequenzen oder sehr kleinen Leistungen.

Der Last mit der Impedanz Z wird ein ohmscher (winkelfreier) Widerstand R mit bekanntem Wert vorgeschaltet (Bild a). Um die Spannungen U_1, U_2 und U_3 möglichst genau bestimmen zu können, müssen hochohmige Spannungsmesser verwendet werden und R etwa gleich Z sein. Unter diesen Voraussetzungen kann man die Spannungen auch mit einem Meßgerät nacheinander bestimmen.

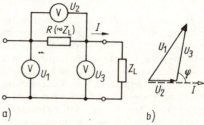

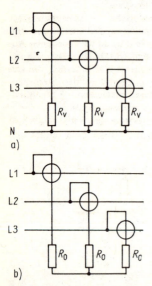

Drei-Leistungsmesser-Verfahren. Wirkleistungsmessung im beliebig belasteten System; a) Drehstrom-Vierleitersystem; b) Drehstrom-Dreileitersystem

Drei-Spannungsmesser-Verfahren. Zur indirekten Wirkleistungsmessung; a) Meßschaltung; b) Zeigerdiagramm

Der Strom I ist in Phase mit U_2; mit der geometrischen Addition $U_1 = U_2 + U_3$ (Bild b) und $U_2 = I \cdot R$ sowie dem Kosinussatz wird

$P = \dfrac{1}{2R}(U_1^2 - U_2^2 - U_3^2)$ und

$\cos\varphi = \dfrac{U_1^2 - U_2^2 - U_3^2}{2\,U_2\,U_3}$.

Es wird der Leistungseigenbedarf des Spannungsmessers für U_3 mitgemessen und muß ggf. vom Ergebnis abgezogen werden.

Drei-Strommesser-Verfahren

Drei-Strommesser-Verfahren
(Drei-Amperemeter-Verfahren). Verfahren zur indirekten → Wirkleistungsmessung und zur → Leistungsfaktormessung vorzugsweise bei hohen Frequenzen oder sehr kleinen Leistungen.
Der Last mit der Impedanz Z wird ein ohmscher (winkelfreier) Widerstand R mit bekanntem Wert parallel geschaltet (Bild a). Es sollen möglichst genaue Strommesser mit sehr kleinem Leistungseigenbedarf verwendet werden. R ist so groß zu wählen, daß I_2 etwa I_3 wird.
Der Strom durch den zusätzlichen Widerstand I_2 ist phasengleich mit U; mit der geometrischen Addition $I_1 = I_2 + I_3$ (Bild b) und $I_2 = U/R$ sowie dem Kosinussatz wird

$$P = \frac{R}{2}(I_1^2 - I_2^2 - I_3^2) \quad \text{und}$$

$$\cos\varphi = \frac{I_1^2 - I_2^2 - I_3^2}{2\,I_2\,I_3}.$$

Es wird der Leistungseigenbedarf des Strommessers für I_3 mitgemessen und muß ggf. vom Ergebnis abgezogen werden.

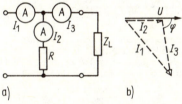

Drei-Strommesser-Verfahren. Zur indirekten Wirkleistungsmessung; a) Meßschaltung; b) Zeigerdiagramm

Drift
Veränderung des Bezugsniveaus einer Messung (z. B. Verschiebung des Nullpunkts eines Meßgeräts) über einen längeren Zeitraum ohne äußere Ursache.

Drucker
(Printer). Gerät zum Ausdrucken alphanumerischer Zeichen und Symbole als selbständiges Gerät oder als Bestandteil eines druckenden → Meßgeräts.
Mechanisch arbeiten Zeichen-D., die alle Daten aus einzelnen Zeichen (2...10 Zeichen je Sekunde) nach- und untereinander ausdrucken, und Zeilen-D. (D. mit Springwagen), die die Zeichen einer vollständigen Zeile (etwa 1500 Zeichen je Sekunde) gleichzeitig registrieren.

Nichtmechanische D. (z. B. Thermo-, Xerox- und Laser-D.) erreichen höhere Registriergeschwindigkeiten (bis 50 000 Zeichen je Sekunde). Fallen so viele Meßinformationen an, daß sie mit mechanischen D. nicht sofort festgehalten werden können, nutzt man die Möglichkeiten der Speicherung (wie bei → Meßgeräten mit verschlüsselter Aufzeichnung).

Dual-Slope-Verfahren
→ Analog/Digital-Umsetzer nach dem Doppelintegrationsverfahren

Duantenelektrometer
Dem → Quadrantenelektrometer analoge Bauform des elektrostatischen Meßwerks mit einer in zwei Teile getrennten feststehenden Kammer.

Durchgangsprüfer
Prüfeinrichtung zum Feststellen niederohmiger galvanischer Verbindungen.
Eine Spannungsquelle ist in Reihe mit einer optischen (Glühlampe) oder akustischen (Summer) Anzeige geschaltet (Bild). Die Anzeige signalisiert, wenn der Widerstand zwischen X1 und X2 hinreichend niederohmig ist. – Anh.: 144 / *103, 104.*

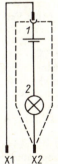

Durchgangsprüfer.
1 Spannungsquelle; *2* Anzeige

Durchgangsprüfung
Vorgeschriebene Maßnahme bei der Inbetriebnahme und Revision elektrotechnischer Anlagen und Betriebsmittel mit Schutzleiter.
D. erfolgt mit → Durchgangsprüfern.

Durchsteckwandler
Mobiler Mehrbereichsstromwandler.
Beim D. sind Sekundärwicklung und geschlossener Eisenkern konstruktiv verbunden. Die Primärleitung muß durch den Wandler „durchgesteckt" werden (Bild). Der Meßbe-

Durchsteckwandler

reich bestimmt sich durch die Anzahl der durchgesteckten Leitungen. – Anh.: 50, 119/94.

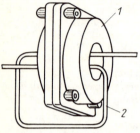

Durchsteckwandler. *1* Sekundärwicklung mit mehreren Anzapfungen auf einem Eisenkern im Isoliergehäuse; *2* durchgesteckte Leitung des Meßkreises als Primärwicklung

E

Echtzeitoszilloskop
→ *Oszilloskop, bei dem die Darstellungsdauer auf dem Bildschirm und die Dauer des Meßsignals identisch sind.*
Bei einem E. wird das Meßsignal über das Vertikalsystem unmittelbar den Ablenkelektroden der Elektronenstrahlröhre zugeführt. Die Horizontalablenkung erfolgt mit einer Sägezahnspannung. Während der Elektronenstrahlbewegung über den Bildschirm von links nach rechts wird das zeitgleich verlaufende (oder verzögerte) Meßsignal dargestellt. So wird z. B. eine Periode einer Spannung mit 1 kHz in 1 ms oszilloskopiert.
Die Abbildung extrem schneller Vorgänge sind von der Bandbreite und der Empfindlichkeit der Baugruppen sowie von der schnellstmöglichen Zeitablenkung abhängig. Die diesbezüglichen Grenzen der E. werden von → Samplingoszilloskopen um ein Vielfaches überschritten. – Anh.: 72/78.

Echtzeitsamplingoszilloskop
→ *Samplingoszilloskop, bei dem die Abbildungsdauer auf dem Bildschirm und die wirkliche Dauer des Meßsignals gleich sind (real-time-sampling).*
Während der Periodendauer des darzustellenden Signals werden (im Unterschied zum sequentiellen Sampling) mehrere Augenblickswerte (Proben) abgetastet. Die Abtastimpulse werden von einem freilaufenden Oszillator mit einer geräteabhängigen Frequenz (häufig 50 kHz, d. h. Abtastung aller 20 µs) erzeugt (Bild). – Anh.: 72/78.

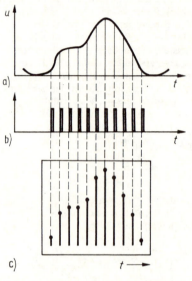

Echtzeitsamplingoszilloskop. Echtzeitsampling; a) zu untersuchendes Eingangssignal (in Echtzeit *t*); b) Abtast-(Sampling-)Impulse; c) Oszillogramm als Punktdarstellung der verstärkten Proben (in Echtzeit *t*)

Eckfrequenz
→ Grenzfrequenz

Effektivwert
Quadratischer Mittelwert einer periodischen Größe.
Der E. einer zeitabhängigen Größe ruft während der Periodendauer den gleichen Effekt hervor (erzeugt z. B. die gleiche Wirkung als Stromwärme oder Drehmoment) wie der Wert einer → Gleichgröße.
Er ist allgemein definiert

$$\tilde{x} = \sqrt{\frac{1}{T} \int_0^T [x(t)]^2 \, dt} \; .$$

Der E. kann am Formelzeichen (nicht an der Maßeinheit!) durch eine Tilde oder den Index „eff" gekennzeichnet werden: $\tilde{x}$, $X_\sim$ oder X_{eff}.
Für in der Elektrotechnik häufig auftretende Kurvenformen gelten konstante Faktoren für den Zusammenhang zwischen dem E. und

Effektivwert

dem → Scheitelwert (Tafel). – Anh.: 15, 43/61.

Zusammenhang zwischen Effektivwert und Scheitelwert einiger Kurvenformen

Kurvenform	Umrechnung
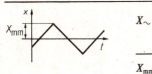	$X_\sim = \dfrac{X_{mm}}{\sqrt{2}}$ $\approx 0{,}71\, X_{mm}$
	$X_{mm} = \sqrt{2}\, X_\sim$ $\approx 1{,}41\, X_\sim$
	$X_\sim = X_{mm}$
	$X_\sim = \sqrt{g}\, X_{mm}$
	$X_{mm} = \dfrac{X_\sim}{\sqrt{g}}$
	$X_\sim = \dfrac{X_{mm}}{\sqrt{3}}$ $\approx 0{,}58\, X_{mm}$
	$X_{mm} = \sqrt{3}\, X_\sim$ $\approx 1{,}73\, X$

Eichen
Eichamtliche Prüfung eines Meßmittels, deren Ergebnis beurkundet wird.
Das E. ist eine → metrologische Tätigkeit des staatlichen Meßwesens. Es ist gesetzlich festgelegt, welche Meßgeräte und Maßverkörperungen der Eichpflicht unterliegen. Durch in Eichvorschriften angegebene Prüfungen wird festgestellt, ob das Meßmittel und seine meßtechnischen Eigenschaften den zu stellenden Anforderungen genügt und die Eichfehlergrenzen einhält. Durch → Beglaubigung wird die amtliche Eichung beurkundet.
Vom E. muß das → Kalibrieren bzw. Einmessen und das → Justieren unterschieden werden. – Anh.: 6, 130, 143/77.

Eichfehlergrenze
→ *Fehlergrenze eines Meßmittels.*
E. geben die größten Abweichungen der Anzeige oder des Nennwerts vom richtigen Wert an, die nach den Eich- bzw. Beglaubigungsvorschriften noch zulässig sind. – Anh.: 6/77.

Eichgenerator
→ *Meßgenerator mit hoher Frequenzgenauigkeit und definierten Ausgangswerten (Leistung, Spannung, Strom) zum* → *Eichen von Meßeinrichtungen.*
Die Gewährleistung der hohen Frequenzgenauigkeit erfolgt meist durch eine Quarzoszillatorstufe. – Anh.: 108/79, 83.

Eichleitung
→ Pegelmessung

Einbaueinfluß
Ausschluß von Zusatzfehlern durch vorschriftsgemäßen Einbau von Schalttafelmeßgeräten.
Durch Aufdruck (z. B. durch → Skalenzeichen) wird auf den zur richtigen Anzeige innerhalb der Genauigkeitsklasse erforderlichen Schalttafelwerkstoff hingewiesen (Tafel).

Kennzeichnung des Schalttafelwerkstoffs durch die Aufschrift auf dem Meßgerät

Meßgerät zum Einbau in Tafeln aus	Aufschrift
ferromagnetischem Werkstoff	
von X mm Dicke	FeX
von beliebiger Dicke	Fe
nichtferromagnetischem Werkstoff	
von beliebiger Dicke	NFe
von beliebigem Werkstoff	Fe, NFe (früher ohne Aufschrift)

Beim Meßgeräteeinbau ist auch der → Lageeinfluß und der → Fremdfeldeinfluß zu beachten. – Anh.: –/57.

Ein-Blindleistungsmesser-Verfahren
Verfahren zur direkten → *Blindleistungsmessung im symmetrisch belasteten Drehstromnetz mit und ohne Mittelleiter.*
Bei symmetrischer Last ist im Drehstromnetz die Blindleistung in allen Strängen gleich groß. Es genügt deshalb einen → Leistungsmesser so einzuschalten, daß der Strompfad in einem Außenleiter liegt und der Spannungs-

Ein-Blindleistungsmesser-Verfahren

pfad an die anderen beiden Außenleiter angeschlossen ist (Bild). Dabei wird die für → Blindleistungsmesser notwendige Phasenverschiebung durch die natürlichen Verhältnisse im Drehstromnetz, d. h. die 90°-Phasenverschiebung zwischen der Sternspannung und der verketteten Außenleiterspannung, erreicht.

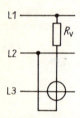

Ein-Blindleistungsmesser-Verfahren

Um die Gesamtblindleistung des Drehstromsystems zu erhalten, muß die Anzeige des Meßgeräts mit dem Faktor $\sqrt{3}$ multipliziert werden.
Für das Einfügen des Blindleistungsmessers können die direkte, halbindirekte oder indirekte → Leistungsmesserschaltung angewendet werden.

Einerteilung
→ Skalenteilung

Einfachteilung
→ Teilungsanordnung

Einfluß
→ Zusatzfehler

Einflußbereich
Bereich, in dem sich die → Einflußgröße ändern kann, ohne daß die Fehlergrenzen überschritten werden.
E. sind zum Teil normativ festgelegt und/oder werden am oder zum Meßmittel angegeben. – Anh.: 78/57, 77.

Einflußgröße
Größe, die einen Einfluß auf die Messung ausübt.
Die E. ist nicht Gegenstand der Messung. Sie wirkt aber auf das Meßmittel ein und kann dessen technische Werte beeinflussen. Dadurch kann z. B. der Anzeigewert verändert werden.
E. sind (im Unterschied zu → Störgrößen) beherrschbar. Nehmen die E. die Werte der →

Bezugsbedingungen an, wird der → Grundfehler des Meßmittels eingehalten. Ein → Zusatzfehler kann auftreten, wenn sich die E. im Einflußbereich ändert. – Anh.: 78/31, 57, 77.

Eingangsimpedanz
Scheinwiderstand am Eingang eines elektronischen Meßgeräts.
Die E. bildet den Belastungs- bzw. Abschlußwiderstand am Meßobjekt. Sie setzt sich aus der Parallelschaltung des → Eingangswiderstands und der → Eingangskapazität zusammen.
Bei niedrigen Frequenzen kann die Belastung des Meßobjekts unberücksichtigt bleiben. Mit steigender Frequenz wird der kapazitive Widerstand kleiner, und die Belastung wird immer stärker kapazitiv bestimmt. – Anh.: 72/67.

Eingangskapazität
Kapazitive Komponente der komplexen → Eingangsimpedanz.
Die E. eines Meßgeräts kann das Meßsignal verringern und/oder verformen. Besonders bei höheren Frequenzen bestimmt die E. die Belastung des Meßobjekts. Mittels eines frequenzkompensierten → Spannungsteilers in einem → Tastkopf kann die E. einschließlich der Kapazität der Verbindungsleitung weitgehend eliminiert werden. – Anh.: 72/67.

Eingangskopplung
Verbindung zwischen der Eingangsbuchse und den folgenden Baugruppen innerhalb des Meßgeräts.
Das Eingangssignal kann direkt, also gleichspannungsmäßig angekoppelt werden (Gleichspannungs- oder DC-Kopplung). Dabei werden die Gleich- und Wechselspannungsanteile des Signals übertragen.
Bei der Wechselspannungs- oder AC-Kopplung werden die Gleichspannungsanteile mit einem zwischengeschalteten Kondensator (oder seltener mit einem Übertrager) von der Signalverarbeitung abgetrennt. Die von dem kapazitiven Widerstand verursachte untere Grenzfrequenz (zwischen etwa 0,5 und 10 Hz) ist bei der Messung von niederfrequenten Signalen und langsamen Änderungen unbedingt zu berücksichtigen.
Beim Oszilloskop ist meist eine zusätzliche E. vorgesehen. Dort wird für absolute Messungen das Null- oder Massepotential als Referenzwert gebraucht. Der Eingang des Vorverstär-

Eingangskopplung

kers wird von der Eingangsbuchse abgetrennt und intern auf Massepotential gelegt (GND = ground). Auf dem Bildschirm wird dann die Null(referenz)linie dargestellt.

Eingangsspannungsteiler
Spannungsteiler, der die Meßspannung am Eingang eines Meßgeräts auf einen für die nachfolgenden Baugruppen verarbeitbaren Wert herabsetzt.
Einzelne Baugruppen, so die häufig genutzten → Meßverstärker können nur mit relativ niedrigen Eingangsspannungen betrieben werden. Die in verschiedenen Anwendungsfällen höheren Spannungen müssen deshalb herabgesetzt werden. Um eine gleichmäßige Teilung in einem breiten Frequenzbereich zu erreichen, nutzt man häufig sog. frequenzkompensierte → Spannungsteiler. – Anh.: – / 67.

Eingangswiderstand
Ohmsche Komponente der komplexen → Eingangsimpedanz.
Der E. ist der frequenzunabhängige ohmsche Widerstand des Eingangsstromkreises eines elektronischen Meßgeräts bzw. Verstärkers. Man unterscheidet hochohmige und niederohmige Eingänge. Das niederohmige System wird vorwiegend in der Hochfrequenz- und Pulstechnik angewendet, da Signale dieser Art meist bei niedrigen Impedanzen übertragen werden. Die Hochohmtechnik eignet sich für universelle Meßaufgaben. Bei höheren Meßfrequenzen muß die Kapazität, die parallel zum E. liegt, unbedingt berücksichtigt werden. – Anh.: 72 / 67.

Einheit
(Maßeinheit, manchmal kurz Maß). Durch Übereinkunft (Konvention) festgelegte, ganz bestimmte Größe, die zum Vergleich innerhalb einer Größenart dient.
Im gesetzlich verbindlichen → Internationalen Einheitensystem (SI) werden die notwendigen E. festgelegt. Die E. hat immer den Zahlenwert 1 und dient als Bezugsgröße beim → Messen. → Vorsätze dienen zur Bildung von Vielfachen und Teilen der E. Die E. wird meist abgekürzt und als → Einheitenzeichen angegeben. Zusammen mit dem Zahlenwert ist die E. Bestandteil des → Werts und charakterisiert die Art der physikalischen Größe; so ist z. B. beim Wert 220 V aus dem E.zeichen V zu erkennen, daß die Meßgröße eine Spannung ist.

Verhältnisgrößen und Zählgrößen haben spezielle E. – Anh.: 1 / *61, 75*.

Einheitenzeichen
(Kurzzeichen der Einheit, Einheitenkurzzeichen). Symbol zur verkürzten Angabe von → Einheiten einer Größe.
E. sind meist Buchstaben (z. B. A für Ampere, Ω für Ohm, Hz für Hertz) oder daraus gebildete Produkte (z. B. Wh für Wattstunde), Potenzen (z. B. m^2 für Quadratmeter) oder Quotienten als Brüche oder mit negativem Exponenten (z. B. m/s oder ms^{-1} für Meter je Sekunde). Manche abgeleiteten SI-Einheiten haben eigene Namen und dafür auch eigene E. (z. B. $m^2 \cdot kg \cdot s^{-3} \cdot A^{-1} = W/A = V$ für Volt). E. können durch das Kurzzeichen von → Vorsätzen ergänzt werden, um Zehnerpotenzen von Zahlenwert bzw. Einheit (z. B. $mA = 10^{-3} A$ für Milliampere) zu bilden. Die einzelnen Symbole sind ggf. unter Zuhilfenahme von Zwischenräumen, Multiplikationszeichen und Klammern so anzuordnen, daß keine Mißverständnisse entstehen können (z. B. mΩ für Milliohm und Ω·m für Ohmmeter).
E. dürfen, im Unterschied zu Formelzeichen, keine zusätzlichen Zeichen, Indizes u. ä. erhalten (z. B. nicht $U = 220 V_{eff}$ sondern $U_{eff} = 220 V$).
Im Druck werden, im Unterschied zu den kursiven Formelzeichen, die E. geradstehend wiedergegeben. – Anh. 1, 10 / *61, 75*.

Einheitssignal
National oder international vereinbartes Signal.
E. ermöglichen die → Kompatibilität von Meßeinrichtungen untereinander und mit anderen zugehörigen Einrichtungen.
International sind z. B. folgende elektrische E. gebräuchlich:
- analoge Einheitsstromsignale: 0...5 mA, 0...20 mA, (4...20) mA
- analoges Einheitsspannungssignal: 0...10 V
- binäres E.: 0-Signal 0 V
  1-Signal 12 V, 24 V, 48 V, 60 V

Einkanaloszilloskop
→ *Oszilloskop zur Darstellung eines Meßsignals als Oszillogramm auf einer Einstrahlröhre.*
→ Elektronenstrahlröhre mit einem Strahlerzeuger- und -ablenksystem wird mit einem → Vertikal- und einem → Horizontal(ablenk)system verbunden (Bild). – Anh.: 72 / *78*.

Einkanaloszilloskop

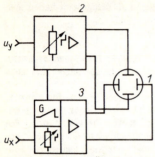

Einkanaloszilloskop. Übersichtsschaltplan; *1* Einstrahl-Elektronenstrahlröhre; *2* Vertikal-(*Y*-)Ablenksystem; *3* Horizontal-(*X*-)Ablenksystem

Ein-Leistungsmesser-Verfahren

(Ein-Wattmeter-Verfahren). Verfahren bzw. Schaltung zur direkten → Wirkleistungsmessung.

● E. zur Leistungsmessung im Gleichstrom-Zweileitersystem: → Gleichstromleistungsmessung

● E. zur Wirkleistungsmessung bei Einphasen-Wechselstrom: Ein → Leistungsmesser wird in einer der grundsätzlichen → Leistungsmesserschaltung in das Zweileitersystem eingefügt.

● E. zur Wirkleistungsmessung im symmetrisch belasteten Drehstrom-Drei- und -Vierleitersystem:
Bei symmetrischer Belastung sind die Strangleistungen gleich. Es genügt also, nur die Leistung eines beliebigen Leiters mit einem Meßwerk zu messen (Bild a), dessen Anzeige mit 3 multipliziert werden muß oder dessen Skala den dreifachen Betrag angibt.
Im Dreileitersystem wird zum Anschluß des Spannungspfads mit → Nullpunktwiderständen ein künstlicher Nullpunkt gebildet (Bild b).

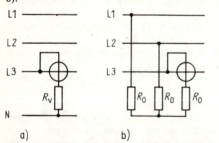

Ein-Leistungsmesser-Verfahren. Wirkleistungsmessung im symmetrisch belasteten System; a) Drehstrom-Dreileitersystem; b) Drehstrom-Vierleitersystem

Einmessen
→ Kalibrieren

Einschuboszilloskop
Oszilloskop mit austauschbaren Funktionseinheiten.
Die → Einschubtechnik ermöglicht es, Oszilloskope für allgemeine und/oder spezielle Nutzungen aufzubauen. Das Grundgerät kann durch Einschubwechsel an den jeweiligen Anwendungsfall optimal angepaßt werden.

Einschubtechnik
Bauweise, die den Aufbau moduler Meßgeräte ermöglicht.
Die E. gestattet die Kombination von verschieden- und/oder gleichartigen Einschüben und Versorgungseinheiten in einem dazu vorbereiteten Gestell oder Gehäuse. Die einfache Austauschbarkeit ermöglicht den Aufbau von universellen und speziellen Meßplätzen.
Als Module unterscheidet man hauptsächlich Meßgeräteeinschübe (z. B. Zeiger-, digitale oder oszilloskopische Anzeigeteile mit oder ohne zugehöriger Meßgrößenverarbeitung), Generatoreinschübe (z. B. Sinus-, Impuls-, Zeitmarkengeneratoren) und Zusatz- bzw. Versorgungseinschübe (z. B. Verstärker, Filter, Netzteile). Bei der Modulkombination ist auf → Kompatibilität zu achten.

Einweggleichrichtung
Schaltung zur → Meßgleichrichtung.
Bei der E. wird, im Unterschied zur → Zweiweggleichrichtung, nur eine Halbwelle der Wechselspannung zur Messung herangezogen. Zur Gleichrichtung dient eine Diode, die parallel (Bild a) oder in Reihe zur Meßeinrichtung geschaltet wird (Bilder b, c).

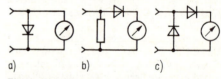

Einweggleichrichtung

Durch das Meßwerk fließt der → Gleichrichtwert des Stroms. Unter Einbeziehung des → Formfaktors kann die Skala in Effektivwerten kalibriert werden.

Elektrizitätszähler
(auch Wechselstrom- oder Induktionszähler; um-

Elektrizitätszähler

gangssprachlich kurz Zähler). *Meßmittel zur Bestimmung der elektrischen → Energie.*
E. sind kleine elektrische Maschinen (→ Induktionszähler), die aus einem festen Ständer und einem drehbaren Läufer bestehen. Infolge der Wechselwirkung zwischen dem Dreh- und Wanderfeld des Ständers und den Läuferströmen entstehen Kräfte, die ein Drehmoment auf den Läufer ausüben und ihn in Bewegung setzen. Die Läuferumdrehungen werden von Zählwerken mit Ziffernrollen als Maß für die elektrische Energie angezeigt.
Die nutzbare, umgesetzte Wirkenergie wird mit → Wirkarbeitszählern erfaßt. Zum Messen der Blindenergie (z. B. Magnetisierungs- oder Ladungsbedarf) gibt es → Blindarbeitszähler.
Zur Messung der Energie im Gleichstromnetz werden → Gleichstromzähler genutzt.
Da Energieerzeugungs- und -verteileranlagen am wirtschaftlichsten betrieben werden können, wenn eine möglichst kontinuierliche Nutzung und Abnahme erfolgt, verwendet man zur Erfassung und Verrechnung der Energie die Kombination eines Basistriebwerks mit einem oder mehreren Tarifeinrichtungen, z. B. → Mehrtarifzähler, → Maximumzähler, → Überverbrauchszähler. E. müssen nach den geltenden Vorschriften einer Beschaffenheits- und meßtechnischen Prüfung und einer Eichung mit Beglaubigung unterzogen werden und eine Zulassung besitzen. – Anh.: 21, 42, 91, 92, 93, 94, 95, 96, 97, 98, 99, 100, 101, 109, 120, 143 / 8, 9, 16, 18, 20, 21, 30, 58, 77, 92, 94, 95, 99.

Elektrometer
Meßgerät mit elektrostatischem Meßwerk.
E. verwendet man zur Messung auch sehr hoher Gleich- und Wechselspannung beliebiger Kurvenform in → E.schaltungen ohne und mit Hilfsspannung.

Elektrometerschaltung
Anschluß von Meßgeräten mit elektrostatischem Meßwerk (→ Elektrometer).
Bei der idiostatischen Schaltung (auch sog. Doppelschaltung) wird die bewegliche Elektrode mit einer festen Elektrode verbunden und die zu messende Spannung U_x zwischen die beiden festen Elektroden gelegt (Bild a); Anzeige: $\alpha \sim U_x^2$.
Bei der heterostatischen Schaltung wird zur Steigerung der Empfindlichkeit bei der Messung kleiner Spannungen U_x eine wesentlich größere Hilfsspannung U_H ($U_H \gg U_x$) verwendet;
Anzeige: $\alpha \sim U_x U_H$.
Je nachdem, ob die zu messende Spannung zwischen den beiden festen Elektroden oder zwischen der beweglichen Elektrode und dem (geerdeten) Schutzring liegt, unterscheidet man die Quadrantenschaltung (Bild b) und die Nadelschaltung (Bild c).

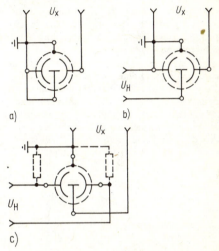

Elektrometerschaltung. a) idiostatische Schaltung; b) heterostatische Quadrantenschaltung; c) heterostatische Nadelschaltung; U_x Meßspannung; U_H Hilfsspannung

Elektronenstrahloszilloskop
(Elektronenstrahloszillograf). Frühere bzw. ausführliche Bezeichnung für → Oszilloskop.

Elektronenstrahlröhre
(Katodenstrahl-, Oszillografen- bzw. Oszilloskop-, Bildschirmröhre; früher: Braunsches Rohr. Meß- und Anzeigeorgan des → Oszilloskops.
E. enthalten in einem evakuierten Glaskolben das Strahlerzeugersystem, den Bildschirm und in den meisten Fällen auch das Ablenksystem (Bild).
Die aus einer (meist indirekt) geheizten Katode emittierten Elektronen werden durch hohe Gleichspannungen in Richtung zum Bildschirm beschleunigt.
Die Elektronenstrahlstärke und damit die Oszillogrammhelligkeit kann durch eine Steuerelektrode (→ Wehneltzylinder) beeinflußt werden. Die Elektronen durchlaufen danach ein

Elektronenstrahlröhre

System, in dem sie zu einem Strahl gebündelt (→ Fokussierung) und durch die Anode so beschleunigt werden, daß sie beim Auftreffen auf den → Bildschirm einen Leuchtfleck hervorrufen. Der Elektronenstrahl kann nahezu leistungs- und trägheitslos durch elektrische oder magnetische Felder abgelenkt werden. Zu der in E. für Oszilloskope überwiegend angewendeten elektrostatischen → Strahlablenkung befinden sich paarige → Ablenkelektroden innerhalb der Röhre. Die elektromagnetische Ablenkung durch außerhalb der E. angebrachte Spulen wird z.B. bei Radar- und Fernsehbildröhren angewendet.
Verschiedene E. enthalten eine → Nachbeschleunigung und eine → Netzelektrode.
Mit → Zwei- bzw. Mehrstrahlröhren, die eine entsprechende Anzahl von Strahlerzeugungs- und -ablenksystemen enthalten, können mehrere Funktionen sichtbar gemacht werden. Die Abbildung und Speicherung von Oszillogrammen über längere Zeiträume erfolgt mit → Speicherröhren. – Anh.: 72, 103, 104, 134 / *17, 28, 62, 78, 105.*

Empfindlichkeit

Verhältnis der Wirkung zur Ursache.
Formelzeichen E
Die E. eines Meßgeräts ist das Verhältnis der Anzeigenänderung zu der sie verursachenden Änderung der Meßgröße ΔX.
Bei analogen Meßgeräten ist die Anzeigenänderung in Längeneinheiten Δl einzusetzen, d. h.

$$E = \frac{\Delta l}{\Delta X}.$$

Bei digitalen Meßgeräten wird die Änderung der Anzeige in Ziffernschritten ΔZ angegeben, d. h.

$$E = \frac{\Delta Z}{\Delta X}.$$

Anh.: 6 / *31, 64, 77*.

Endwert

Meßbereichsendwert. → Skalenendwert; → Grenzfrequenz

Energie

(Arbeit). Physikalische und technische Größe im elektrischen Stromkreis als Produkt aus Leistung und Zeitabschnitt.
Wird in einem Netz mit der Spannung u ein Strom i entnommen, wobei sich u und i mit der Zeit ändern können, so ergibt sich die elektrische (Augenblicks-)Leistung als deren Produkt. Die E., d. h. die Fähigkeit, Arbeit verrichten zu können, ist die Leistung innerhalb einer bestimmten Zeitdauer. Die elektrische E. oder Arbeit ist deshalb definiert als das Produkt aus elektrischer → Leistung und Zeit. Das gilt für Wechsel- bzw. Drehstrom und Gleichstrom (Tafel).

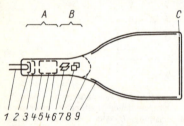

Elektronenstrahlröhre. Mit elektrostatischer Fokussierung und Ablenkung; *A* Strahlerzeugersystem (Elektronenkanone); *B* Strahlablenksystem; *C* Bildschirm
1 Heizfaden; *2* Katode; *3* Wehneltzylinder; *4* Beschleunigungsanode; *5* Fokussierungsanode (Linsenelektrode); *6* Elektroden zur vertikalen Strahlablenkung („Meßplatten"); *7* Elektroden zur horizontalen Strahlenablenkung („Zeitplatten"); *8* Netzelektrode; *9* leitende Grafitschicht oder Nachbeschleunigungsanode (als Belag oder Wendel)

Gleichungen

Energie bzw. Arbeit	Einphasen-Wechselstrom	Symmetrisch belastetes Drehstromnetz		Einheit
Scheinenergie/-arbeit	$W_s = U_\sim I_\sim t$	$W_{s3\sim} = 3 U_1 I_1 t$	$= \sqrt{3}\, U_{12} I_1 t$	VAs
Wirkenergie/-arbeit	$W_\sim = U_\sim I_\sim \cos\varphi t$	$W_{3\sim} = 3 U_1 I_1 \cos\varphi t$	$= \sqrt{3}\, U_{12} I_1 \cos\varphi t$	Ws
Blindenergie/-arbeit	$W_q = U_\sim I_\sim \sin\varphi t$	$W_{q3\sim} = 3 U_1 I_1 \sin\varphi t$	$= \sqrt{3}\, U_{12} I_1 \sin\varphi t$	vars
Gleichstromenergie/-arbeit	$W_- = U_- I_- t$			Ws

Energie

Für die elektrische E. können neben der SI-Einheit Joule auch Wattsekunde und deren Vielfache (z. B. kWh) benutzt werden. – Anh.: 11, 15, 42, 43/*61, 75*.

Energiemessung
Bestimmung des Werts der aufgenommenen oder abgegebenen elektrischen → Energie (bzw. Arbeit).
Zur E. verwendete → Elektrizitätszähler sind über die Zeit integrierende Meßgeräte zur → Leistungsmessung. Deshalb werden die Meßmittel zur Bestimmung der Leistung und der Energie prinzipiell in gleicher Weise geschaltet. Die Spannung liegt am Spannungspfad, und der zur Leistung bzw. Arbeit gehörige Strom fließt durch den Strompfad (→ Zählerschaltung). Während bei der Leistungsmessung durch geeignete Meßwerke der Mittelwert der Leistung angezeigt wird, wird bei der E. durch den Elektrizitätszähler die Leistung über die Zeit summiert und angezeigt. – Anh.: 11, 15, 43/*61, 75*.

Entladezeitkonstantenmessung
Meßverfahren zur → Widerstands- und → Kapazitätsmessung.

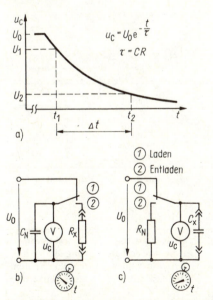

Entladezeitkonstantenmessung. a) Spannungsverlauf und Meßwerte beim Entladen eines Kondensators; b) Meßschaltung zur Widerstandsermittlung; c) Meßschaltung zur Kapazitätsermittlung

Die Spannung an einem Kondensator sinkt bei seiner Entladung exponentiell (Bild a). Dabei wird die Zeitdauer des Vorgangs durch die Kapazität des Kondensators C und die Größe des Entladewiderstands R bestimmt. Die Entladezeitkonstante τ ist das Produkt aus diesen Größen, von denen eine bekannt sein muß und die andere aus Spannungs- und Zeitmessung bestimmt werden kann.
Zur Messung werden zu zwei verschiedenen Zeiten t_1 und t_2 die jeweiligen Spannungen U_1 und U_2 abgelesen.
Bei Einsatz eines Normalkondensators C_N (Bild b) kann der Widerstand ermittelt werden:

$$R_x = -\frac{t_2 - t_1}{C_N(\ln U_2 - \ln U_1)}.$$

Die Kapazität kann bei Verwendung eines Normalwiderstands R_N (Bild c) bestimmt werden:

$$C_x = -\frac{t_2 - t_1}{R_N(\ln U_2 - \ln U_1)}.$$

Für Betriebsmessungen genügt es, nur den Entladewiderstand zu betrachten; für genaue Messungen müssen der → Meßgerätewiderstand und der → Verlust(widerstand) des Kondensators berücksichtigt werden.

Entschlüßler
→ Digital/Analog-Umsetzer

EOQC
Abk. für European Organization for Qality Control (Europäische Organisation für Qualitätskontrolle).

Erdspieß
Meßstab zur Ausführung geoelektrischer Messungen.
Ein E. ist eine Elektrode, die in das Erdreich gesteckt wird und an der die Meßmittel angeschlossen werden (z. B. zur Messung des Erdwiderstands beim → Prüfen von Erdungsanlagen). Er ist mit 10...20 mm Durchmesser etwa 70 cm lang und besteht aus oberflächengeschütztem Stahl. – Anh.: 111/*99, 100*.

Erdungsprüfung
Allgemein übliche Kurzform für das → Prüfen von Erdungsanlagen.

Ergänzungs(meß)methode
→ *Verhältnismeßmethode, bei der die Meßgröße*

Ergänzungs(meß)methode

durch eine gleichartige Größe mit bekanntem Wert so ergänzt wird, daß deren Summe einen bekannten vorgegebenen Wert erreicht.
Anh.: 6, 130, 147 / 77.

Ersatzschaltbild

(Ersatzschaltplan, kurz Ersatzschaltung). Schaltplan, der das Verhalten realer, technischer Bauelemente oder Schaltungen durch das Zusammenwirken idealisierter, theoretisch erfaß- und beschreibbarer Grundschaltelemente charakterisieren soll.

E. können nicht alle physikalischen Gegebenheiten erfassen. Sie sind deshalb nur unter bestimmten Voraussetzungen und mit vertretbaren Vernachlässigungen anwendbar.

● E. von (Wirk-)Widerständen
Der Sollwert des Widerstands gilt nur für Gleichstrom. Bei Wechselstrom treten („parasitäre") Induktivitäten und Kapazitäten auf (Bild a), und der Wirkwiderstand erhöht sich durch den Skineffekt bei höheren Frequenzen.

Es ergibt sich daraus in erster Näherung der Fehlwinkel δ_R $\tan \delta_R \approx \omega \left(\dfrac{L}{C} - CR \right) = \omega \tau_R$,
τ_R Zeitkonstante des Widerstands.

● E. von Kondensatoren und Spulen
Die → Verluste von Kondensatoren und Spulen lassen sich für eine bestimmte Frequenz durch Reihen- oder Parallelschaltung von Wirkwiderständen darstellen. Aus der Darstellung der Strom- und Spannungsverhältnisse mittels Zeigerdiagrammen können der Verlustwinkel δ und damit der Verlustfaktor $\tan \delta$ verdeutlicht werden (Tafel).

● E. von aktiven Zweipolen (Quellen-E.)
Im einfachsten Fall besteht ein geschlossener (Grund-)Stromkreis aus einer Quelle (aktiver Zweipol) und dem äußeren Widerstand R_a (passiver Zweipol), der vom Strom I durchflossen wird.
Die Quelle kann als Spannungsquelle, die die Quellenspannung U_Q (früher Urspannung E ge-

Ersatzschaltpläne, Zeigerdiagramme und Verlustfaktoren von Spulen und Kondensatoren

Plan	Kondensator		Spule	
Ersatz-schalt-plan	C, R'_V	C, R''_V	L, $C_V^{*)}$, R'_W	L, R''_W, $C_V^{*)}$
Zeiger-diagramm	$U_{R'_V}$, δ_C, φ, I, U_C, U	I_C, δ_C, φ, U, $I_{R''_V}$	U_L, U, φ, I, $U_{R'_W}$	$I_{R''_W}$, φ, U, I_L, δ_L, I
Verlust-faktor	$d'_C = \tan \delta_C =$ $\omega C R'_V$	$d''_C = \tan \delta_C =$ $\dfrac{1}{\omega C R''_V}$	$d'_L = \tan \delta_L =$ $\dfrac{R'_W}{\omega L}$	$d''_L = \tan \delta_L =$ $\dfrac{\omega L}{R''_\omega}$
Anwendung	Charakterisierung des Verhaltens eines Kondensators bei Hochfrequenz	Charakterisierung des Verhaltens eines Kondensators bei Niederfrequenz	Charakterisierung des Verhaltens von Spulen ohne Eisenkern	Charakterisierung des Verhaltens von Spulen mit Eisenkern

*) Die Spulenkapazität C_v kann unberücksichtigt bleiben, wenn gilt
$\dfrac{1}{\omega C_v} \geq 10^3 \, \omega L$

Ersatzschaltbild

nannt) erzeugt, mit ihrem Innenwiderstand R_i aufgefaßt werden. Diese Ersatzschaltung wird überwiegend in der Leistungselektrotechnik und für alle üblichen Spannungsquellen (Primär- und Sekundärelemente, Generatoren) angewendet (Bild b).
In der Informationselektrotechnik nutzt man zur Berechnung elektronischer Schaltungen vorteilhaft die Parallelschaltung einer als widerstandslos angenommenen Stromquelle, die den Quellenstrom I_Q liefert, mit dem inneren Leitwert G (Bild b).

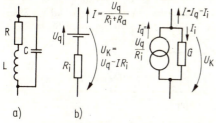

a) b)

Ersatzschaltbild. a) Wirkwiderstand R, Reiheninduktivität L und Parallelkapazität C; b) Ersatzschaltpläne für aktive Zweipole; links Spannungsquellenersatzschaltung; rechts Stromquellenersatzschaltung

Erstprüfung
Notwendigkeit beim → Prüfen der Schutzmaßnahmen gegen gefährliche elektrische Durchströmung.
Die E. muß nach dem Errichten, vor der Inbetriebnahme elektrotechnischer Anlagen und/ oder Betriebsmittel erfolgen. – Anh. 111/ 99, 100.

Etalon
→ Normal

Fallbügelschreiber
→ *Punktschreiber mit einem Meßwerk (Meßwerkpunktschreiber).*
Beim F. stellt sich der elastische Zeiger eines empfindlichen Meßwerks wie bei Anzeigegeräten frei auf den Meßwert ein und wird in bestimmten Zeitabständen von einem Fallbügel kurzzeitig auf den unter dem Zeigerende ablaufenden Diagrammträger gedrückt. Zwischen Zeiger und Papier befindet sich ein Farbband, so daß sich an der Aufdruckstelle der Meßwert als Farbpunkt abzeichnet (Punktfolge ≥ 2s). Die einzelnen Punkte reihen sich zu einem Kurvenzug aneinander (Bild).

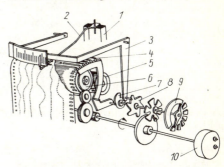

Fallbügelschreiber für 6 Meßstellen; *1* Drehspule; *2* Zeiger; *3* Fallbügel; *4* Farbbänder; *5* Papiervorratsrolle; *6* Stiftwalze; *7* Farbbandumschaltung; *8* Hub-Druck-Mechanismus; *9* Meßstellenumschalter; *10* Antriebsmotor

Ändern sich die Meßwerte nur langsam, können mit einem Meßwerk mehrere Diagramme auf demselben Registrierstreifen aufgezeichnet werden. Ein Meßstellenumschalter, der mit dem Streifentransport gekoppelt ist, schaltet das Meßwerk nacheinander an (allgemein 6 oder 12) Meßstellen. Gleichzeitig wird das Farbband gewechselt, damit die Kurven in verschiedenen Farben aufgezeichnet werden. – Anh.: 15, 28, 29, 30, 80, 87, 88/ *22*, 49, 50, 51.

Fehler
1. F. einer Messung (→ *Meßfehler*).
2. Abweichung eines Qualitätsmerkmals von einer gestellten Forderung.

Fehler, absoluter
(auch Abweichung). → *Meßfehler als Differenz von* → *Meßwert X' und richtigem Wert oder Sollwert X:*
$\Delta X = X' - X.$
Der a. F. wird immer mit der → Einheit der Größe angegeben. Die Vorzeichen sind zu berücksichtigen. Sie geben die Richtung des Fehlers an, so gilt:
● negatives Vorzeichen: gemessener Wert ist kleiner als richtiger Wert,
● positives Vorzeichen: gemessener Wert ist größer als richtiger Wert.
● Kein Vorzeichen oder das Alternativzeichen (±) kennzeichnet einen gleichgroßen a. F. oberhalb und unterhalb des richtigen Werts.

Fehler, absoluter

Der Betrag des a. F. kann mit entgegengesetztem Vorzeichen als → Korrektion genutzt werden. – Anh.: 6/31, 77.

Fehler, dynamischer

→ *Meßfehler, der auf das nichtideale dynamische (Zeit-)Verhalten der Meßgeräte zurückzuführen ist.*

D. F. treten z. B. während des Ablaufs von Ausgleichsvorgängen auf oder werden durch das nicht verzögerungsfreie Arbeiten der Meßeinrichtung hervorgerufen.

D. F. können systematische oder zufällige Fehler sein.

Fehler, grober

(früher auch subjektiver Fehler). → Meßfehler, der den unter den gegebenen → Meßbedingungen zu erwartenden Fehler wesentlich übersteigt.

G. F. beruhen hauptsächlich auf falschen oder nachlässigen Ablesungen, Irrtümern, Defekten an Meßmitteln, Nichterkennen oder Nichtbeachten von Fehlerquellen und plötzlichen starken äußeren Einflüssen. Sie können verschiedene Beträge und unterschiedliches Vorzeichen haben (Bild).

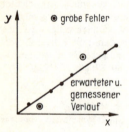

Fehler, grober

G. F. sind bei entsprechender Sorgfalt grundsätzlich vermeidbar. – Anh.: –/77.

Fehler, objektiver

→ Fehler, systematischer

Fehler, prozentualer

Fehler, → relativer

Fehler, relativer

Verhältnis (Quotient) des absoluten Fehlers ΔX zum richtigen → Wert oder Sollwert X:

$$F_X = \frac{\Delta X}{X}.$$

Es ist in vielen Fällen auch üblich, auf den → Meßwert X' oder einen anderen geeigneten Wert zu beziehen:

$$F_X \approx \frac{\Delta X}{X'}.$$

Im Zweifelsfall wird angegeben, worauf der r. F. bezogen ist. Häufig wird der r. F. als prozentualer Fehler in % (oder ‰) angegeben.

Der absolute Fehler ist vorzeichenbehaftet einzusetzen, damit auch beim r. F. die Richtung des Fehlers hinsichtlich der Bezugsgröße ersichtlich ist.

Ein wesentlicher r. F. in der elektrischen Meßtechnik ist der relative Meßgerätefehler als Quotient des maximalen absoluten Fehlers (ΔX_{max}) durch den Meßbereichsendwert X_e

$$F_G = \frac{\Delta X_{max}}{X_e}$$

und die daraus resultierende → Genauigkeitsklasse G:

$$G = 100\, F_G.$$

Anh.: 6/31, 57, 77.

Fehler, statischer

→ *Meßfehler, der im statischen Zustand des Meßmittels auftritt.*

S. F. sind, im Unterschied zu dynamischen Fehlern, alle Fehler, die nicht durch das Zeitverhalten der Meßmittel bedingt sind. – Anh.: –/77.

Fehler, subjektiver

→ Fehler, grober

Fehler, systematischer

(früher auch objektiver Fehler oder Unrichtigkeit). → Meßfehler, der hauptsächlich durch die Unvollkommenheit der Meßmittel, der Meßverfahren und des Meßobjekts hervorgerufen wird.

S. F. haben bei jedem Meßwert einen bestimmten Betrag und innerhalb einer Meßreihe ein konstantes Vorzeichen (entweder + oder –) (Bild). Sie sind grundsätzlich be-

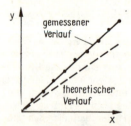

Fehler, systematischer

Fehler, systematischer

herrschbar, ihr Wert läßt sich bestimmen oder – wenn das zu aufwendig ist – abschätzen. Erfaßbare s. F. sollen durch Anbringen von → Korrektionen berichtigt oder ihr Wert soll zum → Meßergebnis angegeben werden. – Anh.: 6, 130, 147 / 64, 77.

Fehler, zufälliger
(auch Unsicherheit). → *Meßfehler, der durch Änderungen der Meßgeräte, des Meßobjekts, der Umwelt und des Messenden, die während der Messungen nicht beeinflußbar bzw. erfaßbar sind, hervorgerufen wird.*
Bei wiederholten Messungen unter gleichen Meßbedingungen ist eine → Streuung der einzelnen Meßwerte zu beobachten. Diese Abweichungen schwanken in zufälliger Weise, ungleich nach Betrag und Vorzeichen (Bild).

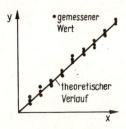

Fehler, zufälliger

Demnach kann man z. F. nicht korrigieren. Sie können nur in ihrer Gesamtheit durch die Fehlertheorie (→ Fehlerstatistik, Wahrscheinlichkeits- und Ausgleichsrechnung) zahlenmäßig abgeschätzt und angegeben werden. Diese Angaben werden um so zuverlässiger, je größer die Anzahl der wiederholten Messungen ist. – Anh.: 6 / 64, 77.

Fehlerfortpflanzung
Teil der → *Fehlerrechnung, der den* → *Meßfehler eines Meßergebnisses bei der Verknüpfung mehrerer fehlerbehafteter Meßwerte behandelt.*
Wird das → Meßergebnis Y aus mehreren einzelnen → Meßwerten $X_1, ..., X_n$ mit ihren vorzeichenbehafteten absoluten → Fehlern $\Delta X_1, ..., \Delta X_n$ und ihren vorzeichenbehafteten relativen Fehlern $F_{X1}, ..., F_{Xn}$ mathematisch ermittelt, ergeben sich das Meßergebnis, sein absoluter Fehler ΔY und sein relativer Fehler F_Y nach folgenden, vereinfachten Beziehungen:

- Bei Addition zweier oder mehrerer Meßwerte zu einem Meßergebnis ($Y = X_1 + X_2 + ...$) ist der absolute Fehler des Meßergebnisses gleich der Summe der absoluten Fehler der Meßwerte:

$\Delta Y = \Delta X_1 + \Delta X_2 + ...$

- Bei Subtraktion zweier oder mehrerer Meßwerte zu einem Meßergebnis ($Y = X_1 - X_2 - ...$) ist der absolute Fehler des Meßergebnisses gleich der Differenz der absoluten Fehler der Meßwerte:

$\Delta Y = \Delta X_1 - \Delta X_2 - ...$

- Bei Multiplikation zweier Meßwerte zu einem Meßergebnis ($Y = X_1 \cdot X_2$) ist der relative Fehler des Meßergebnisses gleich der Summe der relativen Fehler der Meßwerte:

$F_Y = F_{X1} + F_{X2}$.

- Bei Division zweier Meßwerte zu einem Meßergebnis ($Y = X_1 / X_2$) ist der relative Fehler des Meßergebnisses gleich der Differenz der relativen Fehler der Meßwerte:

$F_Y = F_{X1} - F_{X2}$.

Alle Fehler sind vorzeichenbehaftet einzusetzen. Ist eine Abweichung sowohl nach oben als auch nach unten (±) möglich, so kann für grobe Abschätzungen der größte sich ergebende Fehler für das Meßergebnis angenommen werden. – Anh.: 6 / 77.

Fehlergrenze
Grenze der vereinbarten oder garantierten, zugelassenen Abweichungen von der richtigen Anzeige bzw. vom Sollwert.
F. geben an, wie „unrichtig" ein Meßwert bzw. Meßergebnis sein darf. Sie sind in erster Linie durch systematische Fehler bedingt und berücksichtigen die unvermeidlichen Schwankungen bei der Meßmittelherstellung. Wichtige Sonderfälle sind → Garantief. und → Eichf. F. können einseitig (Vorzeichen + oder −) oder zweiseitig (±) sein. Sie müssen die erheblich geringere → Meßunsicherheit einschließen.
F. können in zweierlei Schreibweise gekennzeichnet werden; meist durch Angabe, innerhalb welcher F. der Meßwert liegen darf (z. B. Eichf. eines 10 Ω – Normalwiderstands: ± 0,1 Ω; Garantief. eines Meßgeräts: ± 0,2 % vom Endwert bzw. Genauigkeitsklasse 0,2) oder durch Angabe der Grenzwerte der Größe (z. B. zulässiger Größtwert: 10,1 Ω, zulässiger Kleinstwert: 9,9 Ω). – Anh.: 6 / 31, 77.

Fehlerklasse

Fehlerklasse
→ Genauigkeitsklasse

Fehlerkorrektion
(Fehlerkorrektur). → Korrektion

Fehlerrechnung
Verfahren zur Angabe und zur Verarbeitung der Zahlenwerte von Meßfehlern.
→ Meßfehler werden mit den Mitteln der Wahrscheinlichkeits- und Ausgleichsrechnung behandelt.
Bei einzelnen Meßergebnissen bestimmt man den absoluten und den relativen → Fehler. Mehrere fehlerbehaftete Meßergebnisse der gleichen Größe werden mittels → Fehlerstatistik erfaßt und verarbeitet. Zur F. gehört auch die → Fehlerfortpflanzung, die die funktionale Verknüpfung mehrerer Meßergebnisse verschiedener Größen behandelt. – Anh.: 6/77.

Fehlerspannungs-Schutzschaltung
(FU-Schutzschaltung). Nicht mehr standardisierte und z. T. verbotene → Schutzmaßnahme gegen gefährliche elektrische Durchströmung.
Anh.: 111, 146/99.

Fehlerstatistik
Teil der → Fehlerrechnung.
Werden unter gleichen Meßbedingungen Meßwerte mehrfach bestimmt, treten u. a. zufällige → Fehler auf. Die Einzelmeßwerte und die Fehler werden mittels F. erfaßt und verarbeitet.
Zur F. gehören die Bestimmung des → arithmetischen Mittels und das Errechnen der → Standardabweichung. Nach der Wahl einer statistischen → Sicherheit lassen sich → Vertrauensgrenzen, → Meßunsicherheit und → Fehlergrenzen ermitteln. – Anh.: 6/77.

Fehlerstrom-Schutzschaltung
(FI-Schutzschaltung). → Schutzmaßnahme gegen gefährliche elektrische Durchströmung.
Die F. wirkt durch die Kontrolle des Betriebsstroms einer elektrotechnischen Anlage und ihrer nachfolgenden Abschaltung bei Auftreten eines Fehlers. Der Betriebsstrom ist im Normalfall in Hin- und Rückleiter gleich groß bzw. bei Drehstrom ist die Stromsumme zu jedem Zeitpunkt Null. Im Fehlerfall, beispielsweise bei Körperschluß, kann ein Strom über einen Schutzleiter zur Spannungsquelle zurückfließen – dann ist die Stromsumme in der Zuleitung nicht mehr Null. Ein eingebauter → Summenstromwandler liefert den Auslösestrom für die Abschaltung.
Die Wirksamkeit der F. ist durch → Prüfen der F. nachzuweisen. – Anh.: 111, 124/99.

Feinmeßgerät
Meßmittel, das überwiegend in der → Präzisionsmeßtechnik eingesetzt wird.
Meßgeräte mit einer → Genauigkeitsklasse unter 0,5 werden häufig als F. bezeichnet.

Feldplatte
Magnetisch steuerbarer Widerstand.
In F. wird die durch ein äußeres Magnetfeld hervorgerufene Widerstandsänderung bei speziellen Halbleitermaterialien genutzt (→ Halleffekt).
Mit F. als Hallsonde lassen sich Wert und Richtung der Magnetflußdichte bestimmen und → Stromsensoren aufbauen. – Anh. 61/–

Fernmeßtechnik
(Telemetrie). Verarbeitung und Übertragung von Meßsignalen innerhalb ausgedehnter → Meßeinrichtungen.
Die F. befaßt sich mit der Übertragung der Signale vom Meßort über Leitungen oder Funk zur Meßdatenerfassungsstelle (unabhängig von der Übertragungsentfernung). Sie wird dann angewendet, wenn die Meßstelle schwer zugängig ist oder/und die Meßdaten an einer zentralen Stelle ausgewertet werden sollen. Der Übertragungskanal muß so ausgestattet sein, daß die Meßsignale nicht verfälscht werden.

Ferraris-Instrument
(Drehfeldinduktionsmeßwerk). Bauform des → Induktionsmeßwerks.
Die vier Innenpole mit den gegenüberliegend paarweise verbundenen Feldspulen umgeben einen drehbar gelagerten Aluminiumzylinder (Bild). Es entsteht bei dieser räumlichen 90°-Versetzung der Spulen und einer äquivalenten zeitlichen Verschiebung der Erregerströme ein elektromagnetisches Drehfeld. Dieses Feld durchsetzt den Aluminiumzylinder, in dem Spannungen induziert werden, die wiederum Wirbelströme antreiben und ein Drehmoment hervorrufen. Stromlose Spiralfedern erzeugen ein Richtmoment und sorgen für einen der Meßgröße proportionalen Ausschlag.
Wegen seines relativ großen Drehmoments wird das F. in Schreibern eingesetzt. Es kann

Ferraris-Instrument

als Drehfeldrichtungsanzeiger, als Synchronoskop und als Frequenzmesser genutzt werden. Die Abhängigkeit der Anzeige von Frequenz- und Temperaturschwankungen engen die Anwendungsgebiete ein. – Anh.: 78/57.

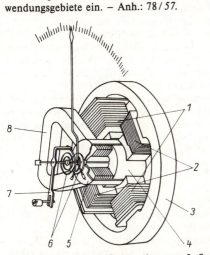

Ferraris-Instrument. *1* Stromspulenpaar; *2* Spannungsspulenpaar; *3* Eisenmantel mit Innenpolen; *4* fester Eisenkern; *5* drehbarer Aluminiumzylinder; *6* stromlose Rückstellfedern; *7* Nullstelleinrichtung; *8* Dauermagnet zur Induktionsdämpfung

Fertigungsmeßtechnik
→ Betriebsmeßtechnik

Feussner-Kompensator
→ *Gleichspannungskompensator nach dem Potentiometerverfahren.*

Der Meßvorgang entspricht dem des → Poggendorff-Kompensators.
Beim Einstellen der Kompensationsspannung darf sich der Gesamtwiderstand des Hilfsstromkreises und damit der einmal eingestellte Wert von I_H nicht ändern. Um das zu erreichen, werden die Dekaden 10,1 und 0,1 des Kompensationswiderstands R_K mit gleichgroßen Ergänzungswiderständen R_E in Reihe geschaltet. Sie werden gemeinsam so eingestellt, daß durch R_K ebensoviel zugeschaltet wie bei R_E abgeschaltet wird und umgekehrt (Bild). – Anh.: 80, 136/12, 19, 69.

Flachspulmeßwerk
Veraltete, heute kaum noch anzutreffende Bauform des → Dreheisenmeßwerks.

Fliehkrafttachometer
Meßgerät zur mechanischen → Drehzahlmessung.
Die Proportionalität zwischen Drehzahl und Fliehkraft einer sich drehenden Masse überführt die Drehzahl in eine äquivalente Kraft. Sie wirkt gegen die Kraft einer kalibrierten Feder (Bild).

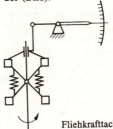

Fliehkrafttachometer

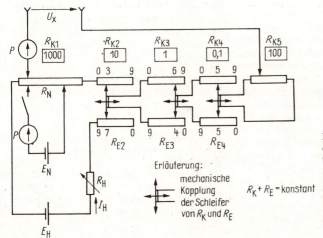

Feussner-Kompensator. R_K Widerstände des Hauptkompensators; R_E Ergänzungswiderstände; E_H Hilfsspannungsquelle; I_H Hilfsstrom; R_H Widerstand zum Einstellen des Hilfsstroms; R_N Widerstand des Hilfsstromkompensators; E_N Normalelement; P Galvanometer als Nullindikator

Flüssigkeitsdämpfung

Flüssigkeitsdämpfung
→ Kammerdämpfung

Flüssigkristallanzeige(element)
Engl. liquid crystal device, kurz LCD, nicht selbstleuchtendes Anzeigeelement.
Verschiedene komplizierte flüssige organische Verbindungen haben die optischen Eigenschaften von Kristallen. Diese flüssigkristalline Substanz wird in einer dünnen Schicht zwischen zwei Glasplatten angeordnet, die mit leitenden Stoffen als Elektroden beschichtet sind. Im Ruhezustand liegen die Flüssigkristalle parallel zur Oberfläche des Elements und erscheinen hell. Das Anlegen einer Spannung hat eine Umorientierung der Kristalle zur Folge, so daß sie im durchscheinenden oder reflektierten Licht dunkel erscheinen. Die Flüssigkristalle leuchten selbst nicht. Die erforderliche elektrische Leistung ist sehr gering ($<0,1$ mW/cm^2).

Fluxmeter
Meßgerät zur Messung der magnetischen Flußdichte.
Das F. besteht aus einer Tastspule bekannter Windungszahl und Fläche und einem angeschlossenen Kriechgalvanometer. Der Ausschlag des Galvanometers ist dem Magnetfeld, das die Spule durchsetzt, proportional. Damit läßt sich auf die Flußdichte am Ort der Spule schließen.

FM
Abk. für → *Frequenzmodulation.*

Fokussierung
Bündelung des Elektronenstrahls.
Um einen scharfen Leuchtfleck und damit ein sauberes Oszillogramm auf dem Bildschirm zu erhalten, folgt in der → Elektronenstrahlröhre dem Wehneltzylinder ein System aus Beschleunigungs- und Fokussierungselektroden, die sog. „Elektronenlinse". Mit deren elektrostatischem Feld erreicht man, analog der Wirkung einer Linse auf einen Lichtstrahl, eine F. des Elektronenstrahls. Durch Verändern der Potentiale kann man die Schärfe des Oszillogramms optimieren. – Anh.: 134/*17, 28, 29.*

Formelzeichen
(Größensymbol). Symbol zur verkürzten Kennzeichnung einer physikalischen oder technischen → *Größe.*

F. sind meist einzelne Buchstaben (z. B. *t* für Zeit, *U* für Spannung, ε für Dielektrizitätskonstante), die hauptsächlich in Gleichungen angewendet werden.
Da es mehr Größen als Buchstaben gibt, läßt sich eine Mehrfachbelegung der F. nicht vermeiden. Sie erhalten deshalb (im Unterschied zu Einheitenzeichen) Indizes, um Größen gleicher Art zu unterscheiden oder besondere Zustände zu charakterisieren (z. B. I_M für Meßwerkstrom bei Endausschlag).
F. dürfen nicht mit den → Einheitenzeichen verwechselt werden. Im Druck erscheinen F. kursiv im Unterschied zu den geradstehenden Einheitenzeichen (z. B. ist *A* das F. für die Fläche und A das Einheitenzeichen für Ampere). – Anh.: 2, 3, 10, 11, 15, 17, 18, 128, 132/*61, 76, 81.*

Formfaktor
Verhältnis des → *Effektivwerts zum* → *Gleichrichtwert einer Wechselgröße.*
Bildet man den Quotienten aus dem Effektivwert $\tilde{x}$ und dem Gleichrichtwert $|\bar{x}|$ erhält man den F.:

$$k_f = \frac{\tilde{x}}{|\bar{x}|}.$$

Für Sinusgrößen (z. B. sinusförmigen Strom oder Spannung) gilt $k_f = \pi/(2\sqrt{2}) = 1{,}11$. Dieser F. ist bei der Teilung von Skalen für wechselgrößenanzeigende Meßgeräte berücksichtigt. Die Werte von nichtsinusförmigen Wechselgrößen werden auf diesen Skalen falsch angezeigt.
Bei vom Sinus abweichender Kurvenform kann der F. bestimmt werden, wenn die gleiche Messung mit einem Dreheisenmeßgerät und einem Gleichrichterinstrument durchgeführt wird.

$$k_f = 1{,}11 \, \frac{\text{Anzeige des Dreheisenmeßgeräts}}{\text{Anzeige des Gleichrichterinstruments}}$$

Anh.: 43/*61.*

Fremdfeldeinfluß
Magnetisches und/oder elektrisches Feld als → *Einflußgröße.*
Der Zusatzfehler, der durch ein Fremdfeld bei einzelnen Meßgerätearten auftreten darf, ist in Vorschriften festgelegt und wird durch ein → Skalenzeichen gekennzeichnet. – Anh.: 78/*57.*

Frequenz

Frequenz
Anzahl der Schwingungen einer periodischen → Größe in einer Zeiteinheit.
Formelzeichen f

Einheit $\frac{1}{s} = 1\,\text{Hz}$

$f = \frac{1}{T}$

T Periodendauer
F. ist allgemein der Kehrwert der → Periodendauer.
Bei nichtsinusförmigen Größen wird der Kehrwert der größten Periodendauer als Grundf. (auch 1. Harmonische) bezeichnet. Ganzzahlige Vielfache davon nennt man harmonische F. (auch Oberschwingungen oder Oberwellen): $f_n = n f$. Subharmonische F. sind ganzzahlig gebrochene Teile der Grundf.:

$f_{\frac{1}{n}} = \frac{f}{n}$.

Die Kreisf. (auch Winkelf.) ω ist die Winkelgeschwindigkeit α/t. Beim Durchlaufen eines Vollkreises ($\alpha = 2\pi$) innerhalb einer Periode ist $\omega = 2\pi/T$. Bei konstanter Frequenz gilt: $\omega = 2\pi f$.
Anh.: 1, 2, 3, 15, 17, 20, 43/*36*, *56*, *61*, *73*, *74*.

Frequenzbereich
(der Meßmittel). Frequenzspanne, in der ein Meßmittel angewendet werden kann.
Die mechanischen und elektrischen Eigenschaften der Bauteile und Schaltelemente eines Meßgeräts ermöglichen dessen Nutzung nur in einem bestimmten F. Diese sind bei der Anwendung zur Wechselgrößenmessung zu berücksichtigen.
Ohne spezielle Meßgeräte zu berücksichtigen, ergeben sich allgemeine Richtwerte (Bild). Gebrauchsanleitungen und Datenblätter geben exakte Informationen zum jeweiligen Meßgerät.

Frequenzeinfluß
Frequenz der Meßgröße als → Einflußgröße.
Die einzelnen elektrischen Meßmittel sind nur in bestimmten → Frequenzbereichen einsetzbar. Bei den direktanzeigenden elektrischen Meßgeräten beträgt die Bezugs-/Referenzfrequenz 45 bis 65 Hz, wenn durch Aufschriften nichts anderes vorgeschrieben ist.
Die Werte bzw. Bereiche des F. werden (analog dem → Temperatureinfluß) durch Skalenaufdruck mit unterstrichenem Bezugs-/Referenzwert bzw. -bereich angegeben. – Anh.: 78, 83/*57*.

Frequenzgang
Übertragungsverhalten eines Übertragungssystems (Vierpols) in einem interessierenden Frequenzbereich.
Für den F. werden die Amplitude (Amplituden-F.) oder die Phase (Phasen-F.) des Ausgangssignals bezogen auf das Eingangssignal in Abhängigkeit von der Frequenz gemessen. Die Darstellung des Amplitudenverlaufs charakterisiert eine wesentliche Seite des Durchlaßverhaltens z. B. eines Verstärkers (Bild). Wichtige Kenngrößen sind darin die untere und obere → Grenzfrequenz sowie der dazwischenliegende Frequenzbereich als → Bandbreite.
Der F. kann durch punktweises Aufnehmen, d. h. durch Messen von Eingangs- und Ausgangsspannung und Errechnen der Verstärkung bei einzelnen Frequenzen, ermittelt werden und auch mit dem Oszilloskop durch →

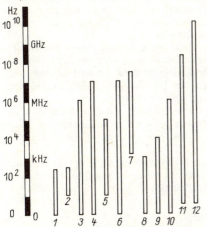

Frequenzbereich. Orientierende Durchschnittswerte für Frequenzbereiche der Meßmittel; *1* Dreheisenmeßgeräte; *2* Strom- und Spannungswandler; *3* Drehspulmeßgeräte mit Meßgleichrichtung; *4* thermische Meßgeräte; *5* Wechselspannungskompensatoren; *6* Verstärkervoltmeter; *7* (Hochfrequenz-)Tastköpfe; *8* Schreiber; *9* Lichtstrahloszillografen; *10* Oszilloskope mit Gleichspannungsverstärkern; *11* Oszilloskope mit Wechselspannungsverstärkern; *12* Samplingoszilloskope

Frequenzgang

Wobbelung direkt sichtbar gemacht werden. – Anh.: 45/61, 64, 66.

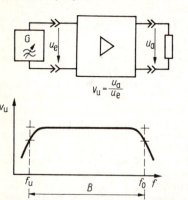

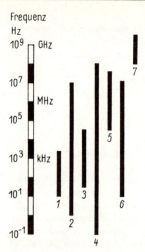

Frequenzgang. u_e Eingangsspannung; u_a Ausgangsspannung; v_u Spannungsverstärkung; f Frequenz des Generators; f_u untere Grenzfrequenz; f_o obere Grenzfrequenz; B Bandbreite

Frequenzmessung. Orientierende Durchschnittswerte für Einsatzbereiche der Verfahren. *1* Vibrationsmeßwerk; *2* Oszilloskop; *3* Frequenzmeßbrücken; *4* elektronische Zähler; *5* Resonanzverfahren; *6* Frequenzvergleichsverfahren; *7* Wellenlängenmeßverfahren

Frequenzmeßbrücke

→ *Wechselstrommeßbrücke zur* → *Frequenzmessung.*
Bei F. wird die Spannung mit der zu messenden Frequenz als Betriebsspannung an die Meßbrücke gelegt. Die Messung erfolgt durch Verstellen einzelner Brückenelemente. Der Abgleich ist erreicht, wenn die unbekannte Frequenz der Brückeneigenfrequenz entspricht.
Hauptvertreter der F. sind die → Wien/Robinson- und die → Grüneisen/Giebe-Meßbrücke.

Frequenzmessung

Bestimmung der Periodenzahl je Sekunde von Wechselspannungen bzw. -strömen.
Zur F. dienen → Vibrationsmeßwerke, → Resonanzverfahren, → Frequenzvergleichsverfahren, elektronische → Zähler, → Frequenzmeßbrücken und → Wellenlängenmeßverfahren (Bild). – Anh.: 1, 2, 3, 15, 17, 20, 43/67.

Frequenzmessung, oszilloskopische

Bestimmen der Frequenz mit dem → *Oszilloskop.*
● O. F. durch Bestimmen der Periodendauer
Mit dem Zeitkoeffizienten kann durch oszilloskopische → Zeitmessung die Periodendauer T und als deren Kehrwert die Frequenz $f = 1/T$ bestimmt werden.
● O. F. durch → Frequenzvergleich mittels Lissajous-Figuren.
Anh.: 15, 72/78.

Frequenzmodulation

(Abk. FM). Modulationsverfahren, bei dem die Frequenz einer hochfrequenten Schwingung (Trägerfrequenz) in Abhängigkeit von einer niederfrequenten Schwingung (Signalfrequenz) zeitlich verändert wird.
Bei der F. bleibt die Amplitude der hochfrequenten Schwingung konstant (Bild). Wesentliche Kenngröße der F. ist die Frequenzabweichung der Hochfrequenz. Diese wird als Frequenzhub bezeichnet.
Im Unterschied zur → Amplitudenmodulation entstehen bei der F. mit einer niederfrequenten Schwingung wesentlich mehr Seitenfrequenzen.
In der Meßtechnik hat die F. bei der Fernübertragung von Meßwerten und bei der → Wobbelung eine Bedeutung. – Anh.: 45, 107/–

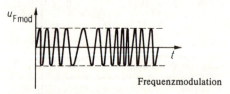

Frequenzmodulation

Frequenzteiler

Funktionseinheit, mit der die Eingangsfrequenz meist ganzzahlig geteilt werden kann.
Als F. werden hauptsächlich bistabile Multivi-

Frequenzteiler

bratorschaltungen (Flip-Flop-Stufen) in diskreter oder integrierter Ausführung benutzt.
In der Meßtechnik werden F. vorzugsweise in → Zählstufen und Impulsgebern eingesetzt. Bei → Sinusgeneratoren mit Quarzstufe kann mit dem F. die Quarzfrequenz beliebig (ganzzahlig) geteilt werden. − Anh.: 41, 42/43.

Frequenzvergleich

(mittels Lissajous-Figuren). *Verfahren zur → Frequenzmessung mit dem Oszilloskop.*
An das Oszilloskop werden im → X-Betrieb an die beiden Eingänge die Spannungen u_y und u_x gelegt (Bild a). Haben deren Frequenzen ein bestimmtes ganzzahliges Verhältnis zueinander, entstehen als Oszillogramm charakteristische Schwingungsbilder, sogenannte Lissajous-Figuren. Die Spannung u_y mit der Frequenz f_y lenkt in vertikaler Richtung ab und führt zu den oberen bzw. unteren Kuppen der Figur. Gleichzeitig lenkt die Spannung u_x mit der Frequenz f_x in horizontaler Richtung ab und erzeugt die seitlichen Kuppen des Oszillogramms links bzw. rechts.
Zur Oszillogrammauswertung (Bild b) zählt man die horizontalen und vertikalen Kuppen:

$$f_y f_x = \frac{\text{Zahl der Kuppen oben bzw. unten}}{\text{Zahl der Kuppen links bzw. rechts}} \cdot \frac{m}{n}.$$

Wenn eine der Frequenzen (z. B. f_x) eine bekannte, nach Möglichkeit einstellbare Vergleichsfrequenz f_N ist, kann die andere unbekannte Frequenz ($f_y = f_{unb}$) bestimmt werden:

$$f_{unb} = f_N \frac{m}{n}.$$

Das Aussehen der Oszillogramme hängt vom Frequenzverhältnis, den Amplituden und der Phasenlage der beiden Spannungen ab (Tafel).

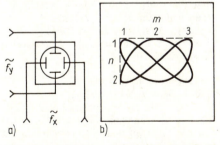

Frequenzvergleich. a) vereinfachte Meßschaltung; b) Oszillogrammbeispiel mit den Bestimmungswerten zur Frequenzbestimmung

Lissajons-Figuren bei verschiedenen charakteristischen Frequenzverhältnissen und Phasenwinkeln

Frequenzvergleich

Geringe Frequenzunterschiede Δf zwischen der unbekannten und der Vergleichsfrequenz können als „durchlaufende" Phasenverschiebung betrachtet werden. Dadurch entsteht eine scheinbare Rotation der Lissajous-Figuren, d. h., in einer bestimmten Zeit werden alle Figuren von 0° bis 360° durchlaufen. Durch Ausstoppen der Durchlaufzeit T_D kann die Frequenzdifferenz bestimmt werden: $\Delta f = \dfrac{1}{T_D}$.

Frequenzvergleichsverfahren
Meßverfahren zur → Frequenzmessung.
Beim F. wird die unbekannte Frequenz mit einer bekannten, hinreichend stabilen und vielfach einstellbaren Frequenz verglichen. Beim Vergleich entstehen Differenzfrequenzen. Die verglichenen Frequenzen sind gleich, wenn die Differenzfrequenz verschwindet.
F. finden Anwendung in → Wellenmessern und bei der Auswertung von → Lissajous-Figuren beim oszilloskopischen → Frequenzvergleich.

Frequenzzeiger
Frequenzmeßgerät nach dem Kondensatorumladeverfahren.
Im F. (Bild) wandelt ein Trigger die Spannung mit der zu messenden Frequenz f_x in eine frequenzgleiche Rechteckimpulsfolge um. Damit lädt sich der Kondensator über die Diode auf eine frequenzproportionale Spannung auf. Der Entladestrom durch Diode V2, Widerstand und Anzeigegerät sind dieser Spannung proportional und damit ein Maß für die Frequenz.

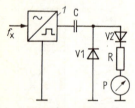

Frequenzzeiger. *1* Trigger; C Kondensator; V1, V2 Dioden; R Widerstand; P Anzeigegerät

Fundamental(meß)methode
(früher auch Absolutmeßmethode). → Meßmethode, die auf der direkten Messung von Basisgrößen mit oder ohne Verwendung von Werten fundamentaler physikalischer Konstanten beruhen.
Die F. führt in mehreren Schritten oder unmittelbar auf die Messung bzw. Darstellung von Basiseinheiten (z. B. die Darstellung des Meters durch die Krypton-Wellenlänge). – Anh.: 6, 130, 147/77.

Fünferteilung
→ *Skalenteilung*

Funktionsprüfung
Notwendigkeit beim → Prüfen der Schutzmaßnahmen gegen gefährliche elektrische Durchströmung.
Mit der F. muß die Wirksamkeit der Schutzmaßnahme nachgewiesen werden. Das erfolgt entweder durch vorgeschriebene Messungen oder durch probeweises Auslösen der entsprechenden Schutzeinrichtung. – Anh.: 111/98, 99.

Galvanometer
Sonderform des → Drehspulmeßwerks.
Als G. bezeichnet man Meßgeräte für sehr kleine Ströme und Spannungen. Sie werden vorzugsweise zum Feststellen der Stromlosigkeit im Nullzweig von Kompensatoren und Meßbrücken verwendet und haben dann meist eine unbenannte Skala; sie werden aber auch zur direkten Meßwertgewinnung genutzt.
Die hohe Empfindlichkeit (→ Galvanometerkonstante) erreicht man durch Bandaufhängung von kleinen, hohen, freigewickelten Drehspulen mit möglichst vielen Windungen aus dünnstem Draht, d. h. Spulen ohne Trägerrähmchen, die zur Erhöhung der mechanischen Festigkeit mit Lack oder Kunstharzen getränkt sind. Die Dämpfung erfolgt durch diese Drehspulen selbst (→ Spulendämpfung). Hauptbauformen sind → Zeigerg., → Lichtmarkeng., → Spiegelg. und ballistisches G.
G. sind nicht an die festgelegten Genauigkeitsklassen gebunden.

Galvanometer, ballistisches
Spezielle Bauform des → Galvanometers.
Das b. G. dient der Messung von kurzzeitigen Strom- und Spannungsstößen, z. B. beim Laden bzw. Entladen eines Kondensators. Es unterscheidet sich von den übrigen Galvanometern dadurch, daß die Masse und damit auch das Trägheitsmoment des beweglichen Organs

durch ein Zusatzgewicht stark vergrößert wurde.

Galvanometer, elektronisches
Lageunabhängiges und erschütterungsunempfindliches Meßgerät mit hochempfindlichen Gleichstrom- bzw. Gleichspannungsverstärkern, die robuste Anzeigeinstrumente versorgen.
Durch zusätzliche Anwendung eines → Analog/Digital-Umsetzers kann auch eine digitale Anzeige erfolgen.

Galvanometerkonstante
Kennwert als normierte → Empfindlichkeit eines → Galvanometers.
Die G. gibt an, welcher Strom einen Ausschlag von 1 mm oder einem Skalenteil bei 1 m Lichtzeigerlänge hervorruft.

Garantiefehlergrenze
→ Fehlergrenze eines Meßmittels.
G. sind die garantierten Grenzen innerhalb der der Fehler eines Meßwerts liegen darf, wenn das Meßmittel unter festgelegten Anwendungsbedingungen betrieben wird.
G. sind in Vorschriften erfaßt oder werden vom Meßmittelhersteller festgelegt (z. B. → Genauigkeitsklasse). – Anh.: 6/77.

Gasentladungsanzeige(element)
Bauelement zur elektrooptischen → Digitalanzeige.
Eine Gasentladungsanzeige erfolgt mit (Ziffern-)Glimmröhren. Das sind Gasentladungsröhren mit einer netzartigen Anode und mehreren Katoden in Form der Ziffern bzw. Symbole (Bild).

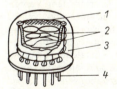

Gasentladungsanzeige(element). Zifferglimmröhre; *1* gitterförmige Anode; *2* Katoden; *3* Glaskolben; *4* Anschlußstifte

Je nach anzuzeigendem Zeichen wird zwischen die entsprechende Katode und die Anode eine Spannung gelegt, die zur Zündung ausreicht. Die Katode überzieht sich mit negativem Glimmlicht; das Zeichen leuchtet auf.

Gebrauchslage
→ Lageeinfluß

Gegeninduktivität
1. Koeffizient der gegenseitigen Induktion.
Dringt der sich zeitlich ändernde magnetische Fluß einer Spule 1 (hervorgerufen durch den Strom i_1) vollständig in eine zweite Spule 2 ein, so wird eine Spannung induziert $u_2 = M \dfrac{\mathrm{d}i_1}{\mathrm{d}t}$. Fließt in der Spule 2 ein Strom i_2, so induziert dessen Feld in der Spule 1 die Spannung $u_1 = M \dfrac{\mathrm{d}i_2}{\mathrm{d}t}$. Der Koeffizient M wird G. genannt. Zwischen ihm und den Selbstinduktivitäten L_1 und L_2 der jeweiligen Spulen besteht die Beziehung

$$M = \sqrt{L_1 L_2}\ .$$

Durchdringen sich die Magnetflüsse der Spulen nur teilweise, so muß für diese mehr oder weniger lose induktive Kopplung der Kopplungsfaktor k einbezogen werden:

$$M = k\sqrt{L_1 L_2}\ .$$

2. Anordnung aus zwei magnetisch gekoppelten Spulen, deren gegenseitige Induktion durch den Gegeninduktionskoeffizienten M ausgedrückt wird, wird vielfach auch kurz als G. bezeichnet. Anh.: 2/61.

Gegeninduktivitätsmessung
Bestimmung des Werts der → Gegeninduktivität.
Die G. kann auf die Selbstinduktivitätsmessung zurückgeführt werden. Dazu wird der Wicklungssinn von Spulen genutzt. Zwei magnetisch gekoppelte Spulen mit den Induktivitäten L_1 und L_2 werden einmal in gleichem Wicklungssinn so in Reihe geschaltet, daß ihre Felder gleicher Richtung haben.
Es ergibt sich als gemeinsamer Selbstinduktionskoeffizient

$$L_a = L_1 + L_2 + 2M = L_1 + L_2 + k\sqrt{L_1 L_2}\ .$$

Wirken ihre Magnetfelder durch Vertauschen der Anschlüsse einer Spule gegeneinander, so gilt für diese Reihenschaltung mit entgegengesetztem Wicklungssinn

$$L_b = L_1 + L_2 - 2M = L_1 + L_2 - k\sqrt{L_1 L_2}\ .$$

Die einzelnen Werte L_1, L_2, L_a und L_b werden durch → Selbstinduktivitätsmessung ermittelt.

Gegeninduktivitätsmessung

Daraus ergeben sich als

Gegeninduktivität $M_x = \dfrac{L_a - L_b}{4}$ und als

Kopplungsfaktor $k = \dfrac{1}{2} \dfrac{L_a - L_b}{L_1 L_2}$

L_1 und L_2 sollten etwa gleich groß sein. Das Verfahren wird um so ungenauer, je weniger L_a und L_b verschieden sind, wenn also M_x klein ist.
Vielfach erfolgt die G. mit → Induktivitätsmeßbrücken.

Gegeninduktivitätsnormal

→ *Maßverkörperung der Gegeninduktivität für Meßzwecke.*
G. müssen den gleichen Anforderungen wie an → Meßinduktivitäten genügen.
Ein absolutes G. besteht aus zwei elektrisch getrennten, bifilar ausgeführten Wicklungen auf keramischen Rollen oder Ringkernen. → Variatoren können als einstellbares G. genutzt werden. – Anh.: – / 1.

Gegenkopplung

Schaltungsmaßname im Verstärker, bei der ein Teil des Ausgangssignals gegenphasig auf den Eingang zurückgeführt wird.
Wird der zurückgeführte Teil der G.spannung vom Ausgangsstrom abgeleitet, spricht man von Stromg. (Bild a), ist die G.spannung der Ausgangsspannung proportional, liegt Spannungsg. vor (Bild b).

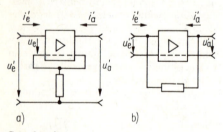

Gegenkopplung

Die G. kann sowohl innerhalb einer Stufe als auch über mehrere Verstärkerstufen erfolgen. Die Verstärkung wird durch die G. zwar verkleinert, dafür werden Temperaturstabilität, → Frequenzgang und → Klirrfaktor verbessert. Der Eingangswiderstand wird durch G. verändert.
G. wird in → Meßverstärkern häufig angewandt. Mit ihr lassen sich Stabilität und Übertragungseigenschaften verbessern. Ebenso können nichtlineare oder frequenzabhängige Bauelemente im G.zweig einem Meßverstärker spezielle Übertragungseigenschaften (z. B. die Möglichkeit zum Logarithmieren, Integrieren, Differenzieren oder Begrenzen des Signals) geben.

Gegentaktschaltung

(Mittelpunktschaltung). Schaltungsform der → Zweiweggleichrichtung.
Bei der G. werden im Unterschied zur → Einweggleichrichtung beide Halbwellen der Meßspannung unter Verwendung eines Zwischenwandlers (Übertragers) mit Mittelanzapfung zur Anzeige benutzt (Bild).

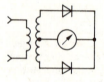

Gegentaktschaltung

Das Meßwerk bildet durch seine Trägheit den arithmetischen Mittelwert (→ Gleichrichtwert) des Stroms. Die Skala kann unter Einbeziehung des → Formfaktors in Effektivwerten kalibriert werden.

Gehäuse

Schutzhülle des Meßgeräts.
G. dichten und schirmen das Meßwerk und die eingebauten Schalt- und Konstruktionselemente ab und bewahren den Messenden vor der Berührung spannungführender Teile. Form und Größe der G. sind dem Verwendungszweck des Meßgeräts angepaßt.
(Stahl-)Blech-G. sind robust, schirmen gegen Fremdfelder ab; sie müssen gegen Berührungsspannungen mit einem Schutzleiter verbunden werden. (Duro-)Plast-G. sind leicht und schützen gegen Berührungsspannungen.
Für besondere Anforderungen gibt es spritz- und druckwasserfeste G., G. mit druckfester Kapselung und G. mit erhöhter Sicherheit (z. B. explosionssichere Ausführung). Die Hauptabmessungen der G. und ihre Einbaumaße sind in Vorschriften festgelegt. – Anh.: 36, 37, 38, 39, 53, 63, 64, 69, 78, 79, 83, 84, 87, 90, 92, 109, 116, 123 / 5, 6, 24, 25, 26, 31, 46, 47, 48, 55, 57, 59, 68, 97, 100.

Genauigkeit

Genauigkeit
Übereinstimmung der Abbildung mit dem Original.
- Eigenschaft eines Meßmittels. Dieses Qualitätsmerkmal wird nach einer Klassifizierung in einer → Genauigkeitsklasse angegeben.
- Bezeichnung für den reziproken Wert des absoluten → Fehlers.
- Kurzform für den nicht exakten Begriff → Meßgenauigkeit.
- Ableseg., → Ablesefehler.

Genauigkeitsklasse
(Genauigkeitsgrad, auch Fehlerklasse oder kurz Klasse). Angabe der → Garantiefehlergrenzen eines Meßmittels.
Die G. charakterisiert den Meßmittelfehler (→ Fehler, relativer), steht aber nur in indirektem Zusammenhang mit dem Fehler der Messung, zu dem die Meßmittel benutzt wurden.
Die G. hat international vereinbarte Werte (Tafel) und wird durch ein → Klassenzeichen, das auch den Normierungswert (z. B. Meßbereichsendwert, Skalenlänge, richtiger Wert) symbolisiert (→ Skalenzeichen), angegeben.

International vereinbarte Werte von Genauigkeitsklassen

Meßgerät	Genauigkeitsklasse des Meßgeräts	des mitbenutzten Zubehörs
Präzisions- oder Feinmeß- geräte	0,05 0,1 0,2 (0,3) 0,5	0,02 0,05 0,1 0,1 0,2
Betriebs- meßgeräte	1 1,5 2,5 (4) 5	0,5 0,5 1 1 1

Die Klasse (z. B. $G = 1$) gibt die Garantiefehlergrenzen in Prozent (also ± 1 % z. B. des Meßbereichsendwerts 100 V, d. h. ± 1 V) bei den Bezugsbedingungen (z. B. Bezugstemperatur: 23 °C) an. Ändert sich nur eine Einflußgröße innerhalb des Einflußbereichs (z. B. 10 °C...23 °C...30 °C), so darf sich hierdurch die Anzeige auch nur um höchstens ± G % (also auch ± 1 V) ändern. – Anh.: 78, 83, 115/57, 67, 77.

Generator
Technisches Objekt zum Erzeugen elektrischer Energie.
In der Leistungselektrotechnik dient der G. als elektrische Maschine zum Erzeugen von Energie (Gleichstrom-, Wechselstrom-, Drehstrom-G.).
In der Informationselektrotechnik werden durch den G. Schwingungen verschiedener Frequenz und Kurvenform erzeugt.
In der Meßtechnik wird er als → Meßgenerator verwendet. – Anh.: 41, 47, 51/79.

Gesamtmeßbereich
Wertespanne eines Mehrbereichsmeßgeräts.
Bei Meßgeräten, bei denen mehrere → Meßbereiche wahlweise eingestellt werden können, wird ein G. angegeben. Er beginnt an der unteren Meßgrenze des empfindlichsten (kleinsten) Meßbereichs und reicht bis zur oberen Meßgrenze des unempfindlichsten (größten) Meßbereichs.
Bei Vielfachmeßgeräten ist der G. meist mit dem größten Meßbereich identisch.

Gesamtstrahlungspyrometer
→*Strahlungsthermometer zur berührungslosen Temperaturmessung.*
Beim G. wird das gesamte Spektrum der Strahlungsenergie zur Anzeige benutzt. Daher können mit dem G. nur die Temperaturen nahezu schwarzer Strahler, z. B. Ofenräume, gemessen werden. Mit einem geeigneten, meist optischen Richtzusatz (Bild) wird die Meßstelle anvisiert.

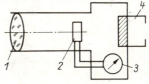

Gesamtstrahlungspyrometer. *1* Linse; *2* Wandler; *3* Anzeige; *4* Richtgerät

Die Strahlung trifft durch eine Linse gebündelt auf ein → Thermoelement oder auch einen temperaturunabhängigen Widerstand. Die in elektrische Größen umgewandelte Strahlungsenergie zeigt ein ggf. in Kelvin kalibriertes Meßgerät an. – Anh.: 26/96.

Gleichgröße
(Gleichvorgang). Größe (bzw. Vorgang), deren →

Gleichgröße

Augenblickswert im betrachteten Zeitraum sein Vorzeichen nicht ändert.
Eine statische G. (gleichbleibende Größe) hat einen zeitlich konstanten Augenblickswert $x(t) = x_- =$ konst. (z. B. Gleichspannung und Gleichstrom).
Bei einer schwankenden G. (pulsierende Größe) unterliegt der Augenblickswert zeitlichen Änderungen bei gleichbleibendem Vorzeichen (z. B. gleichgerichtete Wechselspannung, pulsierender Gleichstrom).
Allgemein werden G. durch Anfügen eines waagerechten Strichs als Index an das Formelzeichen gekennzeichnet, z. B. u_-, i_-, U_-, I_-.
Wenn keine Verwechslung möglich ist, können auch Großbuchstaben ohne Zusatz benutzt werden. – Anh.: 16, 47/61.

Gleichgrößenmessung
Bestimmung des Werts einer → Gleichgröße (z. B. Gleichstrom und -spannung).
Eine statische Gleichgröße ist durch einen Wert und die Angabe der Polarität eindeutig beschrieben. Man mißt den konstanten Augenblickswert und gibt ihn als Gleichwert an. Dazu werden die Meßgeräte entsprechend der Meßgröße (z. B. zur Strom- oder Spannungsmessung) unter Beachtung der Polarität angeschlossen.
Schwankende Gleichgrößen kann man in eine Gleich- und eine Wechselkomponente zerlegen und analog der → Mischgrößenmessung behandeln.
Meßgeräte zur G., die in Meßkreisen mit einem Wechselgrößenanteil eingesetzt werden, müssen durch einen parallel geschalteten Kondensator wechselstrommäßig kurzgeschlossen werden.

Gleichrichter(meß)instrument
Meßgerät, das durch Kombination eines → Meßwerks, das nur auf Gleichgrößen anspricht, mit einer → Meßgleichrichtung entsteht und so auch zur Messung von Wechselgrößen genutzt werden kann.
Gelegentlich werden auch Vielfachmeßgeräte als G. bezeichnet. – Anh.: 78/–

Gleichrichtung
Umwandlung einer Wechselgröße in eine Gleichgröße.
G. erfolgt durch Einsatz nichtlinearer Widerstände mit richtungsabhängigem Widerstandsverlauf überwiegend mit Halbleiterdioden und Thyristoren.

Bei der Netzgleichrichtung wird Netzwechselspannung in Gleichspannung, die hauptsächlich als Hilfs- oder Betriebsspannung von Meßmitteln benötigt wird, umgewandelt. Die Demodulation von modulierten Signalen besteht i. allg. in einer G. zur Rückgewinnung des Signals aus der modulierten Trägerfrequenz.
Bei Einsatz der G. für Meßzwecke spricht man von → Meßgleichrichtung.

Gleichrichtung, quasiquadratische
Spezielle Schaltungsanordnung einer Brückenschaltung mit Halbleiterdioden (→ Graetzschaltung) zum Erreichen einer annähernd quadratischen Kennlinie des Meßgleichrichters.
Bei der → A-Gleichrichtung ist eine quadratische Kennlinie des Gleichrichterelements günstig, weil damit einfache Zusammenhänge entstehen.

Gleichrichtwert
(Halbschwingungsmittelwert). Zeitlicher (arithmetischer) Mittelwert des Betrags (Absolutwerts) einer periodischen Größe.

Zusammenhang zwischen Gleichrichtwert und Scheitelwert einiger Kurvenformen

Kurvenform	Umrechnung
Sinus	$\|\overline{X}\| = \dfrac{2}{\pi} X_{mm}$ $\approx 0{,}64\, X_{mm}$
	$X_{mm} = \dfrac{\pi}{2} \|\overline{X}\|$ $\approx 1{,}57 \|\overline{X}\|$
Rechteck	$\|\overline{X}\| = X_{mm}$
Pulsfolge	$\|\overline{X}\| = g X_{mm}$
	$X_{mm} = \dfrac{\|\overline{X}\|}{g}$
Dreieck	$\|\overline{X}\| = \dfrac{X_{mm}}{2}$
	$X_{mm} = 2 \|\overline{X}\|$

Gleichrichtwert

Im Unterschied zum → Gleichwert wird beim G. nur über eine Halbwelle oder über den (vorzeichenlosen) Betrag integriert:

$$|\overline{x}| = \frac{2}{T} \int_0^{T/2} x(t)\,dt = \frac{1}{T} \int_0^T |x(t)|\,dt .$$

Für in der Elektrotechnik häufig auftretende Kurvenformen gelten konstante Faktoren für den Zusammenhang zwischen dem G. und dem Scheitelwert (Tafel).
Anh.: 15/61.

Gleichspannungskompensator

→ *Kompensator, der unter Anwendung des* → *Kompensationsverfahrens eine sehr genaue Gleichspannungsmessung und damit eine indirekte Strom-, Widerstands- und Leistungsbestimmung gestattet.*

Bei der Grundschaltung (Bild) fließt ein von einer Spannungsquelle E_H angetriebener mit dem Widerstand R_H einstellbarer Hilfsstrom I_H durch einen Kompensationswiderstand R_K und erzeugt dort einen Spannungsabfall.

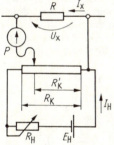

Gleichspannungskompensator

Spannungsmessung: Die zu messende Spannung U_x wird gegen die Spannung über dem Teil R'_K des Kompensationswiderstands geschaltet. Dabei wird der Schleifer so eingestellt, daß das Galvanometer P keinen Ausschlag zeigt. Die unbekannte Spannung U_x ist dann ebenso groß wie der am Kompensationswiderstandsteil R'_K abgegriffene Spannungsabfall des Hilfsstroms I_H:

$$U_x = I_H R'_K .$$

Strommessung: Der zu messende Strom I_x fließt durch einen Meßwiderstand (im Bild $R = R_N$) mit möglichst dekadischem Wert. Der entstehende Spannungsabfall U_x an R_N wird durch Kompensation bestimmt; der Strom ergibt sich nach:

$$I_x = \frac{U_x}{R_N} = \frac{I_H R'_K}{R_N} .$$

Widerstands- und Leistungsmessung: Durch zwei aufeinanderfolgende Messungen von Strom und Spannung lassen sich auch der Widerstand (im Bild $R = R_x$) $R_x = U_x/I_x$ bzw. die Leistung am Widerstand $P = U_x I_x$ bestimmen. Zur Einstellung der Kompensationsspannung $U_K = I_H R'_K$ ergeben sich zwei grundsätzliche Möglichkeiten:

● Bei konstantem Kompensationswiderstand wird der Hilfsstrom verändert: Strommeßverfahren (Hauptvertreter: → Lindeck/Rothe-Kompensator).

● Bei konstantem Hilfsstrom wird der Kompensationswiderstand verändert: Potentiometerverfahren (Hauptvertreter: → Poggendorff-Kompensator).

Handelsübliche G. haben einen Spannungsmeßbereich von 0 bis 2 V. Höhere Spannungen werden über dekadisch gestuften Präzisionsspannungsteilern gemessen. – Anh.: 80, 136/ *12, 19, 69.*

Gleichspannungsverstärker

→ *Verstärker mit direkter Kopplung, d. h. ohne Verwendung von Kondensatoren oder Übertragern im Signalweg, und einer unteren* → *Grenzfrequenz bei 0 Hz.*

Mit dem G. kann man Wechselspannungen bis zur oberen Grenzfrequenz und statische bzw. langsam ablaufende Vorgänge verstärken. Die im G. angewandte direkte Kopplung zwischen den Verstärkerstufen führt zu Instabilitäten. Die Änderung von Betriebsparametern (z. B. Netzspannung, Temperatur) können ausgangsseitig ein Signal vortäuschen. Diesen Störungen kann man begegnen durch Anwendung starker → Gegenkopplungen, Einsatz von → Differenzverstärkern oder durch Verwendung eines Operationsverstärkers.

Der → Meßverstärker eines → Oszilloskops ist häufig, der eines → Gleichspannungs- und → Universal-Verstärkervoltmeters immer ein G.
– Anh.: 138/ –

Gleichspannungs-Verstärkervoltmeter

Ausführungsart des → *Verstärkervoltmeters.*

Das G. dient der Gleichspannungsmessung und besitzt dazu einen hohen → Eingangswiderstand. Zur Verstärkung kleiner Meßsignale vor der Anzeige verwendet man vorwiegend →

Gleichspannungs-Verstärkervoltmeter

Differenz- bzw. Operationsverstärker; auch → Chopperverstärker werden eingesetzt. – Anh.: –/31, 67.

Gleichspannungswandler
→ Transverter

Gleichstromleistungsmessung
Bestimmung der elektrischen → (Wirk-)Leistung im Gleichstromsystem.
Eine indirekte G. kann am einfachsten mit der → Leistungsbestimmung durch Strom- und Spannungsmessung erfolgen. Zur genauen Bestimmung besonders kleiner Leistungen kann dazu ein → Kompensator verwendet werden.
Für die direkte G. kann (wie bei der → Wirkleistungsmessung bei Wechselstrom) der elektrodynamische → Leistungsmesser in der direkten → Leistungsmesserschaltung benutzt werden (cos φ = 1 wegen φ = 0°). Zur Meßbereichserweiterung kann der Anschluß an getrennte („außenliegende") Neben- und Vorwiderstände erfolgen (Bild).

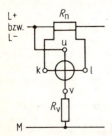

Gleichstromleistungsmessung

Beim Einsatz von eisengeschlossenen elektrodynamischen Meßwerken im Gleichstromsystem ist der infolge der Hysterese größere Fehler gegenüber der Messung bei Wechselstrom zu beachten.
Bei konstanter Gleichspannung ist ein In-Watt-kalibrierter → Strommesser nutzbar.

Gleichstrommeßbrücke
→ *Meßbrücke, die mit Gleichstrom betrieben wird.*
G. dienen in der elektrischen Meßtechnik hauptsächlich in der Art von → Nullabgleich(meß)brücken zur Messung von Wirkwiderständen. In dieser Form und als → Ausschlag(meß)brücke werden G. in der Meß-, Steuer- und Regelungstechnik zur Auswertung und Anzeige von nichtelektrischen Größen, die sich in einen konstanten oder veränderlichen (Wirk-)Widerstandswert wandeln lassen, genutzt.

Hauptvertreter der G. zur Widerstandsmessung sind die → Wheatstone- und die → Thomson-Meßbrücke. – Anh.: 139/69.

Gleichstromnullindikator
→ *Nullindikator zum Nachweis von Gleichstrom bzw. -spannung.*
Abgleich von → Gleichspannungskompensatoren und → Gleichstrommeßbrücken wird durch G. kontrolliert.
Als G. werden hochempfindliche → Drehspulmeßwerke in Normalausführung oder als → Galvanometer genutzt. Bei Notwendigkeit können sie mit einem vorgeschalteten Verstärker ausgerüstet werden. – Anh.: –/77.

Gleichstromzähler
Meßgerät zur Bestimmung der elektrischen → Energie bei Gleichstrom und -spannung.
In einer motorartigen Anordnung entsteht durch das stromproportionale Feld im Ständer und das spannungsproportionale Feld im Läufer ein Antriebsdrehmoment (Bild). Diesem leistungsproportionalen Moment wirkt ein durch Wirbelströme hervorgerufenes drehzahlproportionales Bremsmoment entgegen. Damit ist die Drehzahl der Anordnung ein Maß für die umgesetzte Energie. Die Anzahl der Umdrehungen zählt meist ein mechanisches Zählwerk.

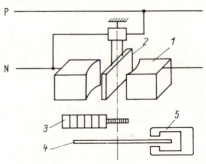

Gleichstromzähler. *1* Ständerspule; *2* Läuferspule; *3* Zählwerk; *4* Bremsscheibe; *5* Bremsmagnet

Gleichwert
Zeitlicher (arithmetischer) Mittelwert einer periodischen Größe.
Der G. ist (im Unterschied zum → Effektivwert) der lineare Mittelwert einer periodischen Größe während einer Periode T:

$$\bar{x} = \frac{1}{T} \int_0^T x(t)' \, dt.$$

Gleichwert

Der G. wird durch einen Strich über oder als Index neben dem Formelzeichen gekennzeichnet: $\bar{x}$ (sprich: x quer), x_- oder X_-.
Bei → Gleichgrößen sind Augenblickswert und G. identisch. Bei einer → Mischgröße ist der G. von Null verschieden. Er ist der Gleichanteil, dem ein Wechselanteil überlagert ist (Bild).

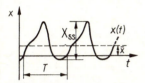

Gleichwert. Mischgröße mit $\bar{x}(x_-, X_-)$ Gleichwert; X_{ss} Schwingungsbreite (Wert Spitze-Spitze); T Periodendauer

Der G. ist bei → Wechselgrößen Null. Das wird z. B. bei Sinusgrößen besonders deutlich, bei denen positive und negative Halbwelle spiegelbildlich gleiche Form haben und symmetrisch zur Zeitachse liegen. In diesem Fall gibt man den → Gleichrichtwert an. – Anh.: 15, 43 / 61.

Graduieren
Ausführen der Skalenteilung eines Meßmittels.
Beim G. werden die Teilungsmarken, deren Lage durch → Kalibrieren festgelegt wird, in Form von Strichen, Punkten oder anderen Markierungen auf der Skala aufgetragen. Zwischen den Hauptteilungsmarken kann durch G. weiter unterteilt werden. – Anh.: – / 77.

Graetzschaltung
Ausführungsform der → Zweiweggleichrichtung.
Bei dieser Brückenschaltung zur Meßgleichrichtung kann in jedem Zweig eine Diode liegen (→ G., vollständige) oder es werden zwei der vier Gleichrichter durch Wirkwiderstände ersetzt (sog. halbe G.).

Graetzschaltung, halbe
Brückenschaltung mit Wirkwiderständen zur Meßgleichrichtung.
Bei der h. G. werden zwei der vier bei der vollständigen Graetzschaltung üblichen Dioden durch Widerstände ersetzt (Bild).
Damit erreicht man, daß die Gleichrichterkennlinie und damit die Skalenteilung infolge der Reihenschaltung der Diode mit einem Widerstand linearisiert wird. Der Widerstand wirkt außerdem als Vorwiderstand, und es können Dioden mit geringerer Sperrspannung eingesetzt werden. Dagegen ist die Empfindlichkeit des Meßgleichrichters geringer als bei der vollständigen Graetzschaltung. Die h. G. wird häufig beim Vielfachmeßgerät angewandt.

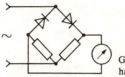

Graetzschaltung, halbe

Graetzschaltung, vollständige
Brückenschaltung zur Meßgleichrichtung mit je einer Diode in jedem Brückenzweig (Bild).

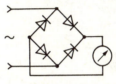

Graetzschaltung, vollständige

Es erfolgt hierbei eine → Zweiweggleichrichtung. Beim Vielfachmeßgerät wird häufig die halbe Graetzschaltung angewandt.

Grenzdämpfung
(Grenzwiderstand). → Spulendämpfung

Grenzfrequenz
(Eckfrequenz). Kenngröße für den nutzbaren Frequenzbereich eines aktiven oder passiven Vierpols.
Innerhalb des → Frequenzgangs wird die un-

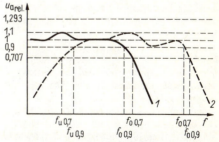

Grenzfrequenz. Frequenzgang mit Grenzfrequenzen; *1* eines Gleichspannungsverstärkers ($f_u = 0$); *2* eines Wechselspannungsverstärkers; $u_{a\,rel}$ relative Ausgangsspannung des Vierpols; $f_{u\,0,7}$ untere Grenzfrequenz bei 30 % (3 dB-) Abfall; $f_{u\,0,9}$ untere Grenzfrequenz bei 10 % Abfall; $f_{o\,0,7}$ obere Grenzfrequenz bei 30 % (3 dB-) Abfall; $f_{o\,0,9}$ obere Grenzfrequenz bei 10 % Abfall

Grenzfrequenz

tere und obere G. so festgelegt, daß die Verstärkung bei aktiven Vierpolen oder die Ausgangsspannung bei passiven Vierpolen und damit die Anzeige eines Meßmittels innerhalb der → Bandbreite an keiner Stelle einen vorgegebenen Toleranzbereich über- bzw. unterschreitet.
Allgemein ist es üblich, einen Abfall der Ausgangsgröße auf $\frac{1}{\sqrt{2}} = 0{,}707$ (etwa 3 dB) des Maximalwertes zuzulassen, während in der Meßtechnik nur eine maximale Abweichung von 10 % akzeptiert werden kann (Bild). Es empfiehlt sich, die Abweichung zu kennzeichnen (z. B. $f_{g0,7}$ bzw. $f_{g0,9}$). – Anh.: 45, 551, 142/61, 64.

Grenzwiderstand, äußerer
→ Spulendämpfung

Grobfeinteilung
(Grobteilung). → Teilungsart

Großbereichszähler
Hochbelastbarer → *Induktionszähler.*
Bei allen Elektrizitätszählern wird die Belastbarkeit durch den Grenzstrom bestimmt. Er ist ein ganzzahliges Vielfaches des Nennstroms und gibt die größte Stromstärke an, bis zu der ein Zähler für den geschäftlichen Verkehr zugelassen ist. Er wird meist hinter dem Nennstrom in Klammern angegeben.
Bei G. beträgt die Belastbarkeit 300, 400 oder 600 % des Nennstroms. Moderne Zähler können mit dem Grenzstrom (also dem drei-, vier- oder sechsfachen Nennstrom) und zugleich der 1,2fachen Nennspannung belastet werden, ohne daß sie meßtechnisch oder thermisch Schaden nehmen. – Anh.: 120/ –

Größe
(physikalische Größe). Merkmal (Eigenschaft) eines Gegenstands, Zustands oder Vorgangs, das sich messen läßt.
Eine G. muß qualitativ charakterisiert (Art der G.) und quantitativ bestimmt (Wert der G.) werden können. Beispielsweise haben Metalle das Merkmal oder die Eigenschaft, einen elektrischen Widerstand zu besitzen; Energieversorgungsnetze weisen eine elektrische Spannung auf. Man kann deren Ausprägungsgrad, d. h. ihren Wert messen. Die Größenart wird, insbesondere in Formeln, durch G.symbole (→ Formelzeichen) angegeben und der → Wert der G. durch das Produkt aus → Zahlenwert und → Einheit beschrieben (Bild).
Die Angabe $R = 5{,}6\,\text{k}\Omega$ bedeutet also die quantitative Ausprägung einer Eigenschaft, die mit der G. „Widerstand" erfaßt wird.

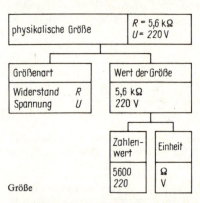

Hinsichtlich des zeitlichen Verhaltens unterscheidet man grundsätzlich → Gleichg. und periodische G. Als Quotient zweier gleichartiger G. ergeben sich → Verhältnis-G. Bei einer → Zahl-G. wird die Anzahl ermittelt. – Anh.: 3, 7, 8, 9, 11, 12, 15, 17, 18, 23, 34, 43, 128, 132, 148, 149/61, 75, 77.

Größe, periodische
Dynamische → *Größe, deren* → *Augenblickswert einen periodischen Zeitverlauf hat.*
Eine p. G. kann man allgemein durch die folgende Gleichung mathematisch formulieren:
$x(t) = x(t + nT)$. Dabei ist t die Zeit; n eine beliebige ganze Zahl; T die Periodendauer.

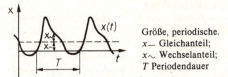

Größe, periodische.
x_{-} Gleichanteil;
$x_{\sim}$ Wechselanteil;
T Periodendauer

P. G. lassen sich auch darstellen als Summe einer (statischen) → Gleichgröße, der Gleichkomponente der p. G. x_{-}, und einer (periodischen) → Wechselgröße, der Wechselkomponente $x(t)$ (Bild):
$x(t) = x_{-} + x_{\sim}(t)$.
Anh.: 18, 44/61.

Größenart
Qualitativer Inhalt der physikalischen → *Größe.*
Anh.: 6/77.

Größensymbol
→ Formelzeichen

Größtwert
→ Scheitelwert

Grundfehler
Anteil am → *Meßmittelfehler bei Anwendung des Meßmittels unter* → *Bezugsbedingungen.*
Anh.: 78/57.

Grüneisen/Giebe-Meßbrücke
(Resonanzmeßbrücke). → *Wechselstrommeßbrücke zur Messung der Frequenz und der Induktivität.*
Ein Zweig der G. besteht aus einem Reihenschwingkreis, alle anderen Zweige aus Wirkwiderständen (Bild).

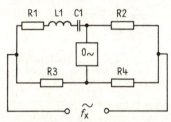

Grüneisen/Giebe-Meßbrücke

Ein verlustarmer Kondensator vorausgesetzt, gelten für die G. die allg. Abgleichbedingungen

$R_1 R_4 = R_2 R_3$ und $\omega^2 L_1 C_1 = 1$.

Für den praktischen Gebrauch als → Frequenzmeßbrücke haben alle Wirkwiderstände den gleichen Wert ($R_1 = R_2 = R_3 = R$). Damit ergibt sich die Frequenz, für die die G. abgeglichen werden kann

$f_x = \dfrac{1}{2\pi\sqrt{LC}}$.

Mit einem verstellbaren Kondensator und bei bekannter Resonanzfrequenz läßt sich auch der Wert der Induktivität bestimmen

$L_1 = \dfrac{1}{\omega^2 C_1}$.

Güte
(Gütefaktor). → Verlustfaktor

H

Halbschwingungsmittelwert
→ Gleichrichtwert

Halleffekt
Elektromagnetischer Vorgang, der auf der Ablenkung von Strömen im Magnetfeld beruht.
Ein Magnetfeld übt auf bewegte Elektronen eine Kraft aus. Die Kraftwirkung ist dabei senkrecht zur Richtung des magnetischen Felds und senkrecht zur Richtung des elektrischen Felds.
Bringt man einen vom Strom durchflossenen Halbleiterstreifen (z. B. Iridiumarsenid, Indiumantimonid) in ein Magnetfeld mit der Flußdichte B, ergeben sich zwei Erscheinungen (Bild). An den Längsseiten, also senkrecht zur Stromrichtung, entsteht eine Potentialdifferenz. Diese Hallspannung ist dabei proportional dem Produkt aus Strom und Flußdichte. Der Magnetfluß hat außerdem eine Widerstandsänderung in Stromrichtung zur Folge.

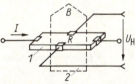

Halleffekt. *1* Halbleiterstreifen; *2* Magnetfeld; *3* Widerstandsänderung; *I* Strom; U_H Hallspannung; B Flußdichte

Weicht die Magnetfeldrichtung von der Senkrechten zum Halbleitersubstrat ab, vermindern sich die Erscheinungen.
Die unter Nutzung des H. aufgebauten Hallsonden werden in → Hallgeneratoren und → Stromsensoren oder als → Feldplatten genutzt.
– Anh.: 61/ –

Hallgenerator
Meßgerät zur Bestimmung der magnetischen Flußdichte.
Unter Nutzung des → Halleffekts wird bei konstantem (Steuer-)Strom die der Flußdichte proportionale Hallspannung gemessen (Bild). Mit dem Vorwiderstand R_v wird der Steuerstrom I_{St} auf den gewünschten Wert eingestellt und durch Messung von dessen Spannungsab-

Hallgenerator

fall an R_N kontrolliert. Nach Umschalten kann dann die Hallspannung mit einem empfindlichen Spannungsmeßgerät gemessen werden.

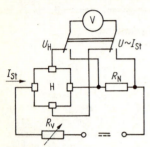

Hallgenerator

Durch Verwendung von zwei rechtwinklig nebeneinander liegenden Hallsonden kann auch die Feldrichtung bestimmt werden. – Anh.: 61/–

Hallsonde
Aufnehmer zur Messung von Betrag und Richtung der magnetischen Flußdichte.
Bei H. wird der → Halleffekt genutzt. Sie können analog dem → Hallgenerator oder mit einer → Feldplatte aufgebaut werden. – Anh.: 61/–

Helligkeitsmessung
Umgangssprachliche Bezeichnung für → Beleuchtungsstärkemessung und → Leuchtdichtemessung.

Hilfs(strom)pfad
Pfad eines Meßgeräts, auf den Meßstrom und -spannung als Hauptursache für die Anzeige der Meßgröße nicht unmittelbar einwirken.
Der H. ist ggf. zusätzlich zum → Strom- und/oder → Spannungspfad für die Funktion des Meßgeräts erforderlich. – Anh.: 78/57.

Hitzdrahtmeßwerk
→ *Meßwerk mit einem Leiter, der vom Strom direkt (oder indirekt) erwärmt und durch dessen Ausdehnung eine Anzeige betätigt wird.*
Der vom zu messenden Strom durchflossene Hitzdraht dehnt sich aus. Seine Längenänderung wird durch den mittels einer Blattfeder gespannten, stromlosen sog. Brückendraht über eine Rolle auf der Zeigerachse in einen ablesbaren Ausschlag umgeformt. Durch Spannen oder Lockern des Brückendrahts kann der Nullpunkt eingestellt werden (Bild). Die Längenänderung ist annähernd der zugeführten Leistung und damit bei konstantem Widerstand des Hitzdrahts dem Quadrat der Stromstärke proportional.

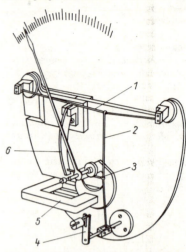

Hitzdrahtmeßwerk. *1* Hitzdraht; *2* Brückendraht; *3* Spanndraht; *4* Nullstelleinrichtung; *5* Induktionsdämpfung; *6* Blattfeder

Allgemeine Eigenschaften:
● Das H. ist zur Messung von Gleichströmen und des Effektivwerts von Wechselströmen in einem breiten Frequenzband bis zu sehr hohen Frequenzen verwendbar. Sein Einsatz erfolgt gegenwärtig nur noch in einigen Spezialgebieten; vielfach wird es durch die genaueren und überlastungsfähigeren Dreheisen- und Drehspulmeßgeräte mit Thermoumformern verdrängt. – Anh.: 78, 83/57.

Hochfrequenzgenerator
→ *Meßgenerator mit einem meist sinusförmigen Ausgangssignal im Hochfrequenzbereich.*
Zur Gewinnung der hohen Frequenzen werden im H. überwiegend Schwingkreise und Schwingquarze (→ Quarzgenerator) als frequenzbestimmende Bauelemente benutzt. Der H. kann wahlweise unmoduliert oder moduliert (mit → Amplituden- oder/und → Frequenzmodulation) betrieben werden. – Anh.: 41, 47, 51/79.

Hochskala
→ *Skalenart*

Höchstfrequenzgenerator
→ *Meßgenerator, der unmodulierte oder modu-*

lierte sinusförmige Signale oberhalb einer Frequenz von etwa 300 MHz abgibt.
Zur Gewinnung der hohen Frequenzen verwendet man Hohlraumresonatoren (Schwingkreise mit hoher Güte als Teil eines Hohlleiters) und spezielle Verstärkerbauelemente der Höchstfrequenztechnik. –
Anh.: 41, 47, 51/79.

Horizontal(ablenk)system
Baugruppenkombination eines → Oszilloskops, das die Horizontal-(X-)Ablenkung des Elektronenstrahls bewirkt.
Bei → X-Betrieb arbeitet das H. analog dem → Vertikalablenksystem.
Für den → Zeitbetrieb wird ein interner, getriggerter → Sägezahngenerator an den X-Endverstärker geschaltet (Bild).
Die Sägezahnspannung weist im Verlauf der Zeit eine konstante Amplitudenänderung auf und bewegt so den Elektronenstrahl mit gleichmäßiger Ablenkgeschwindigkeit in horizontaler Richtung über den Bildschirm. –
Anh.: 72, 134/78, 86, 87.

stungsmessung notwendigen 90°-Phasenverschiebung.
Der Drehspule (R_{sp}) eines elektrodynamischen Meßwerks (→ Leistungsmesser) wird eine Spule mit dem Wirkwiderstand $R1$ und der Induktivität $L1$ in Reihe und zu beiden parallel der Wirkwiderstand $R2$ geschaltet. Mit dieser Teilschaltung liegt eine zweite Spule mit $R3$ und $L3$ in Reihe (Bild).
Durch geeignete Bemessung der in → Blindleistungsmessern eingebauten oder „außenliegenden" Bauelemente und ggf. durch Verwendung von verstellbaren Drosseln läßt sich die 90°-Phasenverschiebung zwischen dem Drehspulenstrom I_1 und der Spannung exakt einstellen.
Wegen der Frequenzabhängigkeit des Spulenscheinwiderstands funktioniert die Schaltung nur für eine bestimmte Frequenz (gewöhnlich 50 oder 60 Hz). Deshalb ist die H. auch nur für rein sinusförmige (oberwellenfreie) Spannungen geeignet. Eine Spannungsmeßbereichserweiterung kann nur durch Spannungswandler erfolgen.

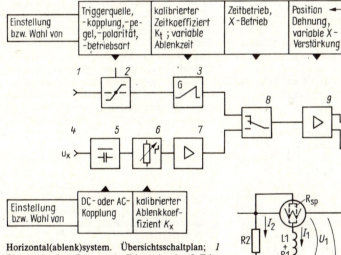

Horizontal(ablenk)system. Übersichtsschaltplan; *1* Eingangsbuchse für externe Triggersignale; *2* Triggersignalaufbereitung; *3* Sägezahngenerator (Zeitablenkgerät); *4* X-Eingangsbuchse für Horizontalablenkspannung u_x; *5* Eingangskopplung; *6* Eingangsspannungsteiler; *7* Horizontal-(X-)Vorverstärker; *8* Betriebsartenumschalter; *9* Horizontal-(X-)Endverstärker; *10* Elektronenstrahlröhre

Hummel-Schaltung
Schaltung zur Erzeugung der zur → Blindlei-

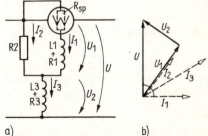

Hummel-Schaltung. Blindleistungsmessung durch Leistungsmesser mit Kunstschaltung nach Hummel; a) Meßschaltung; b) Zeigerdiagramm

Hummel-Schaltung

Leistungsmesser mit H. sind bei Einphasen-Wechselstrom und auch in den Außenleitern des symmetrisch belasteten Drehstrom-Vierleitersystems einsetzbar.

I

IEC
Abk. für International Electrotechnical Commission (Internationale Elektrotechnische Kommission).

IMEKO
Abk. für Internationale Measurement Confederation (Internationale Meßtechnische Konföderation).

Impedanzwandler
Verstärkerstufe zur Widerstandstransformation.
I. besitzen einen hohen Eingangswiderstand, einen geringen Ausgangswiderstand und eine Spannungsverstärkung $v_u \leq 1$. Beim Einsatz von Transistoren wird dafür die Kollektorschaltung verwendet.
Angewendet werden I. dort, wo in der Meßtechnik durch einen hohen Eingangswiderstand der Meßkreis wenig belastet werden soll. Die Weiterleitung des Signals über einen niederohmigen Ausgang ist häufig vorteilhaft.

Impuls
Dynamische Größe mit beliebigem Zeitverlauf, deren Augenblickswert nur innerhalb einer beschränkten Zeitspanne merklich von Null abweicht.
Der zeitliche Verlauf des I. kann durch die I.form angegeben werden. Häufig verwendet werden Rechteck-, Trapez-, Dreieck- (z. B. Sägezahn-), Nadel-(Dirac-), Kosinus- und Glocken-I. Man unterscheidet grundsätzlich ein- und zweiseitige I. Beim einseitigen I. (Stoß-I.) erfährt der Augenblickswert während der gesamten Dauer keinen Richtungswechsel. Beim zweiseitigen I. (Wechsel-I.) erfolgt ein Richtungswechsel; sein zeitlicher linearer Mittelwert ist Null.
Wichtige Kennwerte des I. sind die I.amplitude (Höhe des I. im eingeschwungenen, stationären Zustand) $\hat{x}$ und die → I.-dauer τ (Bild).

Beim Prüfen mit Rechteck-I. können zu quantitativen Aussagen → Anstiegs- bzw. Abfallzeit, → Dachabfall und das → Überschwingen bestimmt werden.
Tritt der gleiche I. mehrfach auf, spricht man von einem → Puls. – Anh.: 15, 42, 72/ *61, 64.*

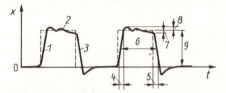

Impuls. Rechteckimpulsfolge; *1* Vorderflanke; *2* Impulsdach; *3* Rückflanke; *4* Anstiegszeit; *5* Abfallzeit; *6* Impulsdauer; *7* Dachabfall; *8* Überschwingen; *9* Impulsamplitude

Impulsdauer
(Impulslänge, Impulsbreite). Zeitspanne, in dem der Augenblickswert eines → Impulses merklich von Null abweicht.
Die I. wird, je nach Anwendungsfall, verschieden definiert. So kann die Zeitspanne, in der der Augenblickswert eine bestimmte vorgegebene oder vereinbarte Schwelle (z. B. 10 % des Höchstwerts) überschreitet, als I. angegeben werden. Das Überschreiten von 50 % der Impulsamplitude wird vielfach als Halbwert-I. bezeichnet: Die I. kann auch durch die Dauer eines flächen- oder energiegleichen Rechteckimpulses mit gleicher Impulsamplitude festgelegt werden. Die verwendete Definition ist zu den Meßwerten anzugeben. – Anh.: 15/ *61, 64.*

Impulsgenerator
→ *Meßgenerator mit impulsförmigem Ausgangssignal.*
Handelt es sich beim Ausgangssignal um Rechteckimpulse, spricht man vom → Rechteckwellengenerator, bei der Erzeugung von sägezahnförmigen Impulsen vom → Sägezahngenerator.
Darüber hinaus gibt es noch I., die weitere Impulsformen erzeugen (Dreieckspannung, Trapezspannung). – Anh.: 142/ –

Inbetriebsetzungsprüfung
Maßnahme zur Gewährleistung der Betriebssicherheit elektrotechnischer Anlagen.
Die I. wird generell vor Inbetriebnahme einer elektrotechnischen Anlage gefordert. Sie umfaßt mindestens → Prüfen der Schutzmaßnah-

Inbetriebsetzungsprüfung

men gegen gefährliche elektrische Durchströmung, → Isolationsmessung und Kontrolle auf vorschriftsmäßige Ausführung der Anlage. Besonderheiten der I. für spezielle elektrotechnische Anlagen, z. B. für überwachungspflichtige elektrotechnische Anlagen, sind in Vorschriften festgelegt. – Anh.: 111 / 98, 99, 102.

Indikator
Gerät oder Substanz, mit deren Hilfe eine Größe in einem bestimmten Wertebereich wahrnehmbar gemacht wird.
I. gestatten kein direktes → Messen. Es erfolgt nur eine Skalierung nach einer Ordinal- oder Intervallskala (→ Skala).
Ein spezieller I. ist der → Nullindikator, mit dem der Abgleich bei Nullabgleichmeßmethoden nachgewiesen wird. – Anh.: – / 77.

Induktionsdämpfung
(auch Wirbelstrombremse). → *Dämpfungsorgan, dessen Bremswirkung auf der elektromagnetischen Induktion beruht.*
Wenn sich ein elektrischer Leiter in einem Magnetfeld bewegt, wird in ihm eine Spannung induziert, die einen Strom antreibt. Nach dem Lenzschen Gesetz ist sie stets so gerichtet, daß die magnetische Wirkung die Ursache ihres Entstehens aufzuheben trachtet. Da die Ursache hier die Bewegung des Leiters ist, haben die Wirbelströme eine bremsende bzw. dämpfende Wirkung.
Je nach dem Konstruktionsteil, in dem die Induktion erfolgt, unterscheidet man → Scheibendämpfung, → Rähmchendämpfung oder → Spulendämpfung.

Induktionsmeßwerk
→ *Meßwerk mit feststehenden stromdurchflossenen Spulen und beweglichen flächigen Leitern, die durch elektromagnetisch induzierte Ströme abgelenkt werden.*
Beim Drehfeld-I. (→ Ferraris-Instrument) umgeben kreisförmig angeordnete Feldspulen eine Trommel als Wirbelstromleiter. Beim Wanderfeld-I. (→ Induktionszähler) ist eine Scheibe als Wirbelstromleiter zwischen den Polen der Feldspulen drehbar gelagert. Die Erregerströme erzeugen ein elektromagnetisches Dreh- bzw. Wanderfeld, das das bewegliche Organ durchsetzt. In diesen flächigen Leitern werden Spannungen induziert, die Wirbelströme antreiben und ein Drehmoment hervorrufen:

Allgemeine Eigenschaften:
● Der Ausschlagwinkel und damit die Anzeige sind abhängig von der Frequenz, den Strömen durch die Feldspulen und deren Phasenverschiebung. – Anh.: 78, 83 / 57.

Induktionszähler
(Wanderfeldinduktionsmeßwerk). Bauform des → Induktionsmeßwerks.
I. sind Zweiphasen-Induktionsmotoren, die mit einer Scheibendämpfung so stark abgebremst sind, daß sie mit großem Schlupf und entsprechend niedrigen Drehzahlen arbeiten.
Das Meßwerk (Bild) umfaßt das Triebsystem, den scheibenförmigen Läufer aus Aluminium, den Bremsmagneten und die (nicht dargestellte) Lagerung.

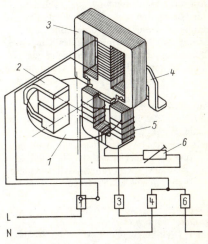

Induktionszähler. *1* scheibenförmiger Läufer; *2* Bremsmagnet; *3* Spannungseisen; *4* Gegenpol; *5* Stromspule; *6* einstellbarer Widerstand

Das Triebsystem ist der Ständer des Zählermotors. Es besteht aus dem U-förmigen Stromeisen mit der vom Verbraucherstrom durchflossenen Stromspule, welches unterhalb der Läuferscheibe (Kurzschlußanker des Zählermotors) angebracht ist, und dem von der Spannungsspule magnetisierten Spannungseisen, dessen um den Scheibenrand greifender Gegenpol zwischen den Polzinken des Stromeisens liegt.
Mit einem einstellbaren Widerstand läßt sich der Phasenverschiebungswinkel zwischen dem Strom- und dem Spannungstriebfluß abgleichen.

Induktionszähler

Induktionszähler

Spannungs- und Stromspule erzeugen an den Polflächen ihrer Eisenkerne Wechselflüsse, die in der Läuferscheibe Spannungen induzieren, Wirbelströme antreiben und dadurch ein Drehmoment erzeugen. Die Aluminiumscheibe wird in Richtung des entstehenden Wanderfelds angetrieben. Die Zahl der Umdrehungen je Zeiteinheit hängt vom Stromfluß durch die Feldspulen ab. Mit einem Zählwerk können die Läuferumdrehungen gezählt werden; man erhält so den Meßwert für die elektrische → Energie.

Induktivitätsmeßbrücke
→ *Scheinwiderstandsmeßbrücke zur Induktivitätsbestimmung.*
Die verschiedenen Arten der I. werden zur → Selbstinduktivitätsmessung und Gütebestimmung von Spulen und induktiv wirkenden Anordnungen sowie zur → Gegeninduktivitätsmessung und zur Bestimmung des Kopplungsfaktors entsprechender Anordnungen genutzt. Hauptvertreter der I. sind die → Maxwell- und die → Carey/Forster/Heydweiller-Meßbrücke.

Induktivitätsmessung
Bestimmung des Werts der Selbst- oder/und Gegeninduktivität.
Vielfach wird die → Selbstinduktivitätsmessung kurz als I. bezeichnet. Bei Notwendigkeit muß davon die → Gegeninduktivitätsmessung begrifflich unterschieden werden.

Inkrement
Meßquant; wörtlich (kleiner) Zuwachs.
In der Digitalmeßtechnik wird der Meßwert bei der → Quantisierung in gleich (seltener in unterschiedlich) große I. aufgeteilt, die danach weiter verarbeitet werden. – Anh.: – / 64.

inkrementaler Geber
Umsetzer zur Weg- oder Winkelmessung.
I. G. arbeiten sowohl rotatorisch (Drehbewegung) als auch translatorisch (Längsbewegung). Beim rotatorischen i. G. (Bild a) durchleuchtet eine Lichtquelle eine bewegliche Rasterscheibe. Die Rasterscheibe trägt eine Markierung aus abwechselnd geschwärzten und lichtdurchlässigen Feldern (z. B. 400; 1000; 2000). Jenseits der Rasterscheibe sitzt ein optischer Aufnehmer (z. B. Fototransistor), dem eine elektronische Auswerteeinrichtung nachgeschaltet ist. Jede Bewegung der Rasterscheibe wird durch die Auswertung der entstehenden Lichtimpulse erfaßt.
Bei translatorischen i. G. (Bild b) ersetzt ein Rasterlineal die Rasterscheibe.
Messungen mit i. G. erlauben Meßunsicherheiten ≤0,001 mm bzw. 20″.

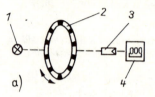

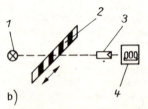

Inkrementaler Geber mit optischer Abtastung; a) Winkelumsetzer; b) Längenumsetzer; *1* Lichtquelle; *2* Rasterscheibe bzw. -lineal; *3* optischer Aufnehmer, *4* Auswerte- und Anzeigeeinrichtung

Inkrementalverfahren
→ Zählverfahren

Innenspitzenlager
→ Spitzenlager

Interface
Verbindungsbild bzw. Anpassungsschaltung.
Zur Sicherung der gegenseitigen Anschlußfähigkeit von zwei oder mehreren Teilen eines Systems mit gleichen oder unterschiedlichen Ein- und Ausgangsgrößen werden I. zur Kopplung genutzt. Es paßt die elektrischen, logischen, konstruktiven und funktionellen Bedingungen an den Schnittstellen an.

Internationale Meterkonvention
Übereinkunft über die allgemeine Einführung metrischer Maßeinheiten.
Die I. M. wurde 1875 von 17 Staaten abgeschlossen und hat heute etwa 50 Mitglieder. Das Internationale Komitee für Maß und Gewicht (CIPM) bereitet die mindestens alle 6 Jahre stattfindenden Generalkonferenzen für Maß und Gewicht (CGPM) vor. Die CGPM berät Fortschritte des → Internationalen Einheitensystems (SI) und gibt Empfehlungen zur

internationalen Weiterentwicklung und Vereinheitlichung der Metrologie. Sie unterhält für die laufenden, grundsätzlichen wissenschaftlichen Arbeiten das Internationale Büro für Maß und Gewicht (BIPM) in Sèrves bei Paris. Eine Anzahl von Gremien, z. B. das Beratende Komitee für Elektrizität (CCE), unterstützt die Arbeit des CIPM.

Internationales Einheitensystem
(Système International d'Unités; abgekürzt in allen Sprachen SI). Gesetzlich verbindliche Festlegung der anzuwendenden → Einheiten.
Das I. E. ist das für die Anwendung in allen Ländern von der 11. Generalkonferenz für Maß und Gewicht (CGPM) im Jahr 1960 empfohlene System von Einheiten physikalischer → Größen.
Das SI gründet sich auf sieben SI-Basiseinheiten. Aus ihnen werden die abgeleiteten SI-Einheiten gebildet. Ausgewählte SI-fremde Einheiten gehören nicht zum I. E., sind aber zur Anwendung zugelassen. Gegenwärtig werden weltweit alle anderen Einheiten von den Einheiten des SI abgelöst oder sind schon abgelöst. – Anh.: 1, 148, 149/75.

Interpolationsfehler
→ Beobachtungsfehler, der sich beim Ablesen des Meßwerts durch ungenaues oder falsches Abschätzen der Bruchteile eines → Skalenteils ergibt.

Intervallskala
→ Skala

Isolationsmessung
Vorgeschriebene elektrische Prüfung elektrotechnischer Anlagen bei ihrer Errichtung und Revision.
Die I. erfolgt meist zum Nachweis des Isolationsvermögens. Dabei ist für Netzspannung bis 440 V eine Meßspannung von mindestens 500 V, darüber von mindestens 1000 V vorgeschrieben.
Das klassische Meßgerät für die I. ist der → Kurbelinduktor. Neuere Geräte erzeugen die Meßspannung mit → Transvertern. – Anh.: 111/98, 99, 102.

Istwert
→ Wert einer physikalischen Größe, der zu einem bestimmten Zeitpunkt unter gegebenen Bedingungen durch → Messen ermittelt wird.
Anh.: 6/77.

J

Jitter
Engl. jittering, zappeln. Zeitlich unstabile Darstellung eines Oszillogramms.
J. äußert sich als unerwünschtes Zittern eines Teils oder des gesamten Oszillogramms in horizontaler Richtung. Es kann z. B. durch unexakte Trigger- oder Signalverzögerung oder durch Schwankungen zwischen Trigger- und Abtastsignal entstehen.

Justieren
(Abgleichen). → Metrologische Tätigkeit, um die Fehler und meßtechnischen Eigenschaften eines Meßmittels auf Werte zu bringen, die den technischen Forderungen entsprechen.
Beim J. im Bereich der Meßtechnik wird ein Meßgerät oder eine Maßverkörperung so eingestellt oder abgeglichen, daß die Anzeige bzw. der Nennwert so wenig wie möglich vom wahren bzw. richtigen Wert abweicht. Bei verschiedenen Meßmitteln wird das J. vom Hersteller vor deren Benutzung gefordert, damit es mit der angegebenen Genauigkeit arbeitet.
J. kann ein Eingriff sein, das Meßmittel bleibend verändert. Das J. darf nicht mit → Eichen bezeichnet werden. – Anh.: 6/77.

K

Kalibrieren
(Einmessen). Feststellen und Zuordnen des Zusammenhangs zwischen Ausgangs- und Eingangsgröße eines Meßgeräts als → metrologische Tätigkeit.
In der elektrischen Meßtechnik wird durch K. die Lage von (Haupt-)Teilungsmarken auf der Skala in Abhängigkeit von der Meßgröße bestimmt oder kontrolliert. Das praktische Ausführen der Skalenteilung wird als → Graduieren bezeichnet.
Durch K. wird auch der Fehler eines Meßmittels festgestellt; er kann durch → Justieren auf ein Minimum gebracht werden.
Das K. darf begrifflich nicht mit → Eichen verwechselt werden. – Anh.: 6, 130, 147/77.

Kalibriergenerator

Kalibriergenerator

(Kalibrator). → Meßgenerator, der das → Kalibrieren (früher nichtamtliches Eichen) eines Meßmittels ermöglicht.

Externe K. sind entsprechend ihrer Ausgangsgröße vielseitig anwendbar. Interne K. sind auf die Bedingungen bei dem Meßgerät zugeschnitten, in das sie eingebaut sind. So enthalten z. B. Oszilloskope K., die eine genau bekannte Rechteckspannung mit konstanter Frequenz abgeben. Diese Kalibrier("Eich-")spannung kann zur Kontrolle der Ablenk- und Zeitkoeffizienten und zum Abgleich des vorgeschalteten Tastkopfs dienen.

Kammerdämpfung

Mechanisches → Dämpfungsorgan.

An der Achse des beweglichen Organs ist ein leichter Aluminiumflügel befestigt. Dieser bewegt sich in einer segmentförmigen Dämpfungskammer von meist rechteckigem Querschnitt. In seiner Bewegung wird er durch das entstehende Luftpolster gedämpft (Luftdämpfung) (Bild).

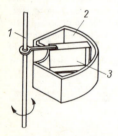

Kammerdämpfung. *1* Achse des beweglichen Organs; *2* Dämpfungskammer; *3* Dämpfungsflügel

Bei Geräten mit großen Richtkräften oder bei schnellen Schwingungen wird die Dämpfungskammer abgedichtet und mit einem flüssigen Dämpfungsmittel (Öl, Glyzerin) gefüllt (Flüssigkeitsdämpfung).

Kapazitätsmeßbrücke

→ Scheinwiderstandsmeßbrücke zur → Kapazitätsmessung.

K. sind so konstruiert, daß sie, meist ausschließlich, zur Messung der Kapazität und des Verlustfaktors von Kondensatoren und kapazitiv wirkenden Anordnungen genutzt werden können.

Hauptvertreter der K. sind die → Wien- und die → Schering-Meßbrücke.

Kapazitätsmessung

Bestimmung des Werts der Kapazität von Kondensatoren oder kapazitiv wirkenden Anordnungen.

Bei der K. gelten die allgemeinen Bedingungen der → Scheinwiderstandsmessung. Die Messung soll nach Möglichkeit bei der angegebenen Betriebs- bzw. Prüfspannung erfolgen, da Isolierfehler bei niedriger Spannung teilweise nicht bemerkt werden. Zur K. ist eine (rein) sinusförmige Meßspannung mit der Betriebsfrequenz notwendig, da sonst auftretende Oberwellen wegen $X_C = 1/\omega C$ starke Verzerrungen der Stromkurve herbeiführen.

Elektrolytkondensatoren müssen mit einer Gleichspannung, die größer als der Scheitelwert der Meßwechselspannung ist, vorgespannt werden.

Die indirekte K. kann durch → Strom-/Spannungs-/Frequenz-Messung bzw. → Strom-/Spannungs-/Frequenz-/Wirkleistungs-Messung, durch → Ladungsmengenvergleich oder (besonders bei großen Kapazitätswerten) durch → Entladezeitkonstantenmessung erfolgen.

In-Farad-kalibrierte → Spannungsmesser und Geräte zur K. mit dem elektrodynamischen Quotientenmeßwerk zeigen die Kapazitätswerte direkt an.

Weit verbreitet sind → Kapazitätsmeßbrücken zur K.

● K. mit elektrodynamischem Quotientenmeßwerk

Analog dem → Kreuzspulwiderstandsmesser mit Stromvergleichsverfahren kann in gleicher Schaltung bei Wechselspannungsbetrieb mit einem Normalkondensator C_N ein elektrodynamisches Quotientenmeßwerk zur Kapazitätsanzeige genutzt werden.

Katodenstrahlröhre

→ Elektronenstrahlröhre

Kernmagnet-Drehspulmeßwerk

Bauform des → Drehspulmeßwerks, bei dem sich die Drehspule zwischen dem innenliegenden Kernmagneten und einem äußeren weichmagnetischen Jochring als Rückschluß des Magnetkreises befindet (Bild).

Kernmagnete haben gegenüber den Außenmagneten eine bessere Ausnutzung des Magnetwerkstoffs. Sie ermöglichen den Bau von leichten Meßwerken mit kleinen äußeren Abmessungen. Ein Abgleich kann mittels Flußänderung durch axiales Bewegen des Rückschlußmantels erfolgen. Die Magnetflußdichte

Kernmagnet-Drehspulmeßwerk

im Luftspalt ist in Abhängigkeit vom Winkel etwa sinusförmig; durch angesinterte oder angeklebte Polschuhe läßt sich ein radialhomogenes Feld erzielen. – Anh.: 78, 83/57.

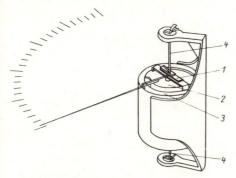

Kernmagnet-Drehspulmeßwerk. *1* Drehspule; *2* Kernmagnet; *3* Weicheisenjochring; *4* Spannbänder (Lager, Rückstellorgan und Stromanschluß der Drehspule)

Kilowattstundenzähler
Häufig benutzte, vorschriftswidrige Bezeichnung für → Elektrizitätszähler.

Kippfehler
Anzeigefehler durch mechanisches Kippen des beweglichen Organs bei (Außen-) → Spitzenlagern.

Klasse
1. Gruppe von gleichartigen Elementen mit mindestens einer gemeinsamen Eigenschaft (→ Klassieren).
2. Kurzform für → Genauigkeitsklasse.

Klassenzeichen
(Klassenindex). Kennzeichnung der → Genauigkeitsklasse an Meßmitteln.
Bei elektrischen Meßmitteln wird die Genauigkeitsklasse durch das K. (meist als → Skalenzeichen) angegeben. Der Zahlenwert gibt den Grundfehler in Prozent an, wenn sich die Einflußgrößen innerhalb der Bezugsbedingungen einstellen. Ein Zusatzsymbol (Winkel, Kreis) kennzeichnet den Normierungswert, d. h. den Wert, auf den sich die Prozentangabe bezieht. – Anh.: 78, 83/57.

Klassieren
(auch Klassifizieren). Einteilen nach bestimmten Merkmalen in vorgegebene oder vereinbarte Klassen als → metrologische Tätigkeit.

Beim K. werden Gruppen geschaffen, deren gleichartige Elemente mindestens eine gemeinsame Eigenschaft haben, und die Häufigkeitsverteilung der Elemente innerhalb dieser Klasse festgestellt, z. B. das Einteilen von Bauelementen nach ihren Kennwerten, von Meßgeräten in Genauigkeitsklassen oder von Meßwerten nach ihren Abweichungen vom Mittelwert.
Beim Trennen verschiedenartiger Elemente einer Menge spricht man vom → Sortieren. – Anh.: 6/–

Klirrfaktor
(Oberschwingungsgehalt). Maß für die nichtlinearen Verzerrungen einer Schwingung.
Bei Zuführen eines sinusförmigen Signals an den Eingang eines Vierpols äußern sich die nichtlinearen Verzerrungen in einer Verformung der Sinuskurve am Ausgang. Nichtsinusförmige Schwingungen enthalten neben der Grundschwingung anteilig Oberwellen (→ Frequenz).
Der K. ist das Verhältnis der Effektivwerte aller Oberwellen zum Gesamteffektivwert einschließlich des Grundwellenanteils (in %):

$$k = \frac{\text{Effektivwerte der Oberschwingung } U_o}{\text{Effektivwert der Wechselgröße } U} \cdot 100$$

Bezeichnet man mit U_1 den Effektivwert der 1. Harmonischen (Grundwelle), mit U_2 den Effektivwert der 2. Harmonischen (1. Oberwelle) usw., so ergibt sich für den K. der Spannung

$$k_u = \frac{\sqrt{U_2^2 + U_3^2} + \ldots}{U} = \frac{\sqrt{U^2 - U_1^2}}{U} .$$

Der K. beim Strom ergibt sich analog

$$k_i = \frac{\sqrt{I_2^2 + I_3^2} + \ldots}{I} = \frac{\sqrt{I^2 - I_1^2}}{I} .$$

Zum Messen des K. dient die → Klirrfaktormeßbrücke. – Anh.: 43, 78/53, 61.

Klirrfaktormeßbrücke
Verzerrungsmeßgerät als → Meßbrücke zur Bestimmung des → Klirrfaktors.
In einem Spannungsvergleichsverfahren wird der Effektivwert des Gesamtsignals (Grund- und Oberwellen) U und der Effektivwert der Oberwellen U_o verglichen. Dazu ist die Brücke auf die Grundwelle abzugleichen (Bild). An den Punkten A und B entsteht demnach für die Grundwelle keine Spannung, sondern nur

Klirrfaktormeßbrücke

vom Oberwellengemisch U_o, für das die Brücke stark verstimmt ist.

Der Klirrfaktor k ergibt sich zu $k_u = \dfrac{2U_o}{U}$.

In der Praxis verwendet man ein Meßgerät mit Umschalter, stellt mit Spannungsteilern gleiche Spannungswerte ein und liest das Spannungsteilerverhältnis (als Klirrfaktor in % geteilt) ab.

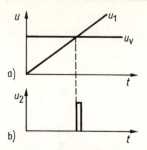

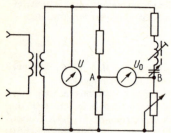

Klirrfaktormeßbrücke

Komparator. Zur Wirkungsweise; a) Eingangsspannungen; b) Ausgangssignal bei Übereinstimmung von u_1 und u_v.

Klirrfaktormessung

Meßverfahren zur Bestimmung des → Klirrfaktors.
Die Messung erfolgt überwiegend mit der → Klirrfaktormeßbrücke.

Koinzidenz(meß)methode

→ *Differenzmeßmethode, bei der die Differenz zwischen der Meßgröße und der Vergleichsgröße gemessen wird, indem man die Koinzidenz, d. h. die Übereinstimmung von Teilungsmarken oder von periodischen Signalen benutzt.*
Beispiele für die K. sind Zeitmessung durch den Vergleich mit dem Zeitzeichen oder die Nutzung des Nonius. – Anh.: 6, 130, 147/77.

Kombinations(meß)methode

(Meßmethode der serienweisen Kombination). → *Meßmethode, bei der die gesuchten Werte gleichartiger Größen aus Messungen verschiedener Kombinationen dieser Größen mit den zugehörigen Berechnungen gewonnen werden.*
Anh.: 6, 130, 147/77.

Komparator

(Spannungsvergleicher). Baugruppe zum Vergleich von Spannungswerten.
Dem K. wird eine Eingangsspannung u_1 und eine Vergleichsspannung u_v eingangsseitig zugeführt. Beide werden miteinander verglichen (Bild a). Haben die Spannungen u_1 und u_v gleiche Werte erreicht, entsteht ein Ausgangssignal u_2 (Bild b).

Zum Aufbau von K. können Schaltungen mit Dioden, Transistoren oder integrierten Schaltkreisen genutzt werden. Häufig wird auch der Operationsverstärker als K. verwendet. In der Meßtechnik werden K. u. a. im → Analog/Digital-Umsetzer verwendet. – Anh.: 75, 79/43, 64.

Kompatibilität

Übereinstimmung bzw. Verträglichkeit verschiedener Übertragungsverfahren, Geräte- und/oder Programmerkmale im technischen Sinne.
Um K. zu erreichen, müssen die wesentlichen technischen Parameter übereinstimmen und ein Übertragungssystem die Bedingungen des anderen Systems erfüllen oder sich in dieses einfügen lassen.
In der Meßtechnik versteht man unter K. die Möglichkeit, verschiedene Gerätesysteme zusammenschalten zu können.

Kompensations(meß)methode

→ *Differenzmeßmethode, bei der die Meßgröße mit einer gleichartigen, gleichgroßen, entgegengesetzt gerichteten Größe verglichen wird.*
In vielen Bereichen der Physik wird die K. angewendet, in der elektrischen Meßtechnik wird sie als → Kompensationsverfahren oder Nachlaufverfahren modifiziert. – Anh.: 6, 130, 147/77.

Kompensationsschreiber

(Motorschreiber, Kompensograf). → *Schreiber, bei dem das Schreiborgan von einem meßwertgesteuerten Stellglied bewegt wird.*
Der K. enthält einen → Motorkompensator. Der Motor, der den Potentiometerabgriff zum Abgleich verstellt, bewegt gleichzeitig das Schreiborgan. Die Meßwertgewinnung erfolgt

nach dem Kompensationsverfahren, so daß mit dieser nahezu leistungslosen Messung höhere Empfindlichkeiten (> 3 mV) und Genauigkeiten (0,1) gegenüber dem → Meßwerkschreiber auch bei großen Schreibbreiten (bis etwa 250 mm) erreicht werden.
K. können als → Linien- oder → Punktschreiber ausgeführt werden. – Anh.: 80/–

Kompensationsverfahren
Verfahren zum belastungslosen Messen.
Kompensation heißt Ausgleich, gleichwertiger Ersatz. Messen durch Kompensation erfolgt, indem man dem zu messenden, unbekannten Wert einer physikalischen Größe, z. B. einer Spannung, einen genau bestimmbaren (meßbaren) Wert derselben Größe entgegenwirken läßt (→ Kompensator). Kompensation ist dann erreicht, wenn sich die Wirkung beider Werte völlig aufhebt; der unbekannte Wert ist dann gleich dem gemessenen Wert.

Kompensator
Meßgerät nach dem → Kompensationsverfahren.
Je nach Art der Meßgrößen unterscheidet man → Gleichspannungsk. und → Wechselspannungsk.
Das Meßobjekt wird nicht oder nur gering belastet; im abgeglichenen Zustand wird dem Meßkreis kein Strom bzw. keine Leistung entnommen (→ Leistungseigenbedarf), so daß die Messung nahezu leistungslos, rückwirkungsfrei und fehlerfrei erfolgt.
In das Meßergebnis gehen nur Spannungen und Widerstände ein. Da für diese elektrischen Größen im → Normalelement und in → Meßwiderständen sehr genau bekannte Verkörperungen zur Verfügung stehen und eine leistungslose Messung erfolgt, sind K. die vom Prinzip her genauesten elektrischen Meßeinrichtungen.
Der Abgleich- bzw. Meßvorgang ist automatisierbar (→ K. selbstabgleichender). – Anh.: 49, 80, 136/ *12, 19, 69*.

Kompensator, selbstabgleichender
→ *Kompensator mit selbsttätigem Nullabgleich.*
Um das → Kompensationsverfahren für die industrielle Meßtechnik brauchbar zu machen, wird die Gleichheit von Meß- und Kompensationsspannung durch eine geeignete Regelschaltung erreicht (z. B. → Motorkompensator, → Kompensator mit Oszillator).

Kompensator mit Oszillator
Selbstabgleichender → Gleichspannungskompensator nach dem Strommeßverfahren.
Das Galvanometer bewegt eine an seinem Zeiger befestigte Abschirmfahne im L/C-Rückkopplungssystem eines Transistoroszillators und beeinflußt dadurch die Oszillatorspannung, den Kollektorstrom und so den anzeigbaren bzw. registrierbaren Hilfsstrom ($I_H = I_C$). Damit wird die Kompensationsspannung verändert bis sie der zu messenden Spannung gleich ist (Bild).

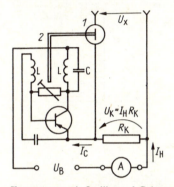

Kompensator mit Oszillator. *1* Galvanometer; *2* Abschirmfahne; I_C Kollektorstrom; I_H Hilfsstrom; U_K Kompensationsspannung; U_X zu messende Spannung

Kompensograf
→ Kompensationsschreiber

Kondensatorumladeverfahren
Meßverfahren zur analogen → Frequenzmessung durch Mittelwertbildung.
Das K. wird hauptsächlich in → Frequenzzeigern angewendet.

Kontaktzeiger
→ *Zeiger mit Zusatzaufgabe.*
K. geben beim Erreichen einer vorgewählten Anzeige (z. B. beim Unterschreiten eines Minimalwertes oder beim Überschreiten eines Maximalwertes) ein Signal ab.
Die Signalbildung erfolgt entweder über Kontaktgabe oder kontaktlos nach dem Lichtschranken- oder Verstimmungsprinzip.

Koordinatenschreiber
(XY-Schreiber, Plotter) → Schreiber zur Aufzeichnung der funktionalen Abhängigkeit zweier Veränderlicher.
Im Unterschied zu → Linien- und → Punkt-

Koordinatenschreiber

schreibern, bei denen der Diagrammträger zeitproportional transportiert wird, können beim K. die Abszissen- und Ordinatenbewegung durch zwei Meßgrößen gesteuert werden. Meist liegt dazu das Registrierpapier fest, und ein Schreibmechanismus wird proportional den beiden Eingangssignalen u_y und u_x, die zwei selbstabgleichenden Kompensationssystemen zugeführt werden, in beiden Richtungen bewegt (Bild).

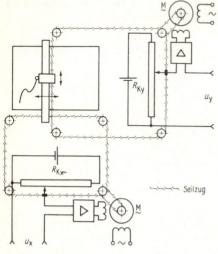

Koordinatenschreiber

K. dienen z. B. zum Zeichnen von Kennlinien und Ortskurven mit Schreibgeschwindigkeiten bis zu $0{,}2\ \mathrm{m\cdot s^{-1}}$.

Kopplungsfaktor
→ Gegeninduktivität

Körperschlußprüfer
Kurzbezeichnung der Meßgeräte zum Nachweis des Isoliervermögens (→ Isolationsmessung).

Korrektion
(auch Berichtigung). Wert zur Verbesserung eines Meßergebnisses.
Die K. ist dem Betrag, d. h. dem absoluten Zahlenwert nach gleich dem absoluten → Fehler ΔX, hat aber das entgegengesetzte Vorzeichen: $B = -\Delta X$.
Die K. muß dem Meßwert bzw. dem Istwert X' hinzugefügt werden, um den richtigen Wert X zu erhalten: $X = X' + B$.
Anh.: 6/77.

Kosinuskorrektur
→ Beleuchtungsstärkemesser

Kraftmessung
Bestimmung des Werts von Kräften und damit gesetzmäßig verknüpfter Größen.
K. erfolgt günstig durch Wandeln in eine proportionale elektrische Größe, vorzugsweise mit → piezoelektrischen Aufnehmern und → Dehnungsmeßstreifen.

Kreisblattschreiber
→ *Schreiber, der auf einem umlaufenden Kartonblatt aufzeichnet.*
Bei K. ist an der horizontalen oder vertikalen Antriebsachse ein Kreisblatt befestigt. Diese Diagrammscheibe läuft von einem Synchronmotor angetrieben, anwendungsabhängig vorzugsweise in 24 Stunden, 7 oder 30 Tagen einmal um. Der Schreibarm trägt an seiner Spitze das Schreiborgan, der die Meßwerte in Bogen-(Polar-)koordinaten aufzeichnet. – Anh.: 27 / –

Kreisskala
→ Skalenart

Kreuzspulmeßwerk
(Drehspulquotientenmesser). Quotientenmeßwerk nach dem Prinzip des Drehspulmeßwerks.
Zwei miteinander fest verbundene, gekreuzte Drehspulen sind wie beim → Drehspulmeßwerk im Luftspalt zwischen einem Außenmagnet und dem Weicheisenkern bzw. zwischen dem Kernmagnet und dem Weicheisenjochring drehbar angeordnet. Die Ströme werden den Drehspulen durch weiche Metallbänder ohne Richtkraft zugeführt. Das K. hat keine mechanische Nullage; vielfach bringt ein zusätzlicher Magnet beim Ausschalten den Zeiger auf den Skalennullpunkt.
Im Luftspalt ist das Magnetfeld ungleichmäßig verteilt. Bei Außenmagnetk. (Bild) wird der Luftspalt zwischen Magnet und Kern von der Mitte aus nach außen schmaler, die Magnetflußdichte nimmt in gleicher Weise zu; bei Kernmagnetk. kann bei gleichmäßigem Luftspalt die natürliche Inhomogenität des Kernfelds ausgenutzt werden.
An der einen Teilspule entsteht ein linksdrehendes, an der anderen ein rechtsdrehendes Drehmoment. Die beiden Drehmomente heben sich auf, wenn das Produkt von Stromstärke und wirksamer Flußdichte beider Dreh-

Kreuzspulmeßwerk

spulen gleich ist. Wenn also einer der beiden Ströme schwächer ist als der andere, nimmt die Kreuzspule eine Lage ein, bei der sich die vom schwächeren Strom durchflossene Teilspule im Gebiet höherer Flußdichte und die vom stärkeren Strom durchflossene Teilspule im Gebiet geringerer Flußdichte befindet.

oder zur Messung nichtelektrischer Größen, die sich als Widerstand abbilden lassen, verwendet.

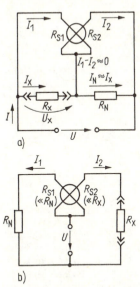

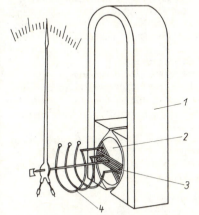

Kreuzspulmeßwerk. Mit Außenmagnet; *1* Außenmagnet mit Polschuhen; *2* Weicheisenkern; *3* Kreuzspule; *4* richtkraftfreie Metallbänder als Stromanschluß

Kreuzspulwiderstandsmesser. a) mit Strom-Spannungsverfahren; b) mit Stromvergleichsverfahren

Allgemeine Eigenschaft:
- Das K. ist ein → Quotientenmeßwerk. Es zeigt unabhängig von der Meßspannung und von der Stärke zweier Ströme I_1 und I_2 nur ihr Verhältnis (den Quotienten) I_1/I_2 an. Man verwendet das K. deshalb zur Messung des Verhältnisses zweier Ströme bzw. Spannungen zueinander oder zur Messung des Quotienten aus Spannung und Strom, d. h. des Widerstands (→ Kreuzspulwiderstandsmesser) bzw. zur Messung nichtelektrischer Größen, die sich in Strom, Spannung oder Widerstand wandeln lassen. – Anh.: 78, 83/57.

Kreuzspulwiderstandsmesser
Direktanzeigendes Gerät zur → Widerstandsmessung.

Mit → Kreuzspulmeßwerken, die den Quotienten der beiden Ströme durch ihre Teilspulen anzeigen ($\alpha \sim I_1/I_2$) lassen sich direktanzeigende Widerstandsmeßgeräte in zwei Varianten aufbauen: K. mit Strom-Spannungs-Verfahren und K. mit Stromvergleichsverfahren (Bild).
K. werden zur Anzeige des Widerstandswerts

- **K. mit Strom-Spannungs-Verfahren**
Ein bekannter Vergleichswiderstand R_N und der unbekannte Widerstand R_x sind in Reihe geschaltet und liegen jeweils parallel zu einem Teil der Kreuzspule des Meßwerks (Bild a). Vernachlässigt man die geringe Differenz der Teilspulenströme, so ist $I_N \approx I_x$ und es gilt

$$R_x = \frac{U_x}{I_x} = R_N \frac{R_{S1}}{R_{S2}} \frac{I_1}{I_2} \sim \alpha .$$

Die Anzeige des Kreuzspulmeßwerks α als Quotient der beiden Teilströme ist ein direktes Maß für den unbekannten Widerstand.

- **K. mit Stromvergleichsverfahren**
Der von der Spannungsquelle angetriebene Gesamtstrom teilt sich entsprechend des Werts eines bekannten Vergleichswiderstands R_N und des unbekannten Widerstands R_x, die mit je einem Teil der Kreuzspule des Meßwerks in Reihe liegen (Bild b). Meist sind die Widerstände der Teilspulen niederohmig gegenüber R_N bzw. R_x, so daß sie vernachlässigt oder bei der Skalenteilung entsprechend einkalibriert werden können.
Die Anzeige des Kreuzspulmeßwerks α ist ein

Kreuzspulwiderstandsmesser

direktes Maß für den unbekannten Widerstand

$$R_x = R_N \frac{I_1}{I_2} \sim \alpha \ .$$

Bei beiden Schaltungsvarianten wird der Meßbereich hauptsächlich durch den Vergleichswiderstand R_N bestimmt und kann durch dessen Veränderung variiert werden.
Beide Schaltungen sind weitgehend unabhängig von der Betriebsspannung. Die zum netzunabhängigen Messen hochohmiger Widerstände notwendige hohe Spannung kannwie einem → Kurbelinduktor oder aus einer Batterie entnommen und mit einem → Transverter erzeugt werden.

Kurbelinduktor
Spannungsquelle und Meßgerät zum Nachweis des Isoliervermögens.
K. bestehen aus einem handbetriebenen Generator und einem in Volt und Ohm kalibrierten Meßgerät, das die Kontrolle der vorgeschriebenen Prüfspannung und die Messung des Isolationswiderstands ermöglicht, oder einem → Kreuzspulwiderstandsmesser zur Messung hochohmiger Widerstände.

Kurvenformeinfluß
Kurvenform der Meßgröße als → Einflußgröße.
Während eine Gleichgröße durch einen Wert eindeutig beschrieben ist, hängen die Wechselstromkennwerte von der Kurvenform, d. h. dem tatsächlichen zeitlichen Verlauf ab.
Die meisten direktanzeigenden elektrischen Meßgeräte, mit und ohne Meßgleichrichtung, zeigen den Effektivwert nur bei exakter Sinusform an.
In vielen Fällen, z. B. bei Mischströmen, Tonspannungen, Meßkreisen mit eisenhaltigen Spulen, treten Verzerrungen der Kurvenform gegenüber der reinen Sinusform auf. Dann ändert sich der → Formfaktor, und die Skalenteilung ist nicht mehr exakt zutreffend.
Weicht der Verlauf der Wechselgröße von der reinen Sinusform ab, so ist (besonders bei Messungen mit Gleichrichtermeßgeräten) mit einem dem Grundfehler gegenüber wesentlich vergrößerten Meßfehler zu rechnen. – Anh.: 78/57.

L

Labormeßtechnik
Meßtechnik unter Laborbedingungen.
In Abhängigkeit von ihren Aufgaben, Meßverfahren und Genauigkeitsanforderungen kann man die L. in den Bereich der → Betriebs- oder der → Präzisionsmeßtechnik einordnen.

Ladungsmengenvergleich
Verfahren zur → Kapazitätsmessung.
Das ballistische → Galvanometer mißt die Ladungsmenge Q, die bei konstanter Spannung ein Maß für die Kapazität eines Kondensators ist ($Q = CU$).
Der zu messende Kondensator C_x wird auf die Spannung U_1 aufgeladen (Bild) und die Ladung Q_1 als ballistischer Ausschlag α_x bestimmt: $Q_1 = C_x U_1 = K_b \alpha_x$.

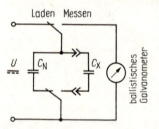

Ladungsmengenvergleich

Ist die ballistische Galvanometerkonstante k_b nicht bekannt, wird die Messung mit einem Kondensator C_N mit bekanntem Wert und der Spannung U_2 wiederholt; man erhält den Ausschlag α_N als Maß für die Ladungsmenge $Q_2 = C_N U_2 = K_b \alpha_N$.
Es ist zweckmäßig, die Ausschläge durch Verwendung unterschiedlicher Spannungen oder durch geeignete Wahl des Kondensators C_N annähernd gleich groß zu machen.
Die gesuchte Kapazität ist aus den gemessenen Werten zu berechnen:

$$C_x = C_N \frac{U_2}{U_1} \frac{\alpha_x}{\alpha_N} \ .$$

Lageeinfluß
Lage des Meßgeräts als → Einflußgröße.
Hauptsächlich der Aufbau eines Meßgeräts erfordert vielfach die Benutzung in einer be-

Lageeinfluß

stimmten Gebrauchs- bzw. Einbaulage. Man betrachtet dabei die Fläche des Skalenträgers in bezug zur Horizontalen. Ist auf dem Meßmittel kein Lagezeichen angebracht, kann es in einer beliebigen Gebrauchslage betrieben werden. Eine senkrechte, waagerechte oder schräge Bezugs- bzw. Referenzlage wird durch ein → Skalenzeichen vorgeschrieben. Als allgemeiner Einflußbereich ist eine Abweichung um ± 5° zugelassen. Andere Bereiche werden durch zusätzlichen Skalenaufdruck gekennzeichnet. – Anh.: 31, 78, 83 / 6, 57.

Lager
Konstruktionselement jedes → Meßwerks.
L. dienen der stabilen Führung des beweglichen Organs. Sie sollen eine hohe mechanische Stabilität, geringe Reibung und ein geringes Spiel haben. L. sind von entscheidender Bedeutung für die Genauigkeit, Zuverlässigkeit und Transportfähigkeit der Meßgeräte.
Man unterscheidet → Achsl. und → Spannbandl.
Vorzeitigen Abnutzungserscheinungen und vergrößerter Reibung kann durch erschütterungsfreie Aufstellung in der angegebenen Gebrauchslage, vorsichtigen Transport und Fernhalten von Feuchtigkeit und Staub vorgebeugt werden. Ölen der L. muß unterbleiben. Mangelhafte L. sind häufig Ursache der → Umkehrspanne. – Anh.: 21 / –

Larsen-Kompensator
→ *Wechselspannungskompensator zur Messung einer Wechselspannung unter Berücksichtigung von deren Phasenlage.*
Die unbekannte Spannung u_x muß in jedem Augenblick der Kompensationsspannung u_k gleich und entgegengerichtet sein, d. h. gleiche Amplitude, gleiche Frequenz und eine Phasenverschiebung von 180° haben (Bild a).
Die Amplitudengleichheit kann wie beim → Gleichspannungskompensator durch Spannungsteiler eingestellt werden. Frequenzgleichheit wird durch Entnahme beider Spannungen aus der gleichen Spannungsquelle erreicht; die galvanische Trennung erfolgt durch einen Trenntransformator. Die Phasenverschiebung wird durch geeignete Bauelemente (z. B. Transformator) oder mit graduierten Phasenschiebern hergestellt.
Beim L. wird die Kompensationsspannung aus zwei um 90° phasenverschobenen Einzelspannungskomponenten zusammengesetzt. Durch Änderung der Beträge der Einzelspannungen kann die Kompensationsspannung in Betrag und Phase beeinflußt werden (Bild b). Zur Anzeige des Kompensationszustands wird ein → Wechselstromnullindikator (P) verwendet.

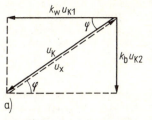

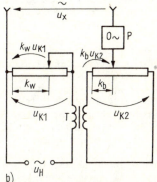

Larsen-Kompensator. a) Wechselspannungskompensation; b) Meßschaltung

Bei dem streuarmen Übertrager mit einem Übersetzungsverhältnis 1 : 1 ist die Sekundärspannung um 90° gegen den Primärstrom verschoben. Die an den beiden gleichen Potentiometern R_{K1} und R_{K2} liegenden Spannungen u_{K1} und u_{K2} sind dem Betrag nach gleich und in der Phase um 90° verschoben. Mit dem am Potentiometer R_{K1} abgegriffenen Teil k_w der Spannung u_{K1} kann der Wirkanteil der gesuchten Spannung und der Blindanteil mit dem Teil k_b der Spannung u_{K2} kompensiert werden. Die an den Widerständen abgegriffenen Teilspannungen $k_w u_{K1}$ und $k_b u_{K2}$ addieren sich geometrisch zu u_K und kompensieren die zu messende Spannung u_x.
Da $|u_{K1}| = |u_{K2}|$ ist, ergibt sich

$$u_x = u_K \sqrt{k_w^2 + k_b^2} \; ; \qquad \tan \varphi = \frac{k_b}{k_w} \, .$$

Lehren
Spezielle Art des → Prüfens.
Durch L. wird festgestellt, ob bestimmte For-

Lehren

men, Längen oder Winkel eines Prüfgegenstands, z. B. eines Werkstücks, in gegebenen Grenzen liegen. Dazu werden feste oder auf bestimmte Werte einstellbare Form- oder Maßverkörperungen (Lehren) benutzt, mit denen die Eignung, d. h. Verwendbarkeit oder Ausschuß, oder die Richtung der Grenzüberschreitung, z. B. zu groß oder zu klein, nicht aber der Betrag der Abweichung festgestellt werden kann. – Anh.: 6 / 77.

Leistung

(elektrische L.). Physikalische und technische Größe im elektrischen Stromkreis. Fließt durch ein Betriebsmittel bei einer Spannung u ein Strom i, wobei u und i sich mit der Zeit ändern können, ergibt sich die (elektrische) Augenblicksl. durch die Gleichung $p = u\,i$.

Bei Nutzung von Gleichspannung U_- und -strom I_- ergibt sich die Gleichstrom-(Wirk-)L. Werden bei (einphasigem) Wechselstrom die Effektivwerte $U_\sim$ und $I_\sim$ eingesetzt, erhält man die → Scheinl. und unter Berücksichtigung des Phasenwinkels φ zwischen Strom und Spannung die → Wirkl. und die → Blindl. sowie den → Leistungs- oder Blindfaktor (Tafel).

Elektrische Wirk-, Blind- und Scheinl. sind unterschiedliche Größenarten; sie dürfen deshalb nur geometrisch bzw. mittels der Verknüpfungsgleichung addiert bzw. subtrahiert werden.

Die Augenblicksl. im Drehstromnetz ist allgemein im
Vierleitersystem
$p_{3\sim} = u_1 i_1 + u_2 i_2 + u_3 i_3$
Dreileitersystem
$p_{3\sim} = u_{13} i_1 + u_{23} i_2$
Bei sinusförmigem Strom- und Spannungsverlauf und symmetrischer Belastung wird in jedem der 3 Stränge die gleiche L. umgesetzt. Als Gesamtwert ergibt sich z. B.
Wirkleistung
$P_{3\sim} = 3\,U_1 I_1 \cos\varphi = \sqrt{3}\,U_{12} I_1 \cos\varphi$
Blindleistung
$Q_{3\sim} = 3\,U_1 I_1 \sin\varphi = \sqrt{3}\,U_{12} I_1 \sin\varphi$
Scheinleistung
$S_{3\sim} = 3\,U_1 I_1 = \sqrt{3}\,U_{12} I_1$
Leistungsfaktor
$\cos\varphi = \dfrac{P_{3\sim}}{3\,U_1 I_1} = \dfrac{P_{3\sim}}{\sqrt{3}\,U_{12} I_1}$

Bei nichtsinusförmigem Verlauf von Strom und Spannung lassen sich die periodischen Kurven durch harmonische (Fourier-)Analyse in Grundschwingung und Oberschwingungen zerlegen. Es erzeugen nur Oberschwingungen gleicher Frequenz eine L. Die Gesamtl. ist die Summe der L. der einzelnen Harmonischen.

Bei sinusförmiger Spannung, aber beliebigem Stromverlauf (oder umgekehrt) ist für die Wirkl. nur die Grundschwingung des Stroms bzw. der Spannung maßgebend, während für

Leistungsarten und damit im Zusammenhang stehende Größen

Leistung	Gleichung	Einheit
Gleichstromleistung	$P_- = U_- I_-$	W
Scheinleistung	$S = U_\sim I_\sim$	VA
Wirkleistung	$P_\sim = U_\sim I_\sim \cos\varphi$	W
Blindleistung	$Q = U_\sim I_\sim \sin\varphi$	var
Leistungsfaktor	$\cos\varphi = \dfrac{P_\sim}{S}$	–
Blindfaktor	$\sin\varphi = \dfrac{Q}{S}$	–
Verknüpfung	$S = \sqrt{P_\sim^2 + Q^2}$ $Q = P_\sim \tan\varphi$	

Die aufgenommene Wirkleistung hat ein positives, die abgegebene ein negatives Vorzeichen; die induktive Blindleistung ein positives und die kapazitive Blindleistung ein negatives Vorzeichen.

Leistung

die Blindl. auch die Oberschwingungen mitbestimmend sind (→ Verzerrungsl.). – Anh.: 1, 2, 3, 18, 42, 43, 128 / 7, *61*, *75*..

Leistungsbestimmung
durch Strom- und Spannungsmessung. *Verfahren zur indirekten Messung der Gleichstrom- und der Scheinleistung.*
Die elektrische → Leistung ist das Produkt aus Strom und Spannung. Es läßt sich (analog der → Widerstandsbestimmung durch Strom- und Spannungsmessung) aus der Messung von Gleichspannung und Gleichstrom die Gleichstrom-Wirkleistung $P_= = U_= I_=$ und aus der Messung der Effektivwerte von Wechselstrom und Wechselspannung die Scheinleistung $S = U_\sim I_\sim$ bestimmen.
Bei zusätzlicher → Leistungsfaktormessung kann auch die Wechselstromwirkleistung indirekt ermittelt werden: $P_\sim = U_\sim I_\sim \cos \varphi$.
Strom-/Spannungsmessung kann in stromrichtiger oder spannungsrichtiger → Schaltung erfolgen. Dabei ist zu beachten, ob die von der Spannungsquelle abgegebene oder die von der Last aufgenommene Leistung bestimmt werden soll.
Alle Schaltungen ergeben wegen des mitgemessenen → Leistungseigenbedarfs der Meßgeräte (P_{GI} und P_{GU}) einen unvermeidlichen systematischen Fehler, der bei genauen Messungen besonders von kleinen Leistungen beachtet und korrigiert werden muß (Tafel).

Leistungseigenbedarf
(*Leistungseigenverbrauch*). *Notwendige Energieaufnahme eines Meßgeräts aus dem Meßkreis.*
Um den L. eines direktwirkenden Meßgeräts, z. B. zur Bewegung von Einzelteilen, zu decken, wird Energie aus dem Meßkreis entzogen. Es entsteht ein systematischer → Fehler.

Leistungseigenbedarf (Durchschnittswerte)

Meßgerät	Leistungseigenbedarf
Drehspulmeßgerät	
allgemein	< 5 mW
Galvanometer	$10^{-11}...10^{-5}$ W
Zeigermeßgerät	$10^{-6}...10^{-3}$ W
Schreiber	$10^{-2}...15$ W
Dreheisenmeßgerät	0,1...5 VA
Elektrodynamisches Meßgerät	
Spannungspfad	< 5 mVA
Strompfad	1...2 VA
Drehmagnetmeßgerät	< 3 W
Induktionsmeßgerät	
Spannungspfad	< 10 VA
Strompfad	< 5 VA
Elektrostatisches Meßgerät	$10^{-15}...10^{-6}$ VA
Hitzdrahtmeßgerät	> 50 mVA
Bimetallgerät	≈ 5 VA
Vibrationsmeßgerät	< 10 VA
Digitalvoltmeter	≈ 0
Oszilloskop	≈ 0
Verstärkervoltmeter	≈ 0

Leistungsbestimmung durch Strom- und Spannungsmessung

Von der Spannungsquelle abgegebene Leistung P_Q	Meßschaltung	Von der Last aufgenommene Leistung P_L
spannungsrichtig gemessen $P_Q = U I + P_{GU}$	(A mit R_{GI}, V mit R_{GU})	stromrichtig gemessen $P_L = U I - P_{GI}$
stromrichtig gemessen $P_Q = U I + P_{GI}$	(A mit R_{GI}, V mit R_{GU})	spannungsrichtig gemessen $P_L = U I - P_{GU}$

U, I von den Meßgeräten angezeigte Werte; $P_{GU} = \dfrac{U^2}{R_{GU}}$ Leistungseigenbedarf des Spannungsmessers; R_{GU} Meßgerätewiderstand des Spannungsmessers; $P_{GI} = I^2 R_{GI}$ Leistungseigenbedarf des Strommessers; R_{GI} Meßgerätewiderstand des Strommessers

Leistungseigenbedarf

Der L. von → Spannungsmessern
$P_{GU} = U^2/R_{GU}$
und der L. von → Strommeßgeräten
$P_{GI} = I^2 R_{GI}$
sollen deshalb klein gegenüber der Leistung des Meßkreises sein.
Bei elektronischen Meßgeräten ist die Leistungsaufnahme aus dem Meßkreis nahezu Null; sie nutzen Hilfsenergiequellen, z. B. Netzspannung, Batterien (Tafel).

Leistungsfaktor
(Wirkfaktor). Zahl, die das Verhältnis von Wirk- zu Scheinleistung angibt (→ Leistung).
Der L. kennzeichnet den Anteil der → Scheinleistung, die als → Wirkleistung genutzt wird:

$$\lambda = \frac{\text{Wirkleistung}}{\text{Scheinleistung}} = \frac{P_\sim}{S}.$$

Mit sinusförmigen Größen bei Einphasen-Wechselstrom und bei symmetrisch belastetem Drehstrom entspricht der L. dem Kosinus des Winkels φ zwischen Strangstrom und Strangspannung $\lambda = \cos \varphi$.
Bei unsymmetrisch belastetem Drehstrom wird der L. häufig ebenfalls als „$\cos \varphi$" bezeichnet, hat dann aber keine geometrische Bedeutung.
Der Leistungsabnehmer sollte aus technisch-ökonomischen Gründen durch Kompensationsschaltungen dafür sorgen, daß wenig Blindleistung zwischen Erzeuger und Last pendelt, d. h., daß sich ein L. möglichst nahe 1 ergibt (Tafel).
Der L. ist nicht mit dem Wirkungsgrad, d. h. dem Verhältnis der abgegebenen zur zugeführten Leistung, identisch. − Anh.: 2, 18, 44/*61*.

Leistungsfaktoreinfluß
→ *Leistungsfaktor* als → *Einflußgröße*.
Die Anzeige von Leistungsmessern hängt vom jeweils vorliegenden Wirk- bzw. Blindleistungsfaktor ab. Deshalb werden dafür Bezugswerte auf der Skala oder in den Unterlagen angegeben. Die Einflußbereiche sind differenziert nach Genauigkeitsklasse sowie induktiver und kapazitiver Belastung in Vorschriften festgelegt. − Anh.: 78/*57*.

Leistungsfaktormesser
Meßmittel zur direkten Anzeige des → Leistungsfaktors.
Die Anzeige eines elektrodynamischen → Quotientenmeßwerks ist abhängig von der Differenz zweier Drehmomente. Diese werden gebildet aus dem Strom durch den Strompfad und den Strömen durch die beiden Spannungspfade. Mit der Spannung liegt der Strom durch die eine Teilspule in Phase. Der Strom durch die andere Teilspule soll der Spannung um 90° nacheilen. Das wird durch den Anschluß dieser Teilspule über eine (frequenzabhängige) Kunstschaltung, ähnlich der → Hummel-Schaltung, oder bei Drehstrom an die verkettete Außenleiterspannung (wie beim → Blindleistungsmesser) erreicht (Bild). Das Einfügen von L. in den Stromkreis erfolgt in direkter, häufiger in indirekter Schaltung über Meßwandler (→ Leistungsmesserschaltung).
L. sind so konstruiert, daß sie weitgehend unabhängig von Spannungs- und Stromschwankungen den $\cos \varphi$ anzeigen. Sie haben vielfach wegen der fehlenden Rückstellorgane im ausgeschalteten Zustand keine definierte Zeigerstellung. − Anh.: 84/*55*.

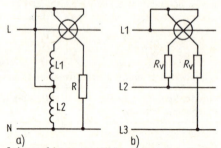

Leistungsfaktormesser. Elektrodynamisches Quotientenmeßwerk zur Leistungsfaktormessung; a) bei Einphasen-Wechselstrom (Zweileitersystem); b) im Drehstrom-Dreileitersystem

Leistungsfaktoren bei verschiedenartiger Belastung

Art der Last	Phasenwinkel	Leistungsfaktor $\cos \varphi$
Reiner Wirkwiderstand	$\varphi = 0°$	1
Reiner Blindwiderstand	$\varphi = 90°$	0
Induktive Last	$90° > \varphi > 0°$	< 1 (positiv)
Kapazitive Last	$-90° < \varphi < 0°$	< 0 (negativ)

Leistungsfaktormessung

Leistungsfaktormessung
Bestimmung des Werts des → Leistungsfaktors.
Zum gelegentlichen Überprüfen kann eine indirekte L. mit dem → Drei-Spannungsmesser- oder dem → Drei-Strommesser-Verfahren erfolgen. Auch nach → Strom-/Spannungs-/Frequenz-/Wirkleistungsmessung oder → Wirk- und → Blindleistungsmessung kann der Leistungsfaktor errechnet werden:

$$\cos\varphi = \frac{P_\sim}{U_\sim I_\sim} \quad \text{bzw.} \quad \cos\varphi = \frac{P_\sim}{\sqrt{P_\sim^2 + Q^2}}.$$

Durch Berechnung bzw. mit Hilfe eines Diagramms kann $\cos\varphi$ auch aus den Anzeigewerten beim Zwei-Leistungsmesser-Verfahren (→ Aron-Schaltung) ermittelt werden.
Die direkte L. und kontinuierliche Anzeige erfolgt hauptsächlich mit dem elektrodynamischen Quotientenmeßwerk als → Leistungsfaktormesser.
Bei Einphasen-Wechselstrom und bei symmetrisch belastetem Drehstrom, bei dem der Leistungsfaktor in allen Strängen gleich ist, genügt die Einschaltung eines Leistungsfaktormessers. Es wird der Leistungsfaktor des Außenleiters angezeigt, in dem der Strompfad liegt.
Bei zyklischer Vertauschung aller Strom- und Spannungsanschlüsse müssen bei unsymmetrischer Belastung die Leistungsfaktoren in jeder Phase separat ermittelt werden.

Leistungsmesser
(auch Leistungsmeßgerät; früher Wattmeter). Meßmittel zur → Leistungsmessung (Bild).

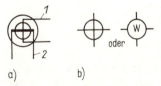

Leistungsmesser. Schaltungskurzzeichen; a) ausführlich; b) vereinfacht *1* Spannungspfad (Drehspule); *2* Strompfad (Feldspule)

Die meisten L. nutzen elektrodynamische → Meßwerke. Präzisionsl. werden als eisenlose Geräte ausgeführt; Schalttafelmeßgeräte und Schreiber enthalten einzelne oder mehrere (→ Mehrfachl.) eisengeschlossene Meßwerke.
Das elektrodynamische Meßwerk bildet das Produkt zweier Ströme unter Berücksichtigung von deren Phasenverschiebung. Fließt durch die dickdrähtige Feldspule der Laststrom (Strompfad) und wird die Drehspule (ggf. mit einem Vorwiderstand) so als Spannungspfad geschaltet, daß sie von einem der Spannung proportionalen Strom durchflossen wird, ist die Anzeige der Wirkleistung proportional: $\alpha \sim UI\cos\varphi$ (→ L.schaltung). In speziellen Schaltungen kann der elektrodynamische L. auch als → Blindleistungsmesser und seltener zur → Scheinleistungsmessung verwendet werden.
Teile des Meßwerks können auch dann schon überlastet werden, wenn der Zeiger noch nicht den Endausschlag erreicht hat, da die Anzeige vom Leistungsfaktor abhängt. Der volle Meßbereich darf nur ausgenutzt werden, wenn $\cos\varphi \geq 0,8$ ist. Die Erweiterung des Strombereichs kann durch Spulenumschaltung, Nebenwiderstände oder Spannungswandler im Strompfad erfolgen; Vorwiderstände oder Spannungswandler im Spannungspfad erweitern den Spannungsbereich. – Anh.: 11, 18, 42, 62, 63, 64, 69, 78, 83, 84 / 10, 24, 48, 57.

Leistungsmesser, selbstkorrigierender
→ Leistungsmesser mit Korrektionswicklung zum Ausgleich des Meßfehlers, der je nach → Leistungsmesserschaltung durch den Leistungseigenbedarf der Meßpfade auftritt.
S. L. leiten den Strom des Spannungspfads I_{GU} durch eine zweite feste Stromspule, die Korrektionsspule, so daß dieser Strom kompensiert wird (Bild).

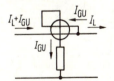

Leistungsmesser, selbstkorrigierender

Bei Verzicht auf die Selbstkorrektion kann die zweite Stromspule zur Meßbereichserweiterung benutzt werden.

Leistungsmesserschaltung
Grundsätzliche Möglichkeiten des Anschlusses von Meßgeräten zur → Leistungs- bzw. → Energiemessung.
Man unterscheidet beim Einfügen der Leistungs- bzw. Energiemesser in den Stromkreis unabhängig von der Meßgröße und des Stromsystems bzw. der Netzart die direkte, die halbindirekte und die (voll-)indirekte Leistungsmesserschaltung.

Leistungsmesserschaltung

Bei Leistungsmessern werden i. allg. die Wicklungen der Spannungsspulen für Spannungen unter 100 V ausgelegt. Bei Verwendung in den gebräuchlichen Netzen muß deshalb ein Vorwiderstand (R_v) in den Spannungspfad geschaltet werden. Dabei ist unbedingt darauf zu achten, daß der R_v zwischen Spannungsspule und dem Mittelleiter bzw. einem der Außenleiter liegt, der nicht über den Strompfad geführt wird. Anderenfalls könnten Überschläge zwischen Strom- und Spannungsspule auftreten. Ebenso sind die angegebenen Anschluß- und Erdungsvorschriften zu beachten und einzuhalten.

Während bei fest installierten Meßeinrichtungen die Vor- und ggf. auch die Nebenwiderstände und die Nennübersetzungen bei der Skalenteilung einbezogen sind, müssen sie bei allgemeinen Betriebs- und Labormeßgeräten eingemessen oder ihr Wert als Korrekturfaktoren berücksichtigt werden. Wird die Anzeige des Leistungsmessers „negativ", so ist entweder der Strom- oder der Spannungspfad umzupolen.

Je nach Anschluß des Spannungspfades unterscheidet man die stromrichtige und die spannungsrichtige → Schaltung. Für Schalttafelmeßgeräte und Elektrizitätszähler ist vorgeschrieben, daß die Spannungspfade in Energieflußrichtung gesehen vor den Strompfaden angeschlossen werden. Je nach Schaltungsvariante wird der → Leistungseigenbedarf des Strom- bzw. Spannungspfades mitgemessen. Bei genauen Messungen sowie bei der Messung kleiner Leistungen ist der Leistungseigenbedarf zu der gemessenen Leistung P zu addieren bzw. von ihr zu subtrahieren, je nachdem ob die Erzeuger- oder die Verbraucherleistung festgestellt werden soll (Tafel). Eine automatische Korrektion erfolgt bei selbstkorrigierenden → Leistungsmessern. – Anh.: 63, 64, 69, 83, 84, 119/ *30, 94, 95*.

Leistungsmesserschaltung, direkte

Variante der → Leistungsmesserschaltung mit unmittelbarem Anschluß des Meßgeräts.

Die Feldspule (Strompfad) eines → Leistungsmessers wird direkt in Reihe in den Stromkreis eingefügt. An der Drehspule (Spannungspfad) ggf. mit einem Vorwiderstand) liegt die Spannung (Bild).

Leistungsmesserschaltung, direkte

Bei der → Gleichstromleistungsmessung ist zur Meßbereichserweiterung ein direkter Anschluß an einen in das Netz eingefügten Nebenwiderstand möglich.

Leistungsmesserschaltung, halbindirekte

Variante der → Leistungsmesserschaltung mit mittelbarem Anschluß des Strompfads.

In den Stromkreis ist ein Stromwandler geschaltet, in dessen Sekundärkreis der Strompfad des → Leistungsmessers liegt. Der sekun-

Meßschaltungsvarianten

Von der Spannungsquelle abgegebene Leistung P_Q	Meßschaltung	Von der Last aufgenommene Leistung P_L
spannungsrichtig gemessen $P_Q = P + P_{Sp}$		stromrichtig gemessen $P_L = P - P_{St}$
stromrichtig gemessen $P_Q = P + P_{St}$		spannungsrichtig gemessen $P_L = P - P_{Sp}$

P vom Leistungsmesser angezeigter Wert; P_{Sp} Leistungseigenbedarf des Spannungspfades; P_{St} Leistungseigenbedarf des Strompfades

Leistungsmesserschaltung, halbindirekte

däre Nennstrom beträgt meist 5 A. Die Spannung liegt direkt am Spannungspfad (Bild).
Die h. L. wird oft bei Strömen über 10 A und Spannungen bis 1 kV angewendet.

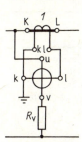

Leistungsmesserschaltung, halbindirekte. *1* Stromwandler

Leistungsmesserschaltung, indirekte
Variante der → Leistungsmesserschaltung mit mittelbarem Anschluß beider Meßpfade.
Strom- und Spannungspfad des → Leistungsmessers werden an den Sekundärwicklungen eines Stromwandlers und eines Spannungswandlers angeschlossen (Bild). Die sekundären Nennwerte der Wandler betragen i. allg. 5 A und 100 V.

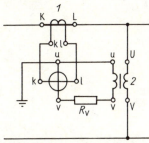

Leistungsmesserschaltung, indirekte. *1* Stromwandler; *2* Spannungswandler

Die i. L. wird hauptsächlich bei der Blindleistungsmessung und zur Wirkleistungsmessung in Hochspannungsanlagen angewendet.

Leistungsmeßkoffer
Meßgerätezusammenstellung zur ambulanten → Leistungsmessung.
Für häufige Messungen in Betrieben und Werkstätten an wechselnden Meßstellen werden L. hergestellt. Sie enthalten die erforderlichen Meßgeräte, das notwendige Zubehör und Schaltungsunterlagen. Vorgefertigte Teilschaltungen und Umschalter ermöglichen eine Anpassung an die jeweilige Netzart, die auftretenden Spannungen und Ströme und die zeitsparende Ermittlung verschiedenster Werte der elektrischen → Leistung.

Leistungsmeßschleife
→ *Schleifenschwingermeßwerk mit einem Elektromagneten.*
Die L. mißt analog dem elektrodynamischen → Meßwerk das Produkt zweier elektrischer Größen und ermöglicht so die Registrierung des zeitlichen Verlaufs der Leistung in einem → Lichtstrahloszillografen.

Leistungsmessung
Bestimmung des Werts der elektrischen → Leistung.
Bei der L. müssen die verschiedenen Formen der Leistung berücksichtigt werden; man unterscheidet → Wirkl., → Blindl. und → Scheinl.
Zur L. gehört vielfach die → Leistungsfaktormessung. Die → Verzerrungsleistung kann nur rechnerisch ermittelt werden. Die Anzahl der → Leistungsmesser und deren Schaltung richten sich nach dem Stromsystem (Tafel auf Seite 84).
Elektronische Meßgeräte zur L. basieren hauptsächlich auf dem Prinzip des Hallgenerators oder verwenden elektronische Multiplizierschaltungen, sind aber wegen des hohen Schaltungsaufwands bisher wenig verbreitet.

Leitungssuchgerät, elektronisches
Häufig eingesetztes Meßgerät bei Elektroinstallateuren.

Leuchtdichtemesser
Meßgerät zur Messung der Leuchtdichte.
Als L. werden meist → Beleuchtungsstärkemesser mit Zusatzgeräten benutzt. Im Unterschied zum Beleuchtungsstärkemesser erfordert der L. keine Kosinuskorrektur.
Zur Messung der Leuchtdichte muß die leuch-

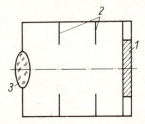

Leuchtdichtemesser. *1* Empfänger; *2* Blenden; *3* Linse

Leuchtdichtemesser

Leistungsmessung in verschiedenen Stromsystemen

Stromsystem		Wirk-leistungs-messung	Blind-leistungs-messung	Schein-leistungs-messung
Gleichstrom-Zweileitersystem		6.1, 7, 8	–	–
Einphasenwechselstrom-Zweileitersystem		3, 4, 6.2, 8 u. 13 komb.	9, 10	ggf. in jedem Außenleiter 5 u. 6 kombiniert, 6 mit vorgeschaltetem Gleichrichter, 7, 8
Drehstrom-Vierleitersystem	symmetr. belastet	2, 6.3	1, 5, 9	
	unsymmetrisch belastet	2, 12.1	1, 12.2	
Drehstrom-Dreileitersystem	symmetr. belastet	2, 6.3	5	
	unsymmetrisch belastet	2, 11.1	11.2	

1 → Drei-Blindleistungsmesser-Verfahren
2 → Drei-Leistungsmesser-Verfahren
3 → Drei-Spannungsmesser-Verfahren
4 → Drei-Strommesser-Verfahren
5 → Ein-Blindleistungsmesser-Verfahren
6 → Ein-Leistungsmesser-Verfahren
7 → In-Watt-kalibrierter-Strommesser
8 → Leistungsbestimmung durch Strom- und Spannungsmessung
9 Leistungsmessung mit → Hummel-Schaltung
10 → Strom-/Spannungs-/Wirkleistungs-Messung
11 Zwei-Leistungsmesser-Verfahren (→ Aron-Schaltung)
12 Zwei-Leistungsmesser-Verfahren (→ duale Aron-Schaltung)
13 → Leistungsfaktormessung

tende oder beleuchtete Fläche auf dem Empfänger abgebildet werden. Leuchtdichtevorsätze (Bild) bestehen aus Blenden und ggf. Linsen. – Anh.: 12, 13, 14/ *80, 101*.

Leuchtdichtemessung
Ermittlung der Helligkeit einer Lichtquelle oder einer beleuchteten Fläche.
Die direkte L. erfolgt mit einem → Leuchtdichtemesser.
Beim indirekten Meßverfahren ergibt sich die Leuchtdichte als Quotient der gemessenen Lichtstärke und der leuchtenden Fläche.

Lichtblitzstroboskop
Meßgerät zur optischen Drehzahlmessung.
Beim L. sendet eine Lichtquelle kurze Lichtimpulse (Lichtblitze) bekannter und einstellbarer Folgefrequenz zum Drehkörper mit der zu messenden Frequenz (Bild). Wenn für einen Beobachter (oder Aufnehmer) der Dreh-

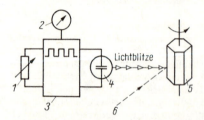

Lichtblitzstroboskop. *1* Folgefrequenzsteller; *2* Drehzahlanzeige; *3* Impulsgenerator; *4* Lichtquelle; *5* Drehkörper (Meßobjekt); *6* Beobachter (Aufnehmer)

Lichtblitzstroboskop

körper oder eine auf ihm angebrachte Marke scheinbar stillsteht, ist die Folgefrequenz gleich der Drehzahl.

Lichtmarkengalvanometer

→ *Galvanometer hoher Empfindlichkeit mit Spannbandlagerung oder Bandaufhängung und Anzeige mittels* → *Lichtzeigers.*
Im Unterschied zum → Spiegelgalvanometer sind beim L. Meßwerk mit Spiegel, Lichtquelle, Optik und Skala in einem Gehäuse untergebracht.

Lichtstrahloszillograf

(auch Schleifenoszillograf). Elektromechanischer Oszillograf als → *Schreiber mit Lichtzeigermeßwerken.*
Ein Lichtstrahl wird am Spiegel spezieller Meßwerkbauformen (→ Schleifenschwingermeßwerk, → Stiftgalvanometer) reflektiert und auf lichtempfindlichem → Diagrammträger registriert. So können elektrische und gewandelte nichtelektrische Größen mit Frequenzen bis etwa 10 kHz reibungsfrei und dauerhaft aufgezeichnet werden. Die Registrierung kann mit sichtbarem Licht und anschließender fotochemischer Naßentwicklung oder als Direktaufzeichnung mit ultraviolettem Licht erfolgen.

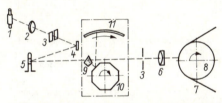

Lichtstrahloszillograf. Strahlengang; *1* Lichtquelle; *2* Kondensor; *3* Schlitzblende; *4* Umlenkspiegel; *5* Meßwerk mit Meßwerkspiegel; *6* Optik; *7* Registrierstreifen; *8* Aufnahmetrommel; *9* Prisma; *10* Polygonspiegel; *11* Mattscheibe

Das am Meßwerkspiegel reflektierte Lichtbündel wird durch optische Baugruppen auf den Diagrammträger geworfen (Bild). Bei L. ohne UV-Schreibtechnik wird ein Teil des Lichtstrahls durch ein Prisma auf einen Polygon-(Vielfach-)Spiegel, der sich mit der Aufnahmetrommel dreht, gelenkt. So kann der zu messende periodische Vorgang als stehendes Bild auf einer Mattscheibe kontrolliert werden. – Anh.: – / 90.

Lichtzeiger

Masse- und trägheitsloser Lichtstrahl als → *Zeiger.*
Der L. ermöglicht gegenüber dem → Massezeiger leichtere bewegliche Organe mit kleinem Trägheitsmoment. An die Stelle des körperlichen Zeigers tritt ein Spiegel, auf den eine Lichtmarke projiziert wird. Der Lichtstrahl wird reflektiert und auf einer weißen oder durch eine transparente Skala abgebildet (Bild). Die Spiegelung bewirkt eine Verdopplung des Ausschlagwinkels. Durch mehrfache Reflexion an festmontierten Spiegeln läßt sich die L.„länge" vergrößern. Diese Maßnahmen ermöglichen höhere → Empfindlichkeiten. – Anh.: 6, 83 / 24, 57.

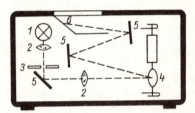

Lichtzeiger. (schematisch); *1* Lampe; *2* Kondensor; *3* Blende; *4* Meßwerkspiegel (verbunden mit dem beweglichen Organ); *5* festmontierte Planspiegel; *6* Skala

Lindeck/Rothe-Kompensator

→ *Gleichspannungskompensator nach dem Strommeßverfahren.*
Der Spannungsabfall am Normalwiderstand, der durch Änderung des Hilfsstroms mittels Einstellwiderstand eingestellt werden kann, wird mit der zu messenden Spannung verglichen (Bild).

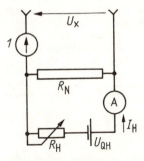

Lindeck/Rothe-Kompensator. U_X zu messende Spannung; R_N Normalwiderstand; R_H Einstellwiderstand; I_H Hilfsstrom; *1* Galvanometer als Nullindikator

Lindeck/Rothe-Kompensator

Die Kompensation ist erreicht, wenn das Galvanometer Null zeigt, es gilt:

$U_x = I_H R_N$.

Da R_N konstant ist, ist die Anzeige des Strommessers für den Hilfsstrom unmittelbar ein Maß für die gesuchte Spannung:

$U_x \sim I_H$.

Anh.: 80, 136 / *12, 19, 69.*

Linienschreiber
→ *Schreiber, der durch ständigen Kontakt zwischen Schreiborgan und Diagrammträger einen kontinuierlichen Kurvenzug registriert.*
L. können als → Meßwerk-, → Kompensations- oder → Koordinatenschreiber ausgeführt werden.
Auch → Lichtstrahloszillografen können als L. betrachtet werden. – Anh.: 28, 29, 30, 87, 88 / *22, 49, 50, 51.*

Lissajous-Figur
Schwingungsbild, das bei der Anregung eines Systems mit zwei Schwingungen, die ein festes Frequenzverhältnis haben, aus zwei um 90° versetzten Richtungen entsteht.
In der elektrischen Meßtechnik werden sie zum oszilloskopischen → Frequenzvergleich mittels L. und als Phasenellipse zur oszilloskopischen → Phasenwinkelmessung genutzt.

Luftkammerdämpfung
→ Kammerdämpfung

Lumineszenzdiode
(Leuchtdiode). Lichtemittierende Diode (LED).
Unter bestimmten Bedingungen sendet ein in Durchlaßrichtung betriebener pn-Übergang Lichtquanten aus. Das erzeugte Licht ist nahezu einfarbig (infrarot, rot, gelb oder grün).
L. werden in der Meßtechnik hauptsächlich zur punktförmigen Anzeige oder als Leuchtelemente in → Mosaik- oder → Segmentanzeigen genutzt.

M

Marke
Kurzform für → *Anzeigenmarke.*

Maß
1. → *Maßverkörperung,*
2. umgangssprachliche Kurzform für *Maßeinheit* (→ *Einheit*).
3. Wortverbindungen mit „-maß" dienen der Kennzeichnung der Eigenschaften eines Meßobjekts durch das logarithmierte Verhältnis zweier Energie- und Feldgrößen (z. B. Pegelmaß).

Maßeinheit
Kurzform für → *Einheit einer (physikalischen) Größe.*

Massezeiger
Körperlicher → *Zeiger mit möglichst geringem Gewicht.*
Form und Größe eines M. müssen dem Verwendungszweck und der zugehörigen → Skala angepaßt sein und ein möglichst irrtums- und fehlerfreies Ablesen gestatten.

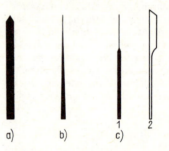

Massezeiger. a) Balkenzeiger; b) Nadelzeiger; c) Messerzeiger
(*1* Ansicht von oben; *2* Ansicht von der Seite)

● Balkenzeiger (Bild a) aus legiertem Aluminium verwendet man bei Betriebsmeßgeräten der Genauigkeitsklassen über 2. Wegen ihrer relativ großen Breite ist ein gutes Ablesen besonders aus größerer Entfernung gewährleistet.
● Nadelzeiger (Bild b) sind meist aus gefärbtem und gezogenem Glas hergestellt. Sie werden für Meßgeräte mittlerer Genauigkeit verwendet und erlauben auch das Ablesen auf mehreren Teilungen einer Skala.
● Messerzeiger (Bild c), die meist aus legiertem Aluminium hergestellt sind, nutzt man für Fein- und Betriebsmeßgeräte höherer Genauigkeit. Zum parallaxenfreien Ablesen werden die zugehörigen Skalen vielfach in einem schmalen Streifen mit einem Spiegel hinterlegt. – Anh.: 83 / *24, 57.*

Maßverkörperung

Maßverkörperung
(kurz Maß). → *Meßmittel, das bestimmte einzelne oder mehrere Werte einer Größe verkörpert.*
Man unterscheidet einwertige M. (z. B. Normalwiderstand, Normalelement, Wägestück) und mehrwertige M. (z. B. Dekadenwiderstand, Kapazitätsdekaden).
Mehrere M., die sich in verschiedenen Zusammensetzungen nutzen lassen, bilden einen M.satz.
Die „Anzeige" einer M. ist ihre Aufschrift, d. h. die Angabe des Soll- bzw. Nennwerts.
M. können als → Normal genutzt werden. – Anh.: 6/77.

Maßzahl
→ Zahlenwert einer Größe

Maximalwert
→ Scheitelwert

Maximumzähler
(Maximeter). → *Elektrizitätszähler, der im Unterschied zum* → *Überverbrauchszähler die von einem Abnehmer beanspruchte Höchstlast ermittelt.*
Naturgemäß schwankt die Belastung. Kurzfristige, nur Sekunden oder wenige Minuten dauernde Spitzen würden die Zählung und damit den Preis der aufgenommenen Leistung unangemessen beeinflussen. Um brauchbare Mittelwerte zu erhalten, wird die Leistung auf eine Zeiteinheit t_m, die Meßperiode, von meist 15 min, aber auch 30 oder 60 min Dauer bezogen. Das Leistungsmaximum oder die Höchstlast ist demnach die höchste mittlere Leistung einer Meßperiode, die innerhalb der Ableseperiode t_a gemessen wurde (Bild).

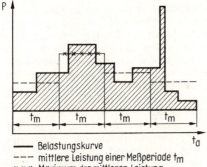

— Belastungskurve
--- mittlere Leistung einer Meßperiode t_m
××× Maximum der mittleren Leistung

Maximumzähler

M. haben einen Schleppzeiger oder eine Trommelskala. Diese werden in jeder Meßperiode von der Mittelwertanzeige mitgenommen. Sie bleiben auf dem jeweils größten Mittelwert stehen. Nach einer längeren Ableseperiode, z. B. einem Monat, wird dieser Maximalwert auf das Maximumzählwerk übertragen. Das Maximumzählwerk summiert die in den einzelnen Ableseperioden anfallenden, über die Meßperiode gemittelten Höchstlasten. – Anh.: 91/16.

Maxwell-Meßbrücke
(LLRR-Meßbrücke). → *Wechselstrommeßbrücke zur Messung der Selbstinduktivität und der Güte von Spulen sowie der Gegeninduktivität vorzugsweise bei tiefen und mittleren Frequenzen.*
Zur Selbstinduktivitäts- und Gütebestimmung wird das Meßobjekt (Spule mit L_x und ihrem Verlustwiderstand R_w) mit einer Normalinduktivität L_N, deren Verlustwiderstand bekannt sein muß und in den Phasenabgleichwiderstand R_{ph} einbezogen wird, verglichen. Der Betragsabgleich erfolgt mit dem ohmschen Spannungsteiler, der als Schleifdrahtpotentiometer oder aus winkelfreien Einzelwiderständen R3 und R4 realisiert werden kann (Bild a).
Nach dem Brückenabgleich gilt

$$L_x = L_N \frac{R_3}{R_4}; \quad R'_w = R_{ph} \frac{R_3}{R_4}; \quad \tan \delta_L = \frac{\omega L_N}{R_{ph}}$$

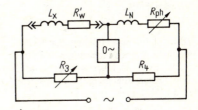

a)

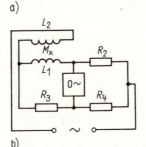

b)

Maxwell-Meßbrücke. Induktivitätsmeßbrücke nach Maxwell; a) zur Messung an Spulen; b) zur Messung der Gegeninduktivität

Maxwell-Meßbrücke

Zur Bestimmung der Gegeninduktivität werden die beiden Spulen ihrem Wicklungssinn entsprechend gegeneinander geschaltet in den oberen Brückenzweig eingefügt (Bild b).
Der Betriebswechselstrom durchfließt die Spule L2 bevor er die Brücke speist. Über die Gegeninduktivität M wird in der Wicklung L1 eine Spannung induziert. Mit der zuvor ermittelten Selbstinduktivität L_1 ergibt sich (unter der Bedingung $L_1 > M$) die Gegeninduktivität

$$M_x = \frac{L_1}{1 + \frac{R_2}{R_4}}$$

Maxwell/Wien-Meßbrücke
→ *Wechselstrommeßbrücke, die durch die Kombination der → Maxwell- und der → Wien-Meßbrücke entsteht.*

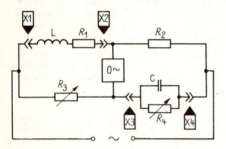

Maxwell/Wien-Meßbrücke

Die M. (Bild) kann zur Messung der Kennwerte von Spulen und Kondensatoren, vielfach auch zur Wirkwiderstandsmessung genutzt werden. Die beiden allgemeinen Abgleichbedingungen der M. lauten

$$R_2 R_3 = \frac{L}{C} \quad \text{und} \quad \frac{R_1}{R_2} = \frac{R_3}{R_4}$$

Zur Messung an Spulen wird das Meßobjekt (Ersatzschaltung mit $L = L_x$ und $R_1 = R_w$) an den Meßbuchsen X1 und X2 angesteckt. Im Gerät sind an den Klemmen X3 und X4 ein Meßkondensator C_N und der Widerstand R4 angeschlossen. Nach dem Nullabgleich mit R3 und R4 ergeben sich für die unbekannte Spule

$$L_x = C_N R_2 R_3; \quad R_w = \frac{R_2 R_3}{R_4}; \quad \tan \delta_L = \frac{1}{\omega C_N R_4}$$

Zur Messung an Kondensatoren sind X3 und X4 die Meßbuchsen, an die das Meßobjekt (Ersatzschaltung mit $C = C_x$ und $R_4 = R_v''$) angesteckt wird. Innerhalb des Geräts wird an den Klemmen X1 und X2 eine Meßspule L_N mit einem Wirkwiderstand R1 angeschlossen. Der Nullabgleich wird durch Einstellen von R3 erreicht. Für den unbekannten Kondensator ergeben sich

$$C_x = \frac{L_N}{R_2 R_3}; \quad R_v'' = \frac{R_2 R_3}{R_1}; \quad \tan \delta_C = \frac{R_1}{\omega L_N}$$

Mehrbereichsspannungsmesser
Spannungsmeßgerät mit mehreren Meßbereichen, die durch eine stufenweise → Spannungsmeßbereichserweiterung entstehen.
Mehrere umschaltbare Vorwiderstände R_v werden in Reihe zum Meßwerk geschaltet (Bild). Der Kontaktübergangswiderstand $R_ü$ des Schalters kann wegen der relativ hochohmigen Vorwiderstände vernachlässigt werden.

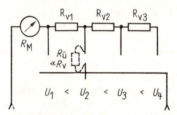

Mehrbereichsspannungsmesser

M. gibt es als selbständiges Meßgerät, oder er ist Bestandteil von → Vielfachmessern. – Anh.: 6/–

Mehrbereichsstrommesser
Strommeßgerät mit mehreren Meßbereichen, die durch eine stufenweise → Strommeßbereichserweiterung entstehen.
Die einfachste Schaltung mit der Umschaltung einzelner Nebenwiderstände (Bild a) ist praktisch nicht nutzbar. Der Kontaktübergangswiderstand $R_ü$ liegt im Nebenschluß, d. h. jeweils in Reihe zu den niederohmigen Nebenwiderständen R_n. Er wird von I_n durchflossen, bestimmt dessen Größe und verfälscht so die Anzeige.
In der Praxis wird hauptsächlich der → Ayrton-Shunt (Bild b) genutzt, der den Einfluß des unvermeidlichen Kontaktübergangswiderstands eliminiert.
M. gibt es als selbständiges Meßgerät, oder er ist Bestandteil von → Vielfachmessern. – Anh.: 6/–

Mehrbereichsstrommesser

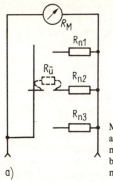

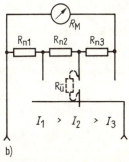

Mehrbereichsstrommesser.
a) einfachste, praktisch nicht genutzte Schaltung;
b) praktikable Schaltung mit Ayrton-Shunt

Mehrbereichsstromwandler
Bauform des → Stromwandlers.
Bei fest installierten M. trägt der Kern zwei oder mehr Sekundärwicklungen (Bild).
Mobile M. sind als → Durchsteckwandler bekannt. – Anh.: 50, 119/30, 94, 95.

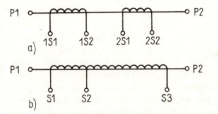

Mehrbereichsstromwandler. a) mit mehreren getrennten Sekundärwicklungen; b) mit Anzapfungen an der Sekundärwicklung

Mehrfachleistungsmesser
→ *Leistungsmesser, der zwei oder drei mechanisch gekoppelte Meßwerke enthält.*
Die meßwertabhängigen Kräfte aller Meßwerke wirken auf eine gemeinsame Achse, so daß die Drehmomente mechanisch addiert werden und der Zeiger die Gesamtleistung anzeigt.

M. sind nicht universell verwendbar, sondern nur für das vorgesehene Stromsystem (Netzart) zu gebrauchen.

Mehrfachteilung
→ Teilungsanordnung

Mehrpunkt(meß)signal
Diskretes → Meßsignal, dessen Informationsparameter mehrere (diskrete) Werte annehmen kann.
M. können kontinuierliche oder diskontinuierliche Meßsignale sein.
Eine besondere Rolle in der Technik spielen M. mit einem Wertevorrat 2, daher binäre Meßsignale genannt.

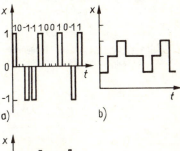

Mehrpunkt(meß)signal. (Beispiele) a) diskontinuierliches Dreipunktsignal; b) kontinuierliches Fünfpunktsignal; c) diskontinuierliches Achtpunktsignal

Weit verbreitet sind auch Dreipunktsignale (Bild a). Sie entstehen oft als Ausgangssignal von kontaktgebenden Meßgeräten. Die 3 Informationsparameter werden dann durch die Schaltzustände der Grenzwertkontakte gegeben: der Meßwert hat den unteren oder oberen Grenzwert unter- bzw. überschritten (Zustände -1 und $+1$), oder er liegt innerhalb der Grenzen (Zustand 0).
Je nach Notwendigkeit läßt sich die Anzahl der Informationsparameter in einem technisch und ökonomisch sinnvollen Bereich erweitern (Bilder b und c).

Mehrtarifzähler
→ *Elektrizitätszähler, bei dem das Triebwerk mit*

Mehrtarifzähler

verschieden (bis zu vier) Zählwerken gekuppelt wird.
Die Umschaltung zwischen den Zählwerken mit verschiedenen Übersetzungen und damit zwischen den Tarifen erfolgt durch eine Schaltuhr oder durch Fernsteuerung mit Hilfe einer durch Elektromagnete (sog. Tarifauslöser) betätigten Schwenkachse, Differentialkupplung oder Hemmung. – Anh.: 95/ –

Meißner-Oszillator
Oszillatorschaltung zur Erzeugung sinusförmiger Schwingungen.
Beim M. wird der Verstärkervierpol in Form einer Elektronenröhre, eines Transistors oder integrierten Schaltkreises mit einem Rückkopplungsvierpol als Schwingkreis mit Übertragerkopplung verbunden (Bild).
Die Mitkopplungsbedingung wird erreicht durch Rückführung eines Teils des Ausgangssignals an den Eingang des Verstärkers über den Übertrager.

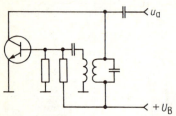

Meißner-Oszillator

Meßanlage
Festinstallierte Anlage, die eine oder mehrere → Meßeinrichtungen umfaßt.
Anh.: 6/77.

Meßanordnung
→ Meßeinrichtung, die Versuchszwecken dient und, im Unterschied zur → Meßanlage, nicht fest installiert ist.
Anh.: 6/77.

Meßbedingung
Äußere Bedingungen und Einflüsse, die während der Messung auf die Meßgröße einwirken oder in sonstiger Weise den Meßwert beeinflussen können.
Um Meßergebnisse miteinander vergleichen und/oder mit den Verfahren der → Fehlerstatistik verarbeiten zu können, muß sichergestellt bzw. überprüft werden, ob die Messungen unter den gleichen M. und unabhängig voneinander durchgeführt worden sind.

Die in der Praxis auftretenden Versuchsvoraussetzungen liegen zwischen zwei Grenzfällen: einerseits → Wiederholbedingungen und andererseits → Vergleichsbedingungen – Anh.: 6/77.

Meßbereich
Bereich der Werte einer Meßgröße, für deren Anzeige die Genauigkeitsfestlegungen (→ Genauigkeitsklasse) eingehalten werden.
Der M. wird durch einen Anfangs- und Endwert (bzw. durch die untere und obere Meßgrenze) oder durch den Anfangswert und Umfang angegeben. Als M.endwert von Strom-, Spannungs-, Wirkleistungs- und Blindleistungsmessern sollen die Werte 1,2; 1,25; 1,5; 2; 2,5; 3; 4; 5; 6; 7,5; 8 oder deren dekadische Vielfache oder Teile benutzt werden. Der M. kann den gesamten → Anzeigebereich oder nur einen Teil desselben umfassen. Bei Strichskalen wird der M. auch als Arbeitsteil der Skala bezeichnet und durch Punkte an den Teilungsmarken gekennzeichnet, wenn er sich vom Anzeigebereich unterscheidet.
Der Umfang des M. wird als Meßspanne bezeichnet.
Meßmittel können mehrere M. haben; vielfach wird dann ein → Gesamtmeßbereich genannt.
Bei zählenden Meßeinrichtungen, z. B. bei Elektrizitätszählern, wird anstelle des M. der → Belastungsbereich angegeben. – Anh.: 6, 63, 64, 83/24, 31, 57, 77.

Meßbereichserweiterung
Anpassung der Eigenschaften eines → Meßwerks an eine Meßaufgabe.
Ein Meßwerk mit einem Widerstand, ggf. einschließlich der → Swinburne-Schaltung, kann nur mit einer bestimmten Stromstärke bzw. Spannung, die diesen Strom antreibt, bei Endausschlag belastet werden. Sollen darüber hinausgehende Ströme bzw. Spannungen gemessen werden, müssen Widerstände parallel bzw. in Reihe zum Meßwerk geschaltet werden.
Man unterscheidet → Strom- und → Spannungsm.
Aus der Kombination des Meßwerks mit diesen berechenbaren Schaltelementen entstehen Strom- bzw. Spannungsmeßgeräte.
Bei Meßwerken, bei denen der Strom durch eine Meßspule fließt, z. B. Dreheisenmeßwerk, erfolgt die Stromm. durch Umschalten von Teilen dieser Feldspule.
Bei der Messung großer Wechselströme und

Meßbereichserweiterung

-spannungen werden zur M. Strom- bzw. Spannungswandler mit standardisierten Sekundärgrößen vor geeignete Meßgeräte geschaltet.

Meßbrücke
Brückenschaltung zur Messung elektrischer oder dazu gewandelter nichtelektrischer Größen.
Zur M. werden vier i. allg. komplexe Widerstände Z oder Widerstandskombinationen in einem Ring so angeordnet, daß sich die Parallelschaltung von zwei Spannungsteilern ergibt (Bild). An diese Parallelschaltung wird eine (Betriebs- oder Meß-)Spannung gelegt. An den Spannungsteilerabgriffen entsteht das Ausgangssignal x_a.

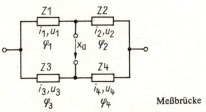

Meßbrücke

Das Ausgangssignal kann angezeigt werden (→ Ausschlagm.), oder es wird durch Abgleich Null (→ Nullabgleichm.). Je nachdem wie der Brückenabgleich erfolgen soll, können alle M.arten als → Stufenwiderstands- oder → Schleifdrahtm. ausgeführt werden. Nach Art der Betriebsspannung unterscheidet man → Gleichstrom- und → Wechselstrom (Tafel). Die Meßunsicherheit der M. wird von deren Empfindlichkeit, d. h. von der Ausgangssignaländerung bei kleiner Änderung der Brückenimpedanzen, von der Empfindlichkeit des Anzeige- bzw. Indikatorgeräts, der Genauigkeit der Vergleichsimpedanzen und dem Wert der Betriebsspannung bestimmt. – Anh.: 139/69.

Meßbrücke mit vier Blindwiderständen
→ *Wechselstrommeßbrücke zur Messung von Induktivitäten und Kapazitäten vornehmlich bei höheren Frequenzen.*
Die nur aus Blindwiderständen mit geringen, unvermeidlichen Verlusten bestehenden Meßbrücken können in drei Varianten aufgebaut werden.

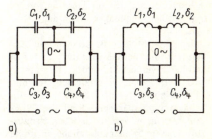

Meßbrücke mit vier Blindwiderständen. a) CCCC-Brücke; b) LLCC-Brücke

Die CCCC-Brücke (Bild a) setzt sich aus 4 Kondensatoren mit den Kapazitäten C und Verlustwinkeln δ_C zusammen. Mit den allgemeinen → Meßbrückenabgleichbedingungen gilt wegen $Z \approx 1/\omega C$ und $\delta = -90° + \varphi$ bei dieser Brücke

$$\frac{C_1}{C_2} = \frac{C_3}{C_4} \quad \text{und} \quad \delta_1 - \delta_2 = \delta_3 - \delta_4.$$

Diese Brücke wird zur Messung verlustarmer Kondensatoren genutzt, so daß auf den Abgleich der Wirkkomponenten verzichtet werden kann.
Die LLLL-Brücke hat für Meßzwecke nur ge-

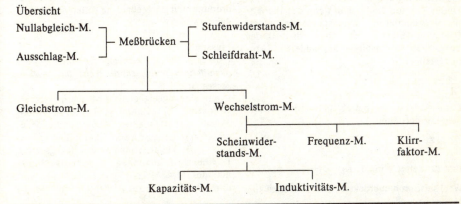

Meßbrücke mit vier Blindwiderständen

Meßbrücke mit vier Blindwiderständen

ringe Bedeutung. Ihre Verhältnisse sind denen der CCCC-Brücke analog.

Bei der LLCC-Brücke (Bild b) besteht der eine Spannungsteiler aus 2 Spulen mit den Induktivitäten L und den Verlustwinkeln δ_L. Der parallel geschaltete Spannungsteiler setzt sich aus 2 Kondensatoren (mit C und δ_C) zusammen. Hier gelten die Abgleichbedingungen

$$\frac{L_1}{L_2} = \frac{C_4}{C_3} \quad \text{und} \quad \delta_1 - \delta_2 = \delta_4 - \delta_3.$$

Diese Brücke eignet sich zur Messung von Induktivitäten bei Frequenzen bis in den MHz-Bereich.

Bei allen drei M. m. v. B. können die Anschlüsse für die Betriebsspannung und den Nullindikator vertauscht werden. Kann man auf den Verlustabgleich verzichten, so muß zum Betragsabgleich eine Kapazität oder Induktivität veränderbar sein. Sind die Wirkkomponenten nicht vernachlässigbar, so müssen zum Phasenabgleich zusätzliche, in Reihe oder parallel liegende Wirkwiderstände, von denen einer einstellbar sein muß, vorgesehen werden.

M. m. v. B. werden auch vielfach als → Ausschlagmeßbrücken zur elektrischen Messung geeignet gewandelter nichtelektrischer Größen verwendet.

Meßbrückenabgleichbedingung

Allgemeine Bedingungen, unter denen das Ausgangssignal einer → Meßbrücke Null wird.

Im allgemeinsten Fall wird eine Meßbrücke aus vier (komplexen) Scheinwiderständen $Z_1^<$ und $Z_4^<$ gebildet (Bild). Die Brückenschaltung ist abgeglichen, wenn das vom Nullindikator angezeigte Ausgangssignal, d. h. die Spannung u_{CD} bzw. der Strom i_{CD}, Null ist. Dieser Zustand ergibt sich, wenn das Verhältnis der komplexen Widerstände des einen Spannungsteilers gleich dem Verhältnis der komplexen Widerstände des anderen Spannungsteilers ist:

$$\frac{Z_1^<}{Z_2^<} = \frac{Z_3^<}{Z_4^<}.$$

Daraus folgt für die Beträge (Absolutwerte) der Scheinwiderstände

$$\frac{Z_1}{Z_2} = \frac{Z_3}{Z_4}$$

und für deren Winkel $\varphi_1 - \varphi_2 = \varphi_3 - \varphi_4$.

Wechselstrommeßbrücken sind nur abgeglichen, wenn Betrags- und Phasenwinkelabgleichbedingungen gleichzeitig durch wechselseitiges Betätigen der Abgleichorgane erfüllt ist.

chen, wenn Betrags- und Phasenabgleichbedingungen gleichzeitig durch wechselseitiges Betätigen der Abgleichorgane erfüllt ist.

Bei Gleichstrommeßbrücken sind die Scheinwiderstände (winkelfreie) Wirkwiderstände. Hier genügt der Betragsabgleich:

$$\frac{R_1}{R_2} = \frac{R_3}{R_4}.$$

Frequenzmeßbrücken sind abgeglichen, wenn die zu messende Frequenz mit der Brückeneigenfrequenz übereinstimmt. – Anh.: 139/69.

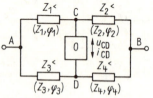

Meßbrückenabgleichbedingung

Meßeinrichtung

Gesamtheit von Einzelmeßmitteln und Hilfseinrichtungen zur Lösung einer Meßaufgabe.

Eine M. besteht aus einem → Meßgerät oder aus mehreren zusammenwirkenden → Meßmitteln und Zusatzeinrichtungen. Sie verwirklicht das nach einem bestimmten → Meßprinzip ausgewählte → Meßverfahren.

Das Zusammenwirken und die Funktionsaufteilung in einer M. zu einem Meßsystem wird zunehmend, vor allem bei umfangreicheren Meßaufgaben, programmtechnisch durch Mikrorechner gesteuert.

Bei Notwendigkeit kann zwischen → Meßanordnung und → Meßanlage differenziert werden. – Anh.: 6/4, 77.

Messen

Experimentelle → metrologische Tätigkeit des quantitativen Bestimmens des Werts einer physikalischen Größe.

Die in einem geeigneten → Meßverfahren verwendeten → Meßmittel (z. B. Lineal, Strommesser) gestatten einen Vergleich der Meßgröße (z. B. Länge, Stromstärke) mit einer Einheit (z. B. Meter, Ampere) als Bezugsgröße. Das beim M. gewonnene quantitative Merkmal des Meßobjekts, der → Meßwert, wird durch das Produkt aus Zahlenwert und (Maß-)

Messen

Einheit angegeben (z. B. 0,74 m, 162 mA) und ist im einfachsten Fall bereits das → Meßergebnis.
Beim statischen M. wird die Meßgröße als zeitunabhängig, d. h. unveränderlich wenigstens während der Dauer der Messung, angenommen (z. B. Gleichstrommessung, Messung des Effektivwerts einer Wechselspannung). Beim dynamischen M. wird das Ziel verfolgt, die augenblicklichen Werte einer physikalischen Größe oder deren zeitliche Veränderung zu bestimmen (z. B. Messungen mit dem Oszilloskop oder mit Schreibern).
M. ist oft Voraussetzung für das → Prüfen. – Anh.: 6, 130, 147/77.

-messer
Häufig verwendete Kurzbezeichnung für -meßgerät oder -meßeinrichtung, wobei vielfach die zu messende Größe vorangestellt wird (z. B. Strommesser, Widerstandsmesser).
Derartige Zusammensetzungen sollten nur dort angewendet werden, wo sie unmißverständlich sind. Sie ersetzen vielfach die Kombination der Maßeinheit mit dem Nachsatz -meter (z. B. Amperemeter, Ohmmeter), die zukünftig vermieden werden müssen.

Meßergebnis
Ziel einer Messung als quantitative Angabe.
Ein → Meßwert kann bereits das M. darstellen. Vielfach wird das M. jedoch aus einem oder mehreren Meßwerten gleicher oder verschiedener physikalischer Größen nach einer vorgegebenen eindeutigen Beziehung mathematisch ermittelt; z. B. Strom- und Spannungsmessung (Meßwerte: $I = 4,0$ mA und $U = 22,4$ V) zur Widerstandsbestimmung ($R = U/I$ – Meßergebnis: $R = 5,6$ kΩ). Das zunächst gewonnene M. bezeichnet man als rohes (unkorrigiertes) M. Ein berichtigtes (korrigiertes) M. erhält man nach → Fehlerrechnung durch Angabe des absoluten oder relativen → Fehlers bzw. der → Meßunsicherheit. – Anh.: 6, 18, 130, 147/33, 66, 73.

Messerzeiger
→ Massezeiger

Meßfehler
(Meßabweichung, kurz auch nur Fehler). Verfälschung eines → Meßergebnisses.
M. ist ein Sammelbegriff für alle Abweichungen eines durch Messen gewonnenen Werts einer Größe von einem als richtig geltenden Wert (z. B. dem wahren bzw. richtigen → Wert oder dem → Sollwert).
Allgemein gilt:
Fehler = Falsch minus Richtig.
Ursachen für M. sind Meßverfahren (Fehler der Messung) und Meßmittel (Meßmittelfehler) außerdem Einflüsse der Umwelt und der Messenden. Der M. ergibt sich aus der Summe aller Fehleranteile. Man unterscheidet hinsichtlich der Fehlerart grobe, systematische und zufällige → Fehler.
Die Fehlergröße wird durch → Fehlerrechnung ermittelt oder abgeschätzt und als Abweichung des gemessenen Werts vom wahren/richtigen Wert der Meßgröße angegeben.
Genaue Kenntnis über Fehlerart und -größe ist notwendig, um für die geforderte Genauigkeit der Messung die Meßmittel und -verfahren auswählen und das Verhalten und die Bedingungen beim Messen einrichten zu können. – Anh.: 6, 147/77.

Meßfühler
(Aufnehmer). Bauelement oder Gerät zur Meßgrößenaufnahme.
Der M. ist der erste → Meßwandler im Verlauf einer → Meßkette und wandelt das Eingangssignal (Meßgröße) in eine für die Informationsverarbeitung geeignete gleiche oder andere Größenart um.
Unter speziellen Gesichtspunkten wird der M. auch als → Detektor, → Sensor, → Sonde oder → Tastkopf bezeichnet. In vielen Fällen, z. B. bei der Strommessung, ist auch das → Meßwerk der M. – Anh.: 32, 147/4, 77.

Meßfunkenstrecke
→ *Meßgerät zur Hochspannungsmessung.*
M. haben spitze, kugel- oder halbkugelförmige Elektroden, deren Abstand sich einstellen läßt. Der größte Abstand, bei dem noch Funken überspringen, ist ein Maß für den Scheitelwert der (Hoch-)Spannung. – Anh.: 121/–.

Meßgegenstand
→ Meßobjekt

Meßgenauigkeit
Umgangssprachlicher Begriff, der nicht definiert ist und bei quantitativen Angaben vermieden werden soll.
Es ist unvorteilhaft, von M. zu sprechen, weil kleinere Zahlenwerte einer größeren Genauig-

Meßgenauigkeit

keit entsprechen; z. B. 0,1 % ist genauer als 0,5 %.
Statt der M. sind → Meßunsicherheit oder → Fehlergrenzen anzugeben.

Meßgenerator

Gerät zur Erzeugung elektrischer Schwingungen verschiedener Kurvenform bei Abgabe bestimmter Leistungs-, Spannungs- oder/und Stromwerte (als Leistungs-, Spannungs- oder Stromgenerator).
Je nachdem, ob der M. in ein Meßgerät eingebaut ist oder als selbständiges Gerät benutzt wird, unterscheidet man interne M. und externe M. Entsprechend der erzeugten Kurvenform gibt es → Sinusgeneratoren und → Impulsgeneratoren. Weitverbreitete Impulsgeneratoren sind → Rechteckwellengeneratoren oder → Sägezahngeneratoren.
Bezüglich des Frequenzbereichs unterscheidet man → Niederfrequenzgeneratoren, → Hochfrequenzgeneratoren, → Höchstfrequenzgeneratoren und → Rauschgeneratoren.
In der Meßtechnik wird der M. zur Untersuchung passiver und aktiver Vierpole und in der Fehlersuche, häufig als Prüfgenerator, eingesetzt.
Merkmale des M. sind die Möglichkeit und der Bereich der Frequenz- und Spannungsvariation, der Ausgangswiderstand, die Modulationsart der Ausgangsspannung (bei Hochfrequenz-M.) und der → Klirrfaktor (bei Niederfrequenz-M.). – Anh.: 41, 47, 51, 142/79.

Meßgerät

→ Meßmittel zur Gewinnung und Ausgabe von Meßwerten.
Allgemein gilt, daß ein M. die zu messende oder eine damit gesetzmäßig verknüpfte Größe in eine Anzeige oder eine der Anzeige gleichwertige Information umwandelt.
Elektrische M. zeigen den Wert elektrischer oder entsprechend gewandelter nichtelektrischer Größen an. Sie können dazu mit geeignetem → Zubehör kombiniert werden. Grundsätzlich kann man direktwirkende elektrische → M. und elektronische → M. unterscheiden.
Darüber hinaus differenziert man zwischen anzeigendem, integrierendem, kontaktgebendem und registrierendem → M. (→ Registriergerät).
Hinsichtlich der Einsatzstelle und der Möglichkeit zu seiner Veränderung unterscheidet man → ortsfeste und tragbare → M. – Anh.: 6, 78/4, 31, 67, 77.

Meßgerät, anzeigendes

(Anzeigegerät, Anzeiger). Meßgerät, das Meßwerte anzeigt.
A. M. besitzen eine → Anzeigeeinrichtung, von der Meßwerte aus der Stellung einer Anzeigemarke zu einer Teilung (Skala) oder von Ziffernanzeigeelementen abgelesen werden können. – Anh.: 6, 78, 117/77.

Meßgerät, astatisches

Meßgerätebauform, bei der gleiche Meßwerke paarweise mechanisch miteinander gekoppelt werden, um die Einwirkung homogener magnetischer Fremdfelder auszuschalten.
Die aktiven Teile eines Meßwerks sind doppelt vorhanden. Sie werden so geschaltet, daß die Ströme in den beiden Feldspulen und in den zwei Drehspulen (auf einer gemeinsamen Achse) entgegengesetzte Richtung erhalten (Bild). Dadurch entstehen zwei Drehmomente, die sich addieren.

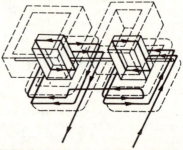

Meßgerät, astatisches. Astatische Spulenordnung beim eisenlosen elektrodynamischen Meßwerk (schematisch)

Ein Fremdfeld, das die beiden Teilmeßwerke in gleicher Richtung durchsetzt (den Fluß des einen verstärkend, den des anderen schwächend), erzeugt zwei zusätzliche, gleich große, aber entgegengesetzt gerichtete Drehmomente. Diese heben sich durch die mechanische Kopplung der beweglichen Organe auf, und nur der dem Spulenstrom proportionale Wert wird angezeigt. Auf die astatische Bauform wird durch ein → Skalenzeichen hingewiesen. – Anh.: 78/57.

Meßgerät, direktwirkendes elektrisches

(früher nur elektrisches Meßgerät). → Meßgerät, bei dem die Anzeigeeinrichtung mechanisch mit dem → beweglichen Organ eines Meßwerks verbunden ist.

Meßgerät, direktwirkendes elektrisches

Die elektrische Eingangsgröße am d. e. M. bewirkt durch elektromechanische Wandlung im Meßwerk direkt die Anzeige eines Meßwerts. Der dazu notwendige Leistungseigenbedarf wird (im Unterschied zum elektronischen Meßgerät) dem Stromkreis entzogen, in dem gemessen wird. – Anh.: 63, 64, 69, 78, 79, 84/18, 42, 57.

Meßgerät, druckendes
→ *Registriergerät, bei dem die Aufzeichnung durch Ausdrucken alphanumerischer Meßdaten erfolgt.*
Es entsteht eine Meßwertaufstellung als Zahlenreihe oder in Form einer Tabelle im gewünschten Format auf Papier.
Vielfach werden auch Meßgeräte mit einem geeigneten Ausgang mit einem → Drucker verbunden. – Anh.: –/22, 77.

Meßgerät, elektrisches
→ *Meßgerät, bei dem die Messung ohne elektronische Anordnungen (mit Ausnahme von Meßgleichrichtern) erfolgt.*
Um den Unterschied zum elektronischen Meßgerät besser zu verdeutlichen, wird es heute als direktwirkendes elektrisches Meßgerät bezeichnet. – Anh.: 78, 79, 115/6, 42, 57, 67, 71, 72, 89.

Meßgerät, elektronisches
→ *Meßgerät, bei dem die Messung mit Hilfe einer elektronischen Anordnung erfolgt.*
E. M. besitzen zur Gewinnung und Anzeige des Meßwerts Schaltungen mit elektronischen Bauelementen, die von der Elektronenleitung in Halbleitern, im Vakuum oder in Gasen Gebrauch machen (z. B. Dioden, Transistoren, Röhren, integrierte Schaltkreise). Die für die Meßwertgewinnung und -anzeige durch den Betrieb der elektronischen Schaltungen notwendige Leistung, d. h. der Leistungseigenbedarf wird Netzteilen oder Batterien entnommen, so daß (im Unterschied zum direktwirkenden elektrischen Meßgerät) dem Stromkreis, in dem gemessen wird, kaum Energie entzogen wird. – Anh.: 78, 113, 115, 116, 117/18, 31, 67, 71, 72.

Meßgerät, integrierendes
Meßgerät, bei dem eine Eingangsgröße über eine unabhängige Veränderliche summiert wird, z. B. → *Zähler.*
Anh.: 6/77.

Meßgerät, kontaktgebendes
(Meßgerät mit Abgriff). Meßgerät, das beim Erreichen bestimmter Meßwerte entsprechende Schaltzustände auslöst.
Die Kontaktgabe kann direkt oder indirekt erfolgen, z. B. durch Verstimmen eines Schwingkreises und Unterbrechen einer Lichtschranke durch den Zeiger. – Anh.: 78/–

Meßgerät, ortsfestes
→ *Meßgerät, das bestimmungsgemäß fest installiert ist.*
Ein o. M. ist so konstruiert, daß es an einer Halterung befestigt bleibt. Es wird mit fest verlegten Leitungen mit der Meßstelle und nötigenfalls mit anderen äußeren Stromkreisen verbunden. – Anh.: 115/–

Meßgerät, tragbares
→ *Meßgerät, das leicht zu verschiedenen Einsatzorten transportiert und ortsvariabel eingesetzt werden kann.*
Ein t. M. ist so konstruiert, daß es gut (mit der Hand) getragen werden kann und leicht ortsveränderlich ist. Vom Messenden werden am jeweiligen Einsatzort die Verbindungen zum Meßobjekt und notwendigen anderen äußeren Stromkreisen hergestellt und gelöst. – Anh.: 115/–

Meßgeräteauswahl
Teilproblem der → *Meßstrategie.*
Das Aussuchen der Meßgeräte muß unter Berücksichtigung technischer, technologischer und ökonomischer Gesichtspunkte erfolgen. Ein zweckmäßiges Vorgehen nach der Konzipierung des Lösungswegs für die Meßaufgabe ergibt sich aus der Beantwortung nachstehender Fragen und einer dementsprechenden M.:
● Welche Meßwerte führen zum gesuchten Meßergebnis, d. h., welche Meßgrößen und ggf. Parameter sollen gemessen werden?
● Welche verfügbaren Meßgeräte kommen grundsätzlich für die Meßwertgewinnung in Frage?
● Haben diese Meßgeräte mindestens den notwendigen → Meßbereich? (Die obere Meßgrenze sollte das 1,5fache des erwarteten Werts sein.)
● Haben diese Meßgeräte die geforderte → Genauigkeit?
● Haben diese Meßgeräte die erforderliche → Empfindlichkeit?
● Welche → Meßbedingungen liegen bei der

Meßgeräteauswahl

Messung vor? Sind alle Meßmittel unter diesen Bedingungen einsetzbar?
● Hat der → Meßgerätewiderstand einen geeigneten Wert, damit der systematische Fehler die zulässigen Werte nicht überschreitet? (Ggf. ist eine Korrektur der Meßwerte vorzunehmen.)
● Haben diese Meßgeräte die erforderlichen → Frequenzbereiche?
● Ist der gewählte Aufwand ökonomisch vertretbar? (Miß so genau wie nötig, nicht so genau wie möglich!)

Meßgerätewiderstand
Gesamtwiderstand eines Meßgeräts zwischen seinen Anschlußklemmen.
Der Wert des M. wird bei direktanzeigenden Meßgeräten auf der Skala aufgedruckt oder im Datenblatt vermerkt. Bei Mehrbereichsmeßgeräten wird er als → Stromdämmung und bei elektronischen Meßgeräten als → Eingangsimpedanz angegeben.
Das Einfügen von Meßgeräten in einen Stromkreis bedeutet immer das Einschalten des M. als zusätzlichen Widerstand. Dadurch entsteht eine Änderung der Meßgröße. Diese Störung ist ein systematischer → Fehler, der so gering wie möglich gehalten werden soll. Der M. von → Spannungsmessern R_{GU} muß deshalb möglichst hochohmig sein, d. h., durch den Spannungsmesser soll ein geringer Strom fließen (seine Stromdämmung soll groß sein). Der M. von → Strommessern R_{GI} soll möglichst niederohmig sein, d. h., der → Spannungsabfall über dem Strompfad soll gering sein.

Meßgerätewiderstand, spannungsbezogener
→ Stromdämmung

Meßgerät mit Abgriff
→Meßgerät, kontaktgebendes

Meßgerät mit verschlüsselter Aufzeichnung
→ *Registriergerät, bei dem die Meßinformationen in Form codierter Angaben aufgezeichnet werden.*
Die Registrierung erfolgt im einfachsten Fall auf Lochstreifen (etwa 300 Zeichen je Sekunde) oder unter besonderen Bedingungen auf Magnetband bzw. -platte (etwa 10^5 Zeichen je Sekunde). Dabei lassen sich auch zusätzliche Informationen wie Datum, Uhrzeit, Meßgröße, Einheit, Meßstellennummer aufzeichnen.
Die verschlüsselten Meßwerte und -daten sind nach (meist gerätetechnischer) Decodierung und Ausdruck lesbar. – Anh.: 129/77.

Meßgleichrichtung
→ *Gleichrichtung zu Meßzwecken.*
Um die Vorteile der Gleichstrommeßtechnik zur Messung von Wechselstrom nutzen zu können, wird vor die Anzeige eine M. geschaltet.
Bei der → Einweggleichrichtung wird nur eine Halbwelle der Wechselspannung, bei der → Zweiweggleichrichtung beide Halbwellen genutzt.
Zur Anzeige verschiedener Kennwerte der Wechselgrößen nutzt man verschiedene Arbeitspunkte auf der Kennlinie des Gleichrichterbauelements und unterscheidet die → A-, → B- und → C-Gleichrichtung. – Anh.: 51, 79/ –

Meßgrenze
→ Meßspanne

Meßgröße
Physikalische → Größe, deren → Wert durch Messen ermittelt wird.
Anh.: 3, 6, 130, 147/77.

Meßinduktivität
→ *Maßverkörperung der Induktivität für Meßzwecke.*
M. sollen eine hohe Induktivitätskonstanz und möglichst geringe → Verluste haben.
(Selbst-)Induktivitätsnormale oder Spulen für Meßzwecke sind überwiegend einlagige Zylinderspulen oder mehrlagige Spulen mit etwa quadratischem Wickelraumquerschnitt aus HF-Litze auf Marmor- oder Keramikkörpern. Größere M. haben lamellierte Kerne aus hochpermeablen Eisenlegierungen oder keramische Ferritkerne. Drosseln für Meßzwecke haben auch einen lamellierten Eisenkern, dessen Luftspaltbreite bei manchen Ausführungen zum Verändern der Selbstinduktivität eingestellt werden kann.
Mehrwertige M. erhält man durch Umschalten mehrerer Anzapfungen oder durch Verstellen eines → Variators.
M. haben stets eine Schirmung. Sie müssen beglaubt sein, wenn sie als → Normal verwendet werden sollen. – Anh. 147/1, 47.

Meßinformation
Zielgerichtete Mitteilung, die durch das Messen ge-

Meßinformation

wonnen wird (Meßdaten), über das Meßobjekt, und über den Meßvorgang.

Meßinstrument
(kurz Instrument). → *Meßwerk mit Gehäuse und eingebauten Bauteilen und -elementen.*
Zusammen mit sämtlichem, auch dem trennbaren → Zubehör, wird es → Meßgerät genannt.

Meßkette
Folge von Funktionsgruppen und den zugehörigen Verbindungen eines Meßmittels.
Eine M. beginnt mit einem Meßfühler als erstem Glied und endet mit einem Meßwertausgeber als letztem Glied. Die Meßinformation durchläuft die einzelnen Glieder der M., wobei eine ein- oder mehrfache Wandlung bzw. Umsetzung erfolgen kann (Bild).

Meßkette

Die Weiterleitung der Meßinformation zwischen den Gliedern kann vom Menschen oder automatisch (→ Meßsystem) gesteuert, z. B. gesperrt, umgeschaltet, freigegeben, werden.

Meßkondensator
→ *Maßverkörperung der Kapazität für Meßzwecke.*
M. sollen eine hohe Kapazitätskonstanz und geringe → Verluste haben.
Normalkondensatoren sind geschirmte, praktisch verlustfreie ($\tan\delta_C \approx 10^{-5}$) Luftkondensatoren aus einfach geformten Metallplatten oder -zylindern, die durch hochwertige Isolatoren getrennt sind. Kondensatoren für Meßzwecke haben ein hochwertiges festes Dielektrikum. Hochspannungs-M. bestehen aus Metallbelägen auf Keramik- oder Glimmerplatten mit Luft- oder Preßgasdielektrikum (Stickstoff oder Kohlensäure unter 1,5 MPa).
Kapazitätsdekaden sind einzelne M., die mit Schaltern wahlweise parallel geschaltet werden können.
M. müssen beglaubigt sein, wenn sie als Normale verwendet werden sollen. – Anh.: 147/1, 47.

Meßkopf
→ Tastkopf

Meßkunde
Theoretischer Bereich der → *Metrologie.*
Die M. beschäftigt sich aus theoretischer Sicht mit den metrologischen Vorgängen, den Meßmitteln und deren Verhalten, der Gewinnung von Meßergebnissen und deren Nutzung, der Fehlerrechnung usw.

Meßleistung
→ Leistungseigenbedarf

Meßmethode
Art und Weise des Herangehens an eine Messung.
Die M. ist die Handlungsvorschrift, die die Art der Messung unabhängig vom → Meßprinzip kennzeichnet. Sie gibt die allgemeinsten, grundlegenden Regeln und Anweisungen für die Durchführung von Messungen an. Dabei bleiben die konkrete Meßgröße, die Meßbedingungen und Besonderheiten unberücksichtigt. M. werden grundsätzlich in direkte und indirekte M. eingeteilt.
Bei der direkten M. wird der gesuchte Meßwert einer Meßgröße unmittelbar bestimmt (z. B. Bestimmung der Stromstärke mit einem Strommesser).
Bei der indirekten M. werden zur Messung andersartige physikalische Größen genutzt und das Meßergebnis unter Verwendung physikalischer Zusammenhänge aus den Werten dieser Größen ermittelt, z. B. Bestimmung des Widerstands als Quotient aus Spannungs- und Stromwert. Sie wird vorwiegend dort angewendet, wo die gesuchte Größe entweder nicht zugänglich ist, wo kein geeignetes Meßverfahren existiert oder eine direkte Messung zu aufwendig ist.
  Da alle direkten und indirekten M. einen Vergleich einer Meßgröße mit einer bekannten Größe gleicher Art darstellen, nennt man sie auch Vergleichsmethoden oder Relativm. Anh.: –/77.

Meßmethode der serienweisen Kombination
→ Kombinationsmeßmethode

Meßmittel
Technisches Mittel, das zur Ausführung von Messungen dient.
Der Begriff M. wird oft als Oberbegriff für Einzelm. und Meßeinrichtungen benutzt. Viel-

Meßmittel

fach werden M. unspezifisch als „Meßgeräte" bezeichnet. Einzelm. sind z. B. Meßgeräte, Meßfühler, Meßwandler, Maßverkörperungen (Normale) und alle zugehörigen Hilfsmittel, z. B. Leitungen, Klemmen.
Vereinigt man Einzelm. und Hilfseinrichtungen, z. B. Spannungskonstanthalter, Thermostate, zur Lösung einer Meßaufgabe, spricht man von einer → Meßeinrichtung.
Ein elektrisches M. ist eine Einrichtung zur Messung elektrischer Größen, nichtelektrischer Größen (sofern sie sich auf elektrische Größen eindeutig zurückführen lassen) und von Beziehungen zwischen diesen Größen; es kann durch → Zubehör ergänzt werden. – Anh.: 6, 78, 147/4, 47, 57, 67, 71, 72, 77, 82.

Meßmittelfehler
Beitrag zum → Meßfehler, der durch das → Meßmittel verursacht wird.
Typische M. sind Nullpunktfehler, Reibungsfehler (→ Umkehrspanne), Justierfehler, Digitalisierungsfehler, Drift, Fehler der Maßverkörperung.
M. beinhalten → Grundfehler und → Zusatzfehler. Ihr Wert wird als → Fehlergrenze angegeben. – Anh.: 6, 78, 147/57, 71, 72, 77, 82.

Meßobjekt
(auch Meßgegenstand). Objekt, an dem durch → Messen ein oder mehrere Merkmale (Meßgrößen) ermittelt werden.
Anh.: 6, 130, 147/4, 77.

Meßort
(Meßstelle). Stelle, an dem der Meßwert gewonnen wird.
Am M. befindet sich der Meßfühler für die Meßgröße. Die Meßgröße wird entweder unmittelbar zur Anzeige am M. genutzt oder in ein zur weiteren Verarbeitung geeignetes Meßsignal umgeformt. Außer dem Aufnehmer können sich andere Geräte und Teile der Meßeinrichtung an einem anderen Ort befinden. – Anh.: –/4, 32.

Meßpfad
Pfad (Bauteil, Stromweg) eines elektrischen Meßgeräts, auf den die Meßgröße unmittelbar einwirkt.
Man unterscheidet → Strompfad, → Spannungspfad und → Hilfspfad. – Anh.: 78/57.

Meßprinzip
Gesamtheit der physikalischen Erscheinungen und Gesetzmäßigkeiten, die die Grundlage der Messung bilden.
Jede definierte, eindeutige und wiederholbare Wirkung einer Meßgröße oder eine Meßgrößenänderung läßt sich zur Messung dieser Größe nutzen. Besonders in der Elektrotechnik kann die unsichtbare elektrische Größe nur über ihre Wirkungen in eine sichtbare Anzeige gewandelt werden und so einen Meßwert ergeben. Das M. des Drehspulmeßwerks ist die Kraftwirkung auf einen vom zu messenden Strom durchflossenen Leiter in einem Magnetfeld; beim Hitzdrahtmeßwerk wird die Wärmewirkung des Stroms und die Ausdehnung von Metallen unter Wärmeeinwirkung als M. genutzt.
Das M. gibt keine Auskunft über die technisch-konstruktive Verwirklichung in einem konkreten Meßgerät. Es bestimmt unter Einbeziehung einer → Meßmethode wesentlich das → Meßverfahren. – Anh.: 6/77.

Meßprotokoll
Dokument zur Widerspiegelung eines Meßvorgangs.
Das M. muß so ausführlich angefertigt werden, daß man auch nach längerer Zeit noch genaue Auskunft über die Messungen und über damit im Zusammenhang stehende Probleme geben kann.
Es soll nachstehende Angaben enthalten:
- Name des Messenden, ggf. seiner Mitarbeiter und des Verantwortlichen;
- Ort und Zeit der Messung, bei Notwendigkeit auch Umgebungsparamter wie Temperatur, Luftdruck, relative Luftfeuchtigkeit;
- Ziel der Messung;
- Meßanordnung als Stromlaufplan oder/und Skizze;
- Bemerkungen und Hinweise zum Meßverfahren einschließlich notwendiger Festlegungen und vorbereitender Berechnungen;
- Kennzeichnungen der eingesetzten Meßmittel und Meßobjekte (z. B. Angabe der Exemplar-, Fabrikations- oder Inventarnummer), um jederzeit eine exakte Reproduzierbarkeit der Messungen zu erreichen;
- Meßwerte und Meßergebnisse, ihre übersichtliche Darstellung in tabellarischer oder grafischer Form;
- Auswertende Berechnungen, die nach Möglichkeit einen Vergleich mit den theoretisch erwarteten Ergebnissen zulassen;
- Schlußfolgerungen aus den Messungen, kri-

Meßprotokoll

tische Einschätzung der Meßergebnisse, Erläuterung aufgetretener Meßfehler;
● Hinweise auf Mängel und zukünftige Veränderungen des Meßvorgangs.

Meßquant
→ Inkrement

Meßschleife
Kurzform für → *Schleifenschwingermeßwerk.*

Meßschwelle
→ Ansprechschwelle

Meßsignal
(kurz Signal). Darstellung der → *Meßinformation durch Signalträger.*
Der Signalträger ist eine zeitlich veränderliche Größe. Er muß einen Parameter haben, der ausreichend viele Werte annehmen und so die Informationen aufnehmen kann. Diese Informationsparameter müssen die Meßinformation eindeutig abbilden. Vielfach wird die Amplitude dafür genutzt.
Bei einer Meßkette tritt zuerst am Meßobjekt ein M., die Meßgröße als Primärsignal, auf. Bevor das M. am Meßwertausgeber (z. B. als Meßwert) zur Verfügung steht, durchläuft es die Meßkette in Form von Zwischen- bzw. Abbildungssignalen (ggf. mit unterschiedlichen Signalträgern), die oft von außen nicht wahrnehmbar sind.
Vielfach tritt das M. innerhalb des Übertragungswegs, oft jedoch an dessen Ausgang im Wertebereich festgelegter → Einheitssignale auf.
Bezüglich des Wertevorrats unterscheidet man analoge und diskrete M.; kontinuierliche und diskontinuierliche M. differenziert man hinsichtlich der zeitlichen Änderung und der Verfügbarkeit.

Meßsignal, analoges
→ *Meßsignal, dessen Informationsparameter innerhalb festgelegter Grenzen jeden beliebigen Wert annehmen können.*
Der Wertevorrat der a. M. ist im Unterschied zum diskreten Meßsignal unendlich groß. Die Grenzen werden durch die jeweiligen gerätetechnischen Bedingungen bzw. Besonderheiten bestimmt.
Wenn die Änderung der Informationsparameter zu beliebigen Zeitpunkten erfolgen kann, spricht man von kontinuierlichen a. M. (Bild a). Sie heißen diskontinuierliche a. M., wenn die Änderung nur zu bestimmten Zeitpunkten möglich ist (Bild b).

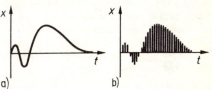

Meßsignal, analoges. Spannung als Signalträger, Amplitude als Informationsparameter; a) kontinuierlich; b) diskontinuierlich

A. M. können leicht durch Rauschen, Drift und andere Störungen beeinflußt werden, ohne daß eine Regenerierung möglich ist.
A. M. werden vorzugsweise für Überwachungszwecke und zur Tendenzerkennung genutzt. – Anh.: – / 64.

Meßsignal, binäres
→ *Mehrpunktsignal, dessen Informationsparameter (→ Meßsignal) genau zwei Werte innerhalb festgelegter Toleranzgrenzen annehmen kann.*
Unabhängig vom tatsächlichen Wert der jeweiligen physikalischen Größe besteht das b. M. nur aus zwei voneinander verschiedenen und deutlich unterscheidbaren Signalwerten. Die beiden Werte sind der Signalwert „Low" (L) und der Signalwert „High" (H). Diesen Werten werden entsprechend dem binären Zahlensystem (Dualsystem) die Dualziffern „0" und „1" zugeordnet (z. B. H = 1, L = 0 oder H = 0, L = 1).
B. M. können kontinuierliche (Bild a) oder diskontinuierliche Meßsignale (Bild b) sein.

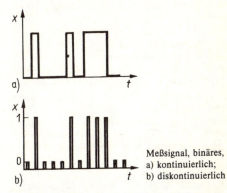

Meßsignal, binäres,
a) kontinuierlich;
b) diskontinuierlich

Verschlüsselte b. M. sind digitale Meßsignale. – Anh.: – / 64.

Meßsignal, digitales

Meßsignal, digitales
Kombination verschlüsselter binärer Signale.
Eine Meßinformation wird durch → Quantisierung und → Codierung als Codewort abgebildet. Zum Codewort werden binäre → Signale gruppiert, die in einem Takt oder in einzelnen Takten zeitlich nacheinander angeordnet und so als d. M. übertragen, verarbeitet usw., werden. – Anh.: – / 64.

Meßsignal, diskontinuierliches
Analoges oder diskretes → Meßsignal, das nur zu bestimmten Zeitpunkten, die oft gleiche Abstände haben, gleichbleibend oder verändert vorliegt und verfügbar ist.

Meßsignal, diskretes
→ *Meßsignal, dessen Informationsparameter nur bestimmte Werte (diskrete Werte) einer begrenzten Menge annehmen können.*
Der Wertevorrat der d. M. ist (im Unterschied zum analogen Meßsignal) begrenzt, d. h. endlich. Der Bereich, in dem das Signal definiert ist, ist gequantelt (portioniert, inkrementiert). Diese Quantelung kann zwar sehr fein sein, die Anzahl der möglichen Werte ist aber in jedem Fall endlich. Nach Anzahl und Art der Werte, die der Informationsparameter annehmen kann, unterscheidet man → Mehrpunkt- und digitale Meßsignale.
Beim d. M. werden Störungen erst nach Überschreiten bestimmter Grenzen wirksam, so daß eine Regenerierung möglich ist.

Meßsignal, kontinuierliches
→ *Analoges Meßsignal oder diskretes → Mehrpunktsignal, das zu jedem Zeitpunkt gleichbleibend oder verändert vorliegt und verfügbar ist.*
Anh.: – / 64.

Meßspanne
Umfang des → Meßbereichs.
Die M. ist der Meßbereichsendwert minus dem Meßbereichsanfangswert. Vielfach werden diese Werte auch als obere und untere Meßgrenze bezeichnet und zur Angabe der M. genutzt. Bei natürlichem Nullpunkt (untere Meßgrenze = 0) gibt die obere Meßgrenze zugleich die M. an. – Anh. 6, 83 / 77.

Meßstrategie
Wesentliche Grundregeln für den Aufbau und die Inbetriebnahme von Meßschaltungen.
Ordnung, Übersichtlichkeit und Sauberkeit sind oberstes Gebot an allen Meßplätzen. Zutreffende Gesundheits-, Arbeits- und Brandschutzbestimmungen müssen beachtet und eingehalten werden. Schutzvorrichtungen müssen funktionieren.
Alle Meßgeräte sind schonend zu behandeln und vor schädlichen Umwelteinflüssen zu schützen. Elektrische und mechanische Überlastungen können Wärme und Kräfte hervorrufen, die schädlich für elektrische und mechanische Bauteile sind. Wärme verändert die elektrischen, mechanischen und magnetischen Eigenschaften der Bauteile. Staub erhöht die Lagerreibung und beeinträchtigt die Genauigkeit der Meßgeräte. Feuchtigkeit wirkt korrodierend auf Metallteile und vermindert die Isolationswiderstände.
Für jede Messung ist das geeignete Meßgerät zu wählen (→ Meßgeräteauswahl).
Bei Verwendung eines nicht oder nur unvollständig bekannten Meßgerätes ist vor dem Einfügen in die Meßschaltung die Gerätebeschreibung bzw. Gebrauchsanweisung zu studieren; besondere Hinweise durch → Skalenzeichen sind zu beachten.
Die auf der Skala bzw. in der Gebrauchsanweisung gekennzeichneten Bezugsbedingungen und → Einflußbereiche sind zu beachten und einzuhalten.
Vor jeder Messung ist zu überprüfen, ob der Zeiger genau auf dem Anfangswert (meist Null) steht. Abweichungen erzeugen zusätzliche Meßfehler. Gegebenenfalls ist mit der Nullstellvorrichtung zu justieren.
Bei Geräten mit mehreren Meßbereichen (Vielfach- oder Universalmeßgeräte) wird die Messung immer mit dem größten Meßbereich begonnen. Auf niedrigere, d. h. empfindlichere Bereiche darf erst umgeschaltet werden, wenn sich der Messende überzeugt hat, daß der Meßwert innerhalb des neuen Bereichs liegt. Der → Meßbereich ist nach Möglichkeit so zu wählen, daß die Anzeige im letzten Drittel des Bereichs erfolgt.
Vielfachmeßgeräte sind bei Nichtgebrauch auf den höchsten (unempfindlichsten) Gleichspannungsmeßbereich zu schalten, da sie dort am stärksten überlastbar sind.
Beim Transport sollen die Anschlüsse aller Drehspulmeßgeräte durch Drahtverbindungen kurzgeschlossen werden, da dadurch eine zusätzliche → Induktionsdämpfung erfolgt; bei Vielfachmessern ist der empfindlichste Gleichstrommeßbereich einzuschalten.

Meßstrategie

Feststelleinrichtungen an Meßgeräten müssen bei jeder Ortsveränderung (auch auf dem gleichen Tisch) betätigt werden. Die Reinigung der Glasscheibe der Meßgeräte darf nicht unmittelbar vor oder während der Messung erfolgen; die dabei entstehenden statischen Aufladungen beeinflussen den Zeigerausschlag.
Die Anschlußvorschriften für getrenntes → Zubehör müssen beachtet werden.
Bei zweifelhaften Meßergebnissen kann man die Funktion des Meßgeräts durch Messen bekannter Werte überprüfen.
Die Reparatur von Meßgeräten ist Aufgabe eines Fachmanns; jeglicher unbefugter Eingriff ist zu unterlassen!
Bei Notwendigkeit ist ein → Meßprotokoll zu führen. – Anh.: 6, 130, 147/4, 77.

Meßsystem
Gesamtheit der Geräte und Mittel zur Erfassung, Wandlung, Übertragung, Verarbeitung und Speicherung von Meßinformationen.
Wesentliche Bestandteile des M. sind → Meßkette und → Mikrorechner; die Verbindung der Elemente erfolgt über geeignete → Interface (Bild).

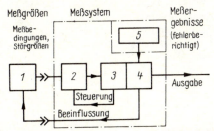

Meßsystem. Mit Mikrorechner und Programmsteuerung; *1* Meßobjekt; *2* Meßkette; *3* Interface; *4* Mikrorechner; *5* Meßprogramm

Dem M. werden vom Meßobjekt die Meßgröße, durch Meßbedingungen gegebene Größen (Parameter) und ggf. Störgrößen zugeführt. Diese Informationen werden vom M. programmgemäß verarbeitet und als Meßergebnis ausgegeben.
Bei der Verarbeitung können Befehle gewonnen werden, die die Glieder der Meßkette unterschiedlich zusammenfügen und eine Beeinflussung des Meßobjekts ermöglichen.

Meßtechnik
Praktischer, anwendungstechnischer Bereich der → Metrologie.
Hauptaufgaben der M. sind Durchführung und Auswertung von Messungen, Nutzung von Meßverfahren und Einsatz der Meßmittel in allen Nutzungsgebieten.
Hinsichtlich der Aufgliederung der M. nach Einsatzgebieten beschäftigt sich dieses Lexikon nur mit der elektrischen M. Bezüglich der Einsatzbereiche und Arbeitsverfahren kann man in Hauptgebiete einteilen; neben der „Alltags-M." (z. B. mit Uhr, Waage, Thermometer) unterscheidet man hauptsächlich die → Betriebs-(Fertigungs-)M. und die → Präzisions-(Labor-)M.
Umgangssprachlich wird M. als Oberbegriff für theoretische und praktische Probleme im Zusammenhang mit dem Messen im weitesten Sinn verwendet. – Anh.: 6, 130, 147/4, 77.

Meßtechnik, elektrische
Technik der Meßmittel und ihre Anwendung zum Messen physikalischer (vorrangig elektrischer) Größen.
Die e. M. ist Bestandteil der Metrologie und der Elektrotechnik. Sie nutzt Erscheinungen und Gesetzmäßigkeiten der Elektrotechnik zur Messung elektrischer Größen und nichtelektri-

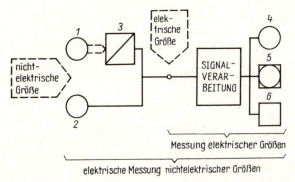

Meßtechnik, elektrische. *1* Meßfühler mit nichtelektrischem Ausgangssignal; *2* Meßfühler mit elektrischem Ausgangssignal; *3* Meßwandler; *4* Anzeige; *5* Anzeige mit Registrierung, *6* Registrierung

Meßtechnik, elektrische

scher Größen, die durch Wandler in ein meßbares elektrisches Signal gewandelt werden können (Bild). – Anh.: 6, 130, 147/77.

Meßumformer
(kurz Umformer). → *Meßwandler, der ein analoges Eingangssignal in ein analoges eindeutig damit zusammenhängendes Ausgangssignal umformt, z. B.* → *Meßverstärker,* → *Strom- und* → *Spannungswandler.*
Das Ausgangssignal ist vielfach ein → Einheitssignal. – Anh.: 32/32, 64, 77.

Meßumsetzer
(kurz Umsetzer). → *Meßwandler mit digitaler Signalverarbeitung.*
Bei M. treten am Eingang oder am Ausgang oder beidseitig digitale Signale auf (Tafel). – Anh.: 32/32, 77.

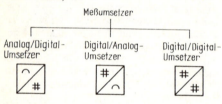

Messung, dynamische
Messung, die mit dem Ziel durchgeführt wird, augenblickliche Werte von physikalischen Größen oder deren zeitliche Veränderungen zu bestimmen, z. B. Messungen mit registrierenden Meßgeräten oder Oszilloskopen.
Anh.: –/77.

Messung, statische
Messung von physikalischen Größen, deren Beträge zeitunabhängig sind oder wenigstens über die Dauer der Messung unveränderlich bleiben, z. B. Gleichstrommessungen, Messung des Effektivwerts der Wechselspannung mit dem Vielfachmesser.
Anh.: 6, 130, 147/77.

Messung magnetischer Größen
Magnetische Größen sind eng mit elektrischen Größen verbunden. Die M. erfolgt daher vielfach mit elektrischen Meßmitteln und Verfahren.
Die Messung der magnetischen Flußdichte erfolgt mit dem → Fluxmeter oder mit einer → Hallsonde. Die Darstellung der Hysteresiskurve kann mit dem Oszilloskop erfolgen.

Messung nichtelektrischer Größen
Meßverfahren mit elektrischer Anzeigeeinrichtung für räumliche, mechanische, thermische, zeitliche und optische Größenarten. M. n. G. ist immer möglich, wenn sich die Meßgröße durch einen → *Meßfühler in ein proportionales elektrisches Meßsignal verwandeln läßt.*
Bevorzugter Einsatz der M. n. G. zur → Helligkeitsmessung, → Kraftmessung, → Temperaturmessung, → Wegemessung und → Winkelmessung. – Anh.: 78/77.

Meßunsicherheit
Grenze für den Betrag des korrigierten Meßergebnisses.
Die M. gibt an, wie unsicher das Meßergebnis ist. Sie ist im wesentlichen durch den zufälligen Fehler bedingt und kann nicht vorgeschrieben werden. Die M. liegt innerhalb der → Fehlergrenzen.
Das korrigierte → Meßergebnis Y einer Meßreihe von n unabhängigen Einzelwerten ergibt sich aus dem von den erfaßten systematischen Fehlern befreiten → arithmetischen Mittel $\bar{x}$ und der M. u:
$$Y = \bar{x} \pm u.$$
Die M. umfaßt hauptsächlich die mit der Fehlerstatistik erfaßten zufälligen Fehler, die durch die → Standardabweichung s oder durch die → Vertrauensgrenzen $(t \cdot s/\sqrt{n})$ rechnerisch ausgedrückt werden, und einen abgeschätzten Betrag f für nicht erfaßte oder nicht erfaßbare systematische Fehler:
$$u = \left| \frac{t}{\sqrt{n}} s \right| + |f|.$$
Anh.: 6/77.

Meßverfahren
Praktisches Vorgehen bei der Gewinnung von Meßdaten.
Das M. weist Grundzüge der technischen Ausführung einer Meßeinrichtung auf. Dazu wird ein geeignetes → Meßprinzip mit einer → Meßmethode verknüpft. Entsprechend der verwendeten Meßmethode kann man direkte oder indirekte M. nutzen. Grundsätzlich werden → Analogm. und → Digitalm. unterschieden. – Anh.: 6/70, 77, 82.

Meßverstärker
→ *Verstärker zur Amplitudenvergrößerung kleiner Meßsignale, die danach einer Anzeige, Übertragung oder Weiterverarbeitung zugeführt werden.*
Neben mechanischen M., die mit Verfahren der Pneumatik oder Hydraulik (z. B. Druckver-

Meßverstärker

stärker) arbeiten, nutzen die in der elektrischen Meßtechnik häufig verwendeten elektronischen M. Verstärkerbauelemente wie Transistoren, integrierte Schaltkreise, früher auch Elektronenröhren.
M. können integrierte Bestandteile von Meßgeräten oder separate Einrichtungen sein. Je nach den zu verstärkenden Signalen verwendet man → Gleichspannungs- oder → Wechselspannungsverstärker.
M. werden hauptsächlich in → Verstärkervoltmetern, im → Oszilloskop und bei → Meßbrücken eingesetzt.
An M. werden folgende Hauptanforderungen gestellt:
geringe Strom- bzw. Leistungsentnahme aus dem Meßkreis, d. h. hoher Eingangswiderstand; ausreichende Ausgangsleistung; geringe Abweichungen im Frequenzgang; geringe Drift; Unempfindlichkeit gegen Störspannungen und Betriebsspannungsschwankungen; hohe Zuverlässigkeit und Wartungsarmut. – Anh.: 45, 60, 74, 79 / 64.

Meßwandler
Meßmittel, das die Meßgröße oder eine mit ihr gesetzmäßig verknüpfte Größe so umwandelt, daß sie zum Übertragen, Verarbeiten, weiteren Umformen und/oder Speichern geeignet ist.
Die Ausgangsgröße des M. kann dabei nicht direkt und unmittelbar vom Beobachter aufgenommen werden. M. sind z. B. → Meßumformer, → Meßumsetzer, elektrischer M. – Anh.: 32 / 32, 77.

Meßwandler, elektrischer
Betriebsmittel der Starkstromtechnik als Zubehör von Meßeinrichtungen.
In der elektrischen Meßtechnik dienen e. M. dem verhältnis- und phasenrichtigen Übersetzen der zu messenden Wechselströme und -spannungen auf einheitliche, zweckmäßig meßbare Werte. Man erreicht so eine Meßbereichserweiterung der angeschlossenen Meßgeräte und die galvanische Trennung des eigentlichen Meßkreises von dem Stromkreis, in dem die Meßgeräte eingeschaltet sind.
Bekannt sind → Stromwandler, → Spannungswandler und kombinierte Meßwandler. – Anh.: 50, 119 / 94, 95.

Meßwandler, kombinierter
Konstruktive Einheit von → Stromwandler und → Spannungswandler.

Vorteile k. M. sind Einsparung wertvollen Isoliermaterials und ihr geringer Platzbedarf. – Anh.: 50, 119 / 30, 94, 95.

Meßwandleranschlußvorschrift
Bindend festgelegte Vorschrift für den Anschluß und die Erdung von elektrischen Meßwandlern.
Werden M. nicht eingehalten, können die Betriebsmittel unmittelbar zerstört werden und lebensgefährliche Zustände eintreten.
● M. für → Stromwandler:
Sekundärseite nie ohne Belastung betreiben und nicht absichern. Vorgeschriebene → Bürde einhalten. Vor dem evtl. Abtrennen des Strommessers Sekundärseite kurzschließen.
Die Primärseite muß mit den Klemmen P1 und P2 in dieser Reihenfolge in Energieflußrichtung angeschlossen sein.
Herstellerhinweise beachten!
● M. für → Spannungswandler:
Sekundärseite einpolig absichern und nie kurzschließen. Der nicht abgesicherte Pol der Sekundärseite muß gemeinsam mit dem Wandlerkern geerdet sein.
Primärseitig sollen U an L1 und X an L2 angeschlossen sein. Ausnahmen sind den Vorschriften zu entnehmen.
Herstellerhinweise beachten! – Anh.: 50, 119 / 30, 94, 95.

Meßwandlerzähler
→ Drehstromzähler zum Anschluß an das Netz über elektrische Meßwandler.
Elektrizitätszähler werden dort über Meßwandler betrieben, wo Netzspannung und Belastungsstrom (oder eines von beiden) höher sind als die bei Zählern für unmittelbaren Anschluß üblichen Nennspannungen und Grenzströme. M. erfassen also bei großen Wandlerübersetzungen auch im Kleinlastgebiet schon erhebliche Energiemengen. Sie unterscheiden sich im Aufbau grundsätzlich nicht von Zählern für unmittelbaren Anschluß; nur der Klemmenbock ist entsprechend verändert.
Je nachdem, ob in die Zählwerkangaben die Wandlerübersetzungen ganz, teilweise oder gar nicht einbezogen werden sollen, haben M. sog. Primär-, Halbprimär- oder Sekundärzählwerke. – Anh.: 98 / 20.

Meßwerk
Kombination der Bauteile, die ein Drehmoment oder eine Bewegung abhängig vom Wert der Meßgröße erzeugen oder ausführen.

Meßwerk

Das M. ist ein elektromechanischer Wandler, der die (unsichtbaren) elektrischen Größen in eine (ablesbare) analoge Anzeige umformt. Die Meßgröße wirkt dabei unmittelbar auf den → Meßpfad ein und verursacht durch seine Wirkung eine Lageveränderung des beweglichen Organs.

Auf der magnetischen Wirkung des elektrischen Stroms beruhen → Drehspul-, → Dreheisen-, → Drehmagnet-, → Induktions-, → Vibrations- und → elektrodynamisches M. Die Wärmewirkung des elektrischen Stroms nutzen → Hitzdraht- und → Bimetall-M. Die Wirkung der elektrischen Spannung begründet das Meßprinzip des → elektrostatischen M. Die M.art wird durch ein → Skalenzeichen angegeben.

Neben dem → beweglichen Organ mit seinen → Lagern, der → Anzeigemarke (i. allg. der Zeiger), dem → Rückstell- und dem → Dämpfungsorgan gehören unbewegliche Konstruktionselemente und die → Skala zu den Hauptbestandteilen des M. Wird das M. mit zusätzlichen Bauteilen und -elementen verbunden und in ein → Gehäuse eingebaut, spricht man von einem → Meßinstrument oder → Meßgerät. – Anh.: 6, 78, 83 / 4, 18, 42, 57.

Meßwerk, dynamometrisches
→ Meßwerk, elektrodynamisches

Meßwerk, eisengeschlossenes elektrodynamisches
(Ferrodynamisches Meßwerk). Bauform des → elektrodynamischen Meßwerks, bei dem der magnetische Nutzfluß zum größten Teil in Eisen verläuft.
Die Feldspule wird von einem Eisenmantel getragen. So entsteht ein kräftiges, widerstandsfähiges Meßwerk mit einem großen Drehmoment. Die Drehspule bewegt sich um einen Eisenkern. Dieser ist, wie auch der Eisenmantel aus Einzelblechen geschichtet; dadurch werden bei Wechselstrommessungen die Wirbelstromverluste gering gehalten (Bild). Spiralfedern übernehmen die Stromzufuhr zur Drehspule und erzeugen das mechanische Richtmoment. Die Dämpfung erfolgt durch Luftkammer- oder Induktionsdämpfung.
Das e.e.M. wird heute nur noch als → Leistungsmesser bei Wechselstrom angewendet. Wegen der Remanenz ist es zur Messung von Gleichgrößen weniger geeignet. – Anh.: 78 / 57.

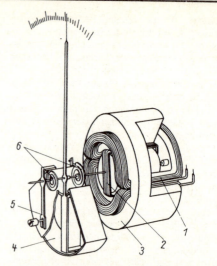

Meßwerk, eisengeschlossenes elektrodynamisches. *1* feste Feldspule; *2* Drehspule; *3* Eisenmantel; *4* Luftkammerdämpfung; *5* Nullstelleinrichtung; *6* Spiralfedern (Rückstellorgan und Stromanschlüsse der Drehspule)

Meßwerk, eisenloses elektrodynamisches
Bauform des → elektrodynamischen Meßwerks, bei dem der magnetische Nutzfluß in Luft verläuft. Das Meßwerk enthält, mit Ausnahme der äußeren Schirmung, kein ferromagnetisches Material, damit keine Fehler durch Remanenz, Hysterese oder Wirbelströme entstehen. Die

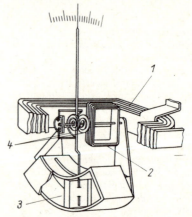

Meßwerk, eisenloses elektrodynamisches. *1* feste Feldspule; *2* Drehspule; *3* Luftkammerdämpfung; *4* Spiralfedern (Rückstellorgan und Stromanschlüsse der Drehspule)

Meßwerk, eisenloses elektrodynamisches

Konstruktionselemente, z. B. die Halterung, werden häufig aus Keramik gefertigt.
In der feststehenden, flachen Feldspule ist die Drehspule gelagert. Werden beide Spulen von Strömen durchflossen, entsteht ein Drehmoment und damit eine Anzeige. Spiralfedern übernehmen die Stromzufuhr zur Drehspule und erzeugen das notwendige mechanische Richtmoment. Die Dämpfung erfolgt durch Luftkammerdämpfung (Bild).
Eisenfreie Meßwerke werden in Präzisionsmeßgeräten zur Leistungsmessung verwendet. – Anh.: 78/57.

Meßwerk, elektrodynamisches
→ *Meßwerk mit stromdurchflossenen, feststehenden und elektrodynamisch abgelenkten, beweglichen Spulen.*
Eine feste Feldspule erzeugt ein Magnetfeld, dessen Kraftwirkung auf die Drehspule zur Meßwertanzeige genutzt wird. Je nachdem, ob der magnetische Nutzfluß in Luft oder überwiegend in Eisenkernen verläuft, unterscheidet man die beiden Grundbauformen: → eisenloses e. M. und → eisengeschlossenes e. M.
Die Feldspule und die Drehspule erzeugen je ein magnetisches Feld. Durch deren Wechselwirkung entsteht ein Drehmoment und damit eine Anzeige, die dem Produkt der beiden Ströme proportional ist.
Allgemeine Eigenschaften:
Das e. M. ist geeignet zur Messung von Gleich- und Wechselströmen und deren Produkt (Leistung), wobei die Phasenverschiebung zwischen dem Feldspulenstrom I_1 und dem Drehspulenstrom I_2 berücksichtigt wird. Es wird deshalb hauptsächlich als → Leistungsmesser genutzt. Die Anzeige ($\alpha \sim I_1 I_2 \cos \varphi$) ist weitgehend unabhängig von Frequenz und Kurvenform des Meßstroms sowie der Umgebungstemperatur. Während der Eisenmantel des eisengeschlossenen e. M. gut gegen Fremdfelder abschirmt, kann schon das magnetische Erdfeld beim eisenlosen e. M. zu Meßfehlern führen. Abhilfe kann dort durch → Schirmung oder durch Astasierung erfolgen.
Sonderformen des e. M. sind → Leistungsmeßschleifen und elektrodynamische → Quotientenmeßwerke. – Anh.: 78/57.

Meßwerk, elektromagnetisches
Veraltete Bezeichnung für → *Dreheisenmeßwerk.*

Meßwerk, elektrostatisches
(Elektrometer) → *Meßwerk mit feststehenden und beweglichen Metallteilen, zwischen denen Kräfte des elektrostatischen Felds wirken.*
Die grundsätzlichen Bauformen des e. M. sind der elektrostatische → Plattenspannungsmesser, das → Quadrantenelektrometer und das → Multizellularinstrument.
Die Wirkungsweise ist bei allen Arten analog. Die galvanisch gekoppelten Teile, in den meisten Fällen ein Teil des festen Organs und das bewegliche Organ, haben die gleiche Ladung und stoßen sich deshalb ab, während die anderen Teile infolge ihrer entgegengesetzten Ladung anziehend wirken. Der Ausschlag ist proportional dem Quadrat der angelegten Spannung. Durch besondere konstruktive Maßnahmen, z. B. geeignete Form der Platten und Kammern kann eine nahezu lineare Skalenteilung erreicht werden.
Allgemeine Eigenschaften:
Das e. M. ist das einzige Meßwerk, das auf der Wirkung der elektrischen Spannung beruht. Es mißt Gleich- und Wechselspannungen. Die Anzeige ist weitgehend frequenz- und kurvenformunabhängig. Temperaturänderungen und äußere magnetische Felder haben keinen Einfluß auf die Messung; eine Abschirmung gegen elektrostatische Störfelder ist notwendig. Das e. M. hat einen extrem geringen Leistungseigenbedarf und einen sehr hohen Meßwerkwiderstand. – Anh.: 78/57.

Meßwerk, ferrodynamisches
→ *Meßwerk, eisengeschlossenes elektrodynamisches*

Meßwerk, in-Ohm-kalibriertes
Widerstandsmesser, früher Ohmmeter. Direkt anzeigendes Gerät zur → *Widerstandsmessung.*
Der zu messende Widerstand R_x und das Meßwerk werden in Reihe (→ Widerstandsmesser mit Reihenschaltung) oder parallel (→ Widerstandsmesser mit Parallelschaltung) an eine konstante Spannung gelegt. Der angezeigte Strom ist ein Maß für den Widerstand. Die Skala kann in Widerstandseinheiten kalibriert werden.
Für i. M. werden hauptsächlich → Drehspulmeßwerke verwendet; andere Meßwerkarten sind möglich.
Beide Schaltungsvarianten sind betriebsspannungsabhängig. Vor jeder Messung soll deshalb ein Einmessen (→ Kalibrieren), d. h. eine

Meßwerk, in-Ohm-kalibriertes

Kontrolle und ggf. ein → Justieren der Nullage des Zeigers erfolgen. Das erfolgt bei reinen Widerstandsmessern durch Verstellen eines magnetischen → Nebenschlusses und bei Vielfachmeßgeräten mit einem einstellbaren Widerstand in Reihe oder parallel zum Meßwerk. Die Messung von strom- und spannungsabhängigen, d. h. nichtlinearen Widerständen ist mit i. M. nicht möglich.

Meßwerk, magnetelektrisches
→ Drehspulmeßwerk; → Drehmagnetmeßwerk

Meßwerk, thermisches
Meßwerk, bei dem die Anzeige aus der Wärmewirkung des elektrischen Stroms gewonnen wird.
Da die von einem Strom in einem Widerstand in einer Zeit entwickelte Wärme sich mit dem Quadrat des Stroms ändert (Joulesches Gesetz), ist die Anzeige t. M. unabhängig von der Richtung des Stroms, der Stromart (Gleich- oder Wechselstrom), der Kurvenform und der Frequenz.
Hauptvertreter t. M. sind → Hitzdraht- und → Bimetallmeßwerk. Die Kombination eines gleichstrommessenden Meßwerks mit einem → Thermoumformer wird vielfach auch als t. M. bezeichnet.

Meßwerklinienschreiber
→ *Linienschreiber mit einem Zeigermeßwerk.*
Bei M. ist der Zeiger eines robusten Meßwerks mit einem Schreiborgan versehen, das ständig mit dem Diagrammträger in Verbindung bleibt und einen zusammenhängenden Kurvenzug auf einem ablaufenden Schreibstreifen oder auf einem umlaufenden Kartonblatt aufzeichnet (Bild). Die Meßwerke müssen ein großes Drehmoment abgeben, da die Reibungskräfte zwischen Schreiborgan und Diagrammträger sowie an den Zusatzeinrichtungen überwunden werden müssen, was für die Empfindlichkeit (ohne Verstärker ≥ 50 mV) und die erreichbare Genauigkeitsklasse (0,5 ... 2) nachteilig ist.
Mit Mehrfach-M. können mehrere Meßgrößen durch eine entsprechende Anzahl nebeneinander angeordneter Meßwerke auf einem Diagrammträger registriert werden. – Anh.: 28, 29, 30, 87, 88/22, 49, 50, 51.

Meßwerkpunktschreiber
→ Fallbügelschreiber

Meßwerkschreiber
→ *Schreiber, bei dem das Schreiborgan direkt mit einem Meßwerk verbunden ist.*
Bei M. wird ein speziell konstruierter Zeiger, der das Schreiborgan trägt und zugleich die Anzeige übernimmt, von einem Meßwerk betätigt.
Je nach Meßaufgabe nutzt man Drehspulmeßwerke (ohne und mit Meßgleichrichter), Kreuzspul-, Bimetall- oder elektrodynamische Meßwerke.
M. können als → Meßwerklinienschreiber oder als Meßwerkpunktschreiber (→ Fallbügelschreiber) ausgeführt werden. – Anh.: 28, 29, 30, 87, 88/49, 50, 51.

Meßwerkstrom, reziproker
→ Stromdämmung

Meßwerkwiderstand
Widerstand des → Meßpfads eines Meßwerks.
Je nach Aufbau des → Meßwerks fließt der Strom durch das feste oder bewegliche Organ, dessen Widerstand als M. gilt, z. B. beim Drehspulmeßwerk der Widerstand der Drehspule oder beim Dreheisenmeßwerk der Widerstand der Feldspule.
Ergänzt durch Vor- und Nebenwiderstände (z. B. bei → Meßbereichserweiterung) gehört der M. zum → Meßgerätewiderstand. – Anh.: 78/57.

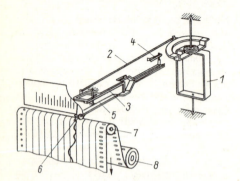

Meßwerklinienschreiber. Linienschreiber mit Drehspulmeßwerk; *1* Drehspule des Meßwerks; *2* Schubstange; *3* Lenkarm; *4* Führung; *5* Schreibarm; *6* Schreibfeder; *7* Stiftwalze; *8* Papiervorratsrolle

Meßwert
(gemessener Wert, auch Istwert). Der durch eine Einzelmessung aus der → Anzeige eines Meßmittels ermittelte → Wert einer physikalischen Größe.

Meßwert

Der M. wird für jede physikalische Größe als Produkt aus Zahlenwert und Maßeinheit der Größe angegeben:
Meßwert = Zahlenwert · Maßeinheit,
z. B. Netzspannung: 220 V. Der M. kann, braucht jedoch nicht das → Meßergebnis zu sein. Bei hohen Genauigkeitsforderungen sollte stets beachtet werden, daß der M. nicht mit dem wahren Wert einer Größe identisch ist. Bei exakter Angabe des M. sind Aussagen über → Meßfehler zu treffen.
Bei Meßgeräten mit einem Meßbereich wird der M. direkt von einer kalibrierten → Skala abgelesen. Bei Mehrbereichs-Meßgeräten wird auf einer unbenannten Skala zunächst nur der der Anzeige entsprechende Zahlenwert gewonnen; der M. wird mittels der einheitenbehafteten → Skalenkonstanten bestimmt.
Häufig werden M. auch als Meßdaten bezeichnet. – Anh.: 6, 18, 130, 147/ *33, 66, 73, 77.*

Meßwertberichtigung
→ Korrektion

Meßwesen
Juristischer, organisatorischer und ökonomischer Bereich der → Metrologie.

Meßwiderstand
→ *Maßverkörperung des (elektrischen) Widerstands für Meßzwecke.*
M. sollen reine Wirkwiderstände sein und möglichst keine Phasenverschiebung beim Messen mit Wechselstrom hervorrufen (→ Ersatzschaltbild). Der verkörperte Widerstandswert muß weitgehend konstant sein. Das Widerstandsmaterial soll keinen Temperaturkoeffizienten haben und keine Thermospannung gegenüber Kupfer ausbilden.
Man unterscheidet → Normal- und → Präzisionswiderstände. Alle M. sind in → Genauigkeitsklassen eingeteilt. Sollen M. als Normale verwendet werden, müssen sie beglaubigt sein. – Anh.: 81, 135, 147/ *1, 13, 15, 47.*

-meter
Früher häufig verwendete Kurzbezeichnung für -meßgerät oder -meßeinrichtung, wobei vielfach die Einheit der Meßgeräte vorangestellt wurde, z. B. Voltmeter, Wattmeter.
Soweit nicht in feststehenden Begriffen (z. B. Manometer, Thermometer) enthalten, sollten Zusammensetzungen mit -meter vermieden werden.

Metrologie
Wissenschaft vom Messen (Meßkunde/Meßtheorie), von der Technik der Meßmittel und ihrer Anwendung (Meßtechnik/Meßpraxis) und von den organisatorischen und juristischen Mitteln zur Durchsetzung einer einheitlichen Verfahrensweise (Meßwesen) (Tafel).
Anh.: 6, 130, 147/77.

Übersicht über die Metrologie

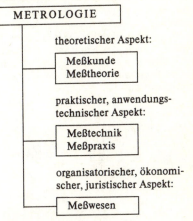

metrologische Tätigkeit
Haupttätigkeiten der Meßpraxis.
Neben dem → Messen stehen als m. T. → Prüfen und → Zählen in der Meßtechnik im Vordergrund. Damit im engen Zusammenhang ergibt sich die Notwendigkeit des → Kalibrierens (Einmessen), des → Graduierens und des → Justierens (Abgleichen). Die Meßtechnik schafft auch die Voraussetzungen für das → Klassieren, → Sortieren und → Dosieren.
Das → Eichen als Aufgabe des staatlichen Meßwesens liefert eine einheitliche Basis für die m. T. – Anh.: 6, 130, 147/77.

Mikrorechner
Gerätetechnische Einheit aus Mikroprozessor, Speicher-, Steuer-, Ein- und Ausgabeeinheit und Zusatzeinrichtungen als Kernstück der modernen Meßgerätegeneration.
Der M. bildet die „Intelligenz" eines → Meßsystems. Er dient hauptsächlich der Anwendungs- und Bedienungsvereinfachung, Meßzeitverkürzung und Fehlerreduzierung. Hauptziele des Einsatzes von M. sind, routinemäßige Meßvorgänge automatisch ablaufen zu lassen, den Messenden von wiederkehrenden Einstellungen zu entlasten, Meß- und Ausgabevor-

gänge zu aktivieren bzw. zu reaktivieren, das Meßergebnis direkt oder zielgerichtet aufbereitet zur Verfügung zu stellen. Selbstdiagnose und Korrektur des Meßsystems, Speichern von Meß- und Grenzwerten, Meßwertverarbeitung, Fehlerkorrektur u. a. werden mit M. ermöglicht.

Mischgröße
Dynamische → Größe, deren → Augenblickswert zeitlichen Änderungen nach Betrag und Vorzeichen unterliegt.
Die M. ist eine allgemeine Wechselgröße. Ihr Mittelwert über den betrachteten Zeitraum, der → Gleichwert, ist von Null verschieden. Diesem Gleichanteil ist ein Wechselanteil überlagert (Bild).

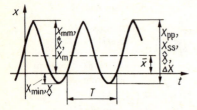

Mischgröße. $\bar{x}$ Gleichwert; X_{mm}, $\hat{X}$ Scheitelwert; X_{min}, $\check{X}$ Talwert; X_{pp}, X_{ss}, $\hat{\hat{x}}$, ΔX Schwingungsbreite bzw. Wert Spitze-Spitze; T Periodendauer

Der Schwingungsgehalt s (oder $k_\sim$) ist der Quotient aus dem Effektivwert der Wechselkomponente $X_\sim$ und dem Effektivwert der gesamten M. $X_\approx$:

$$s = \frac{X_\sim}{X_\approx}.$$

Der Quotient aus dem Effektivwert der Wechselkomponente $X_\sim$ und dem Gleichwert der M. $\bar{x}$ wird Welligkeit w (oder k_w) genannt:

$$w = \frac{X_\sim}{\bar{x}}.$$

In der Elektrotechnik werden periodisch zeitabhängige Spannungen und Ströme mit Gleichanteil kurz als Mischspannungen oder Mischströme bezeichnet; die Bezeichnung Gleichspannung (bzw. -strom) mit überlagerter Wechselspannung (bzw. -strom) ist auch üblich. – Anh.: 18, 43, 47, 56/61.

Mischgrößenmessung
Bestimmung der Werte einer → Mischgröße (z. B.

Mischstrom, Gleichspannung mit überlagerter Wechselspannung).
Zur exakten M. sollen neben dem linearen und/oder quadratischen Mittelwert bzw. einem Augenblickswert auch Kurvenform (Zeitverlauf der Augenblickswerte), Frequenz und Phasenwinkel angegeben werden. Vielfach genügt die Messung und Angabe des → Gleichwerts X_- (→ Gleichgrößenmessung) und des Effektivwerts der Wechselkomponente $X_\sim$ (→ Wechselgrößenmessung). Der Effektivwert der Mischgröße $X_\approx$ kann direkt mit Meßgeräten ermittelt werden, bei denen die Anzeige direkt mit dem Quadrat der Meßgröße verknüpft ist. Er läßt sich auch mathematisch bestimmen:

$$X_\approx = \sqrt{X_-^2 + X_\sim^2}$$

Gleich- und Wechselkomponenten lassen sich durch Einschalten von eisenlosen Übertragern oder Kondensatoren trennen. Um Meßfehler zu vermeiden, ist die Spannungsfestigkeit des Vorkondensators zu beachten und seine Kapazität so groß zu wählen, daß sein Spannungsabfall gegenüber dem am Meßgerät vernachlässigbar klein ist. Bei der Messung der einzelnen Komponenten darf der Meßbereich nicht nach deren Wert, sondern nur nach dem Wert der Mischgröße gewählt werden, da Spitzenwerte und Wärmewirkung durch die Gesamtgröße bestimmt werden.

Mischstufe
Schaltung mit passiven oder aktiven Bauelementen zum Mischen von Signalen.
Der M. werden elektrische Schwingungen mit bestimmten Frequenzen, z. B. f_1 und f_2, am Eingang zugeführt. Bei der Mischung werden u. a. daraus neue Schwingungen mit anderen, kombinierten Frequenzen, z. B. die Summenfrequenz ($f_1 + f_2$) oder die Differenzfrequenz ($f_1 - f_2$), gebildet.
Die Basis für eine Mischung ist das Vorhandensein eines Bauelements mit nichtlinearer Kennlinie (Diode, Transistor, Funktionsstufe eines Integrierten Schaltkreises).
In der M. vollziehen sich die gleichen prinzipiellen Vorgänge wie bei der → Amplitudenmodulation, lediglich die Frequenzbereiche sind unterschiedlich.
Eine M. wird zur Frequenzumsetzung verwendet.
In der Meßtechnik wird die M. z. B. im → Selektiv-Verstärkervoltmeter, bei der → Fre-

quenzmessung und im → Sinusgenerator angewendet.

Mittelpunktschaltung
→ Gegentaktschaltung

Mittelwert
1. arithmetischer oder linearer M. einer Meßreihe
→ *arithmetisches Mittel.*
2. zeitlicher M. einer periodischen Größe
→ *Gleichwert.*
3. quadratischer M. einer periodischen Größe
→ *Effektivwert.*

Modulationsgrad
Kenngröße der → *Amplitudenmodulation. Der M. ist das Verhältnis der Amplitude der Niederfrequenzspannung* $\hat{u}_{NF}$ *zur Amplitude der Hoch-(Träger-)frequenzspannung* $\hat{u}_{HF}$:

$$m = \frac{\text{Niederfrequenzamplitude}}{\text{mittlere Hochfrequenzamplitude}}$$

$$= \frac{\hat{u}_{NF}}{\hat{u}_{HF}} (100\,\%).$$

Da $\hat{u}_{HF} > \hat{u}_{NF}$, ist der M. immer kleiner 1. Er wird meist in % angegeben.
Die → Modulationsgradmessung erfolgt überwiegend mit dem Oszilloskop. – Anh.: 107/ 79, 83.

Modulationsgradmessung
Meßverfahren zur Ermittlung oder Überwachung des → *Modulationsgrads bei der* → *Amplitudenmodulation.*
Zur M. wird überwiegend das → Oszilloskop verwendet. Durch Anlegen der modulierten Hochfrequenzspannung (u_{mod}) an den Y-Eingang und der Niederfrequenzspannung (u_{NF}) an den X-Eingang des Oszilloskops (Bild a) entsteht auf dem Bildschirm das sog. Modulationstrapez (Bild b).
Durch Ausmessen dieses Trapezes kann man den Modulationsgrad ermitteln:

$$m = \frac{b-a}{b+a}.$$

Eine M. läßt sich auch mit dem → Kreuzspulmeßwerk ausführen, bei dem jeder Teilspule eine Spitzengleichrichtung für die Hoch- und für die Niederfrequenz vorgeschaltet wird.

Modulationstrapez
→ Modulationsgradmessung

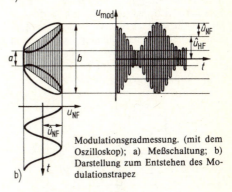

Modulationsgradmessung. (mit dem Oszilloskop); a) Meßschaltung; b) Darstellung zum Entstehen des Modulationstrapez

Momentanwert
→ Augenblickswert

Mosaikanzeige(element)
Bauelement zur elektrooptischen → *Digitalanzeige.*
Einzelne Leuchtelemente (z. B. Lampen, Lumineszenzdioden) werden mosaikartig zusammengesetzt. Sie werden entsprechend dem anzuzeigenden Ziffern- oder Buchstabensymbol angesteuert und leuchten auf (Bild).

Mosaikanzeigeelement.
Mit 5 × 7 Leuchtpunkten
(Wiedergabe der Ziffer 5)

Mit M. lassen sich mehr verschiedenartige Zeichen anzeigen als mit → Segmentanzeigeelementen. Allerdings sind dafür auch aufwendigere Codeumsetzer erforderlich. Einzelne M. werden meist zu mehrstelligen Anzeigeeinrichtungen kombiniert.

Motorkompensator
Selbstabgleichender → *Gleichspannungskompensator nach dem Potentiometerverfahren.*
Ein konstanter Hilfsstrom I_H durchfließt ein Kompensationspotentiometer R_K, an dem die

Motorkompensator

Kompensationsspannung U_K abgegriffen wird. Diese Vergleichsspannung wird der zu messenden Gleichspannung U_x entgegengeschaltet. Die Differenzspannung U_D wird über einen Verstärker an die Steuerwicklung eines Stellmotors für den Schleifer des Potentiometers, der mit einer Anzeige- bzw. Registriereinrichtung gekuppelt sein kann, gelegt. Je nach Polarität von U_D bewegt der Motor den Potentiometerabgriff nach rechts oder links bis Meß- und Kompensationsspannung gleich sind ($U_D = 0$). Die Stellung des Abgriffs kennzeichnet dann den Wert der zu messenden Spannung (Bild). – Anh.: 49, 80, 136 / *12, 19*.

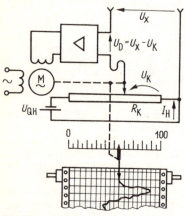

Motorkompensator

Motorschreiber
→ Kompensationsschreiber

Multimeter
→ Vielfachmesser

Multiplexer
Anordnung von digital arbeitenden Schaltgliedern mit mehreren Eingängen und einem Ausgang, bei der verschiedene, parallel anliegende Eingangssignale in festgelegter Reihenfolge, z. B. zeitlich nacheinander (zeitmultiplex) oder nach einem Programm auf den Ausgang geschaltet werden.

Meist liegt der M. als integrierter Schaltkreis vor. In der Meßtechnik wird er als Funktionsgruppe in Schaltkreisen für Analog/Digital-Umsetzer zur Ausgabe des Zählerstands in Form von nacheinander ausgegebenen Codeworten verwendet.
In der → Fernmeßtechnik verringert der M. den Übertragungsaufwand. – Anh.: 59 / *64*.

Multizellularinstrument
Bauform des elektrostatischen → Meßwerks.
Der Aufbau des M. ist einem Drehkondensator ähnlich. Zwischen zwei feststehenden, voneinander isolierten Statorpaketen sind an einer drehbaren Achse schmale gelochte Platten, sogenannte Nadeln, angebracht. Spannbandlagerung oder Bandaufhängung, Luftkammerdämpfung und Masse- oder Lichtzeiger vervollständigen das Meßwerk (Bild).
Je nach Meßaufgabe verwendet man das M. in verschiedenen → Elektrometerschaltungen.

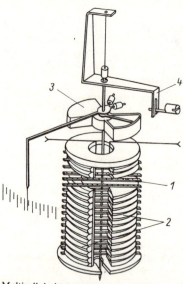

Multizellularinstrument. *1* bewegliches Organ mit sog. „Nadeln"; *2* Statorpakete; *3* Luftkammerdämpfung; *4* Nullstelleinrichtung

N

Nachbeschleunigung
Maßnahme zur Erhöhung der Oszillogrammhelligkeit bei → Elektronenstrahlröhren.
Durch eine Zusatzelektrode werden die Elektronen nach der Ablenkung nochmals beschleunigt und treffen mit erhöhter Geschwindigkeit auf die Leuchtsubstanz des Bildschirms, wodurch eine erhebliche Helligkeitssteigerung ohne wesentliche Verschlechterung des Ablenkkoeffizienten erreicht wird.

Nachbeschleunigung

Die N.elektrode ist als Widerstandsbelag oder als Widerstandswendel („spiralige N.") ausgeführt und befindet sich auf der inneren Kolbenwand der Röhre. – Anh.: 72, 134/29, 78.

Nachleuchtdauer
Zeit, in der die Helligkeit eines Oszillogramms auf einen vereinbarten Prozentsatz des Ausgangswerts abgesunken ist.
Die während des Auftreffens des Elektronenstrahls auf den → Bildschirm, d. h. während der Fluoreszenz erreichte maximale Leuchtdichte nimmt während der Phosphoreszenz (Nachleuchten) ab. Die Zeit, in der die Helligkeit auf 10 % oder 1 % der Ausgangshelligkeit gesunken ist, wird als N. angegeben (Tafel).

Nachleuchtdauer von Bildschirmen

Typ	Nachleuchtdauer
sehr lang	> 1 s
lang	100 ms ... 1 s
mittel	1 ms ... 100 ms
mittelkurz	10 µs ... 1 ms
kurz	1 µs ... 10 µs
sehr kurz	< 1 µs

Je nach Meßaufgabe nutzt man Bildschirme mit geeigneter N. So sind z. B. bei niedrigen Wiederholfrequenzen zur Reduzierung des Flimmereffekts lange N. und bei Aufnahmen der Oszillogramme mit einer Laufbildkamera kurze N. vorteilhaft. – Anh.: 72, 134/29, 78.

Nadelschaltung
→ Elektrometerschaltung

Nadelzeiger
→ Massezeiger

Nebenschluß, magnetischer
Vorrichtung zur Änderung der Magnetflußdichte im Arbeitsluftspalt.
Durch Ableitung eines Teils des Magnetflusses

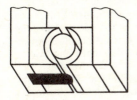

Nebenschluß, magnetischer. Ausführungsmöglichkeit

über eine (meist verstellbare) Weicheisenbrücke wird eine Änderung der Magnetflußdichte im Luftspalt eines Meßwerks erreicht (Bild).
Der m. N. wird zum Ausgleich von Alterungserscheinungen bei Dauermagneten oder zur Empfindlichkeitsänderung (z. B. beim in-Ohm-kalibrierten → Meßwerk) verwendet.

Nennbedingung
Veraltete Bezeichnung für → Bezugsbedingungen.

Nenngebrauchsbereich
→ Anwendungsbedingung

Nennmaß
→ Nennwert

Nennwert
→ *Wert einer physikalischen Größe, der den Arbeitsbereich eines → Meßobjekts oder eines → Meßmittels kennzeichnet.*
Der N. ist ein vorgegebener Wert einer (Meß-)Größe (→ Sollwert).
Früher wurde auch der Wert oder Wertebereich einer oder mehrerer Größen als Bedingungen, unter denen die Meßmittel ordnungsgemäß bzw. vereinbarungsgemäß funktionieren, als N. bezeichnet (jetzt → Bezugsbedingungen).
Teilweise wird auch der → Meßbereich als N. angegeben. – Anh.: 6/31.

Neper
Maßeinheitenähnliches Kennwort zur Angabe des → Pegels.
Anh.: 19/91.

Nernst/Hagen-Meßbrücke
→ *Wechselstrommeßbrücke zur Messung des Widerstands von galvanischen Elementen.*
Bei der N. werden drei Kondensatoren C3, C4 und C_B so geschaltet, daß das Element keinen Strom abgeben kann (Bild). Der Abgleichwiderstand R 2 wird so eingestellt, daß der Wechselstromnullindikator ein Minimum anzeigt.

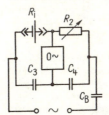

Nernst/Hagen-Meßbrücke

Nernst/Hagen-Meßbrücke

Nernst/Hagen-Meßbrücke

Dann gilt

$$R_i = R_2 \frac{C_4}{C_3}.$$

Netzelektrode
Abschirmgitter in der → Elektronenstrahlröhre.
Um die Rückwirkung der Felder der Nachbeschleunigung auf die Ablenkung zu vermindern, wird nach dem bildschirmnahen Ablenkplattenpaar ein ebenes oder gewölbtes, feines Drahtnetz angebracht. Vorteil der N. ist die wesentliche Erhöhung der Ablenkempfindlichkeit und die Entkopplung von der Nachbeschleunigungsspannung. – Anh.: 72, 134 / *29, 78*.

Netztriggerung
→ *Triggerquelle*

Nichtlinearität
Abweichung eines elektrischen Werts vom beabsichtigten Frequenz- oder Zeitverlauf eines Signals.
N. bei Verstärkern äußern sich in der Verformung der Durchlaßkurve (→ *Frequenzgang*) oder in der Veränderung der Kurvenform eines Signals oder einer Schwingung (→ *Klirrfaktor*).
Als N. wird auch die Ursache für den systematischen Fehler bezeichnet, der sich aus der Abweichung von der linearen Sollkennlinie eines Meßmittels ergibt. – Anh.: 43, 78 / *53, 61*.

Niederfrequenzgenerator
→ *Meßgenerator mit einer Ausgangsspannung im Niederfrequenzbereich.*
Nach der Kurvenform der abgegebenen Spannung kann der N. ein → *Sinusgenerator*, → *Rechteckwellen-* oder → *Sägezahngenerator* sein. Als Grundschaltung für N. kommen RC-Generatoren, astabile Multivibratoren oder Sperrschwingerschaltungen in Frage. – Anh.: 41, 47, 51 / *79*.

Nominalskala
→ *Skala*

Normal
(Etalon). → *Meßmittel zur Darstellung der Einheit einer physikalischen Größe (oder eines Teils oder Vielfachen davon) zum Zweck ihrer Bewahrung und Übertragung auf andere Meßmittel.*
Als N. werden vielfach genaue → Maßverkörperungen genutzt. Aber auch Verfahren zur Darstellung von Einheiten, die auf eine Rückführung auf Basiseinheiten, auf physikalischen Konstanten oder auf bestimmten Stoffeigenschaften beruhen, zählen zu den N. (N.verfahren).
Neben ihrem Geltungsbereich (internationale, nationale N.) teilt man N. in ihrer Genauigkeitsstaffelung in Primär- (auch „Ur-N."), Sekundär- und Referenz-N. (auch „N. 1., 2., 3. usw. Ordnung") ein. Nach ihrer Anwendung unterscheidet man Spezial-, Sicherungs-, Vergleichs-, Haupt-N. und N.kopien.
N. bedürfen einer → *Beglaubigung*. – Anh.: 6, 81, 130, 135, 137, 147 / *1, 3, 14, 15, 47, 77*.

Normalelement
Elektrochemisches System als → *Normal für die Spannung.*
N. geben bei sachgemäßer Herstellung und Handhabung jahrelang eine äußerst stabile Gleichspannung ab. Für Meßzwecke wird das N. stets in → *Kompensatoren*, d. h. ohne Stromentnahme benutzt. Hauptvertreter ist das „Internationale Weston-N." mit gesättigtem Elektrolyten (Bild).

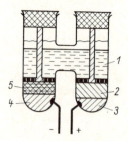

Normalelement. Cadmium-Quecksilber-Normalelement; *1* gesättigte CdSO$_4$-Lösung; *2* Hg$_2$SO$_4$ als Depolarisator; *3* Hg; *4* Cd-Hg; *5* CdSO$_4$-Kristalle

In einem H-förmigen Glasgefäß sind flüssige Elektroden aus Kadmium-Amalgam (Minuspol) bzw. Quecksilber (Pluspol) eingesetzt. Darüber befinden sich kristallines Kadmiumsulfat und seine gesättigte Lösung. Die Kristalle werden durch poröse Porzellanplatten auch bei Erschütterungen in ihrer Lage festgehalten. Als Depolarisator wird pastöses Merkurosulfat über dem reinen Quecksilber verwendet. Beide Schenkel sind oben mit Korken oder durch Zuschmelzen verschlossen.
Das N. benötigt nach einem Transport eine stunden-, teilweise tagelange Beruhigungszeit.

Normalelement

Allgemeine Kennwerte:
- Normalspannung bei 20 °C:
E_{20} = 1,01865 V (Einbau in Thermostat)
- Spannungsänderung: etwa 0,005 %/K
- innerer Widerstand: 150 Ω...300 Ω (1 kΩ)
- Belastbarkeit: über längere Zeit 1 µA, kurzzeitig bis maximal 0,1 mA. –
Anh.: 130, 147/ *1, 3, 14, 77*.

Normalwiderstand

→ *Meßwiderstand mit höchster Genauigkeit und Konstanz.*
N. werden in Form von Stäben (Bild a), Bändern, Blechen, Wendeln und ummantelten Drahtwicklungen (Bild b) hergestellt.
Niederohmige N. haben getrennte Anschlüsse für Strom (Stromklemmen) und Spannung

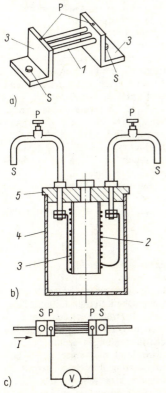

Normalwiderstand. a) Stabwiderstand; b) Drahtwiderstand; c) Schaltungsbeispiel
1 Widerstandsstäbe; *2* bifilar gewickelter Widerstandsdraht; *3* Halterung bzw. Wickelkörper; *4* Schutzbehälter; *5* Gehäusedeckel; *S* Stromklemmen; *P* Potentialklemmen

(Potentialklemmen), um den Fehler durch die Übergangswiderstände an den (Strom-)Anschlußklemmen auszuschließen. – Anh.: 81, 135, 137/ *1, 2, 13, 15, 47*.

Normierungswert

(früher Bezugswert). Wert, auf den der Fehler eines Meßgeräts und/oder des Zubehörs bezogen wird, um die Meßunsicherheit (Genauigkeit) festzulegen.
Der N. kennzeichnet den Wert, auf den sich die Prozentangabe der → Genauigkeitsklasse bezieht. Als N. werden überwiegend der Meßbereichsendwert, die Skalenlänge oder der Soll- bzw. Nennwert genutzt. Er wird durch ein Zusatzsymbol beim → Klassenzeichen angegeben. – Anh.: 78/ *57*.

Nullabgleich(meß)brücke

→ *Meßbrücke nach der* → *Nullabgleichmethode.*
Durch Variation von mindestens einer der vier Brückenimpedanzen wird die Meßbrücke so abgeglichen, daß die Ausgangsgröße zwischen den Spannungsteilerabgriffen Null wird. Je nach Art der N. wird dieser Zustand bei den → Meßbrückenabgleichbedingungen erreicht. Der Abgleich wird durch einen → Nullindikator angezeigt. – Anh.: 139/ *69*.

Nullabgleich(meß)methode

→ *Differenzmeßmethode, bei der die Differenz zwischen der Meßgröße und einer geeigneten Größe mit bekanntem Wert auf Null gebracht wird.*
Die N. wird z. B. in → Kompensatoren und → Meßbrücken angewandt. Bei automatisch arbeitenden Meßgeräten modifiziert man sie als Nachlaufverfahren. – Anh.: 6, 130, 147/ *77*.

Nullage, elektrische

Lage des beweglichen Organs eines elektrischen Meßgeräts, wenn der Wert der Meßgröße gleich Null ist und trotzdem auf das bewegliche Organ Kräfte bzw. Drehmomente einwirken, die durch Ströme oder Spannungen verursacht sind, z. B. → *Widerstandsmesser mit Reihenschaltung.*
Die e. N. wird in der Schaltungsanordnung des Meßgeräts durch den Messenden eingestellt bzw. justiert. – Anh.: 78/ *67, 77*.

Nullage, mechanische

Lage des beweglichen Organs eines Meßgeräts, wenn der Wert der Meßgröße gleich Null ist.
Bei direktwirkenden elektrischen Meßgeräten

Nullage, mechanische

wird (im Unterschied zur → elektrischen Nullage) die m. N. im strom- bzw. spannungslosen Zustand eingenommen. – Anh.: 83/57, 67, 77.

Nullindikator
→ Indikator, der bei Anwendung einer Nullabgleichmeßmethode zur Anzeige des Abgleichs dient.
N. gestatten meist nur eine qualitative Bewertung einer Meßgröße hinsichtlich ihres Vorhandenseins und/oder der Über- oder Unterschreitung des Nullpunkts. Sie dienen z. B. zur Kontrolle des Abgleichs bei → Kompensatoren und → Meßbrücken. Entsprechend der nachzuweisenden Stromart unterscheidet man → Gleichstrom- und → Wechselstrom-N. – Anh.: –/77.

Nullinstrument
Meßgerät, bei dem der → Skalennullpunkt in der Skalenmitte liegt.
Mit N. können richtungsabhängige, d. h. positive und negative Meßwerte angezeigt werden. Sie werden auch als → Nullindikatoren genutzt. – Anh.: 78, 83/24, 57.

Nullpunkt
1. natürlicher oder vereinbarter Bezugspunkt (→ Skala)
2. N. einer Meßgeräteskala: → Skalennullpunkt
3. mechanischer N.: Anzeige bei mechanischer → Nullage
4. elektrischer N.: Anzeige bei elektrischer Nullage
5. N. der Signalübertragung: Kleinster Wert des Änderungsbereichs des Meßsignals.
Man spricht von einem „toten N.", wenn die untere Grenze des Signals bei Null liegt. Bei Meßsystemen mit „lebendem N." gehört der strom- und spannungslose Zustand zum unzulässigen Bereich; der Signalkleinstwert hat einen bestimmten, von Null verschiedenen Wert.

Nullpunkt, natürlicher
→ Skalennullpunkt

Nullpunktunterdrückung
Unterdrückung des Nullpunkts eines Meßgeräts.
In manchen Fällen ist es vorteilhaft, den Skalenanfangsbereich zu eliminieren, um damit die Ablesegenauigkeit (nicht die Meßgenauigkeit) zu steigern. Die N. wird z. B. bei der Messung kleiner Änderungen großer Absolutwerte der Meßgröße angewandt.
Der Nullpunkt kann der → Skalenanfangswert sein oder außerhalb des → Anzeigebereichs liegen (nullpunktlose Skala), so daß die Meßgröße erst einen bestimmten Wert erreichen muß, ehe eine Anzeige erfolgt.
Die N. kann durch mechanisches Vorspannen der Rückstellorgane erreicht werden. Auch das Gegenschalten konstanter elektrischer Größen bewirkt eine N. Vielfach wird zum Meßwerk eine Z-Diode in Reihe geschaltet, so daß erst nach Erreichen der Durchbruchspannung ein Strom fließen kann und ein Wert angezeigt wird. – Anh.: –/57.

Nullpunktwiderstand
Widerstandskombination zur Herstellung eines künstlichen Stern- oder Nullpunkts am Meßort bei Drehstromnetzen ohne Mittelleiter.
Da das Dreileitersystem keinen Mittelleiter hat, muß aus drei in Stern geschalteten Widerständen ein Nullpunkt zum Anschluß des oder der Spannungspfade gebildet werden (z. B. Ein- oder → Drei-Leistungsmesser-Verfahren). Die N. müssen unter Einbeziehung der Spannungsspulen- und Vorwiderstände genau gleich groß sein, da sonst eine Nullpunktverschiebung und damit ein größerer Meßfehler auftritt. N. sind teilweise in die Meßgeräte eingebaut oder werden als Zubehör („außenliegend") mitgeliefert.
Auch im Vierleitersystem ist die Verwendung eines künstlichen Nullpunkts oftmals genauer als der Anschluß an den belasteten Mittelleiter.

Nullung
Schutzmaßnahme gegen gefährliche elektrische Durchströmung.
Im Fehlerfall, beispielsweise Körperschluß eines elektrotechnischen Betriebsmittels, fließt ein Fehlerstrom. Er erreicht vor dem Anliegen einer gefährlichen Spannung eine Größe, die die → Abschaltbedingungen erfüllt. Das Betriebsmittel wird durch die vorgeschaltete Leitungsschutzeinrichtung vom Netz getrennt.
Man unterscheidet klassische N. und stromlose N. Bei ersterer erfüllt der stromführende Neutralleiter (z. B. in Vierleitersystemen der Sternpunkt) die Funktion des Nulleiters. Bei der stromlosen N. sind Neutralleiter und Nulleiter getrennt verlegt.
Die Wirksamkeit der N. ist durch → Prüfen

Nullung

der N. nachzuweisen. – Anh.: 35, 111, 116, 126 / 85, 98, 99.

Oberschwingungsgehalt
→ Klirrfaktor

OIML
Abk. für → *Organisation Internationale de Métrologie Légale.*

Ordinalskala
→ Skala

Organisation Internationale de Métrologie Légale
(Abk. OIML) Internationale Organisation für gesetzliches Meßwesen.
Die OIML, 1955 in Paris gegründet, erarbeitet allgemeine Grundsätze für das gesetzliche Meßwesen, die Eichung, den Gebrauch und die Kontrolle von Meßmitteln sowie die Vereinheitlichung von Meßverfahren.

Oszillograf
→ *Registriergerät zur Aufzeichnung des funktionalen Zusammenhangs zweier Veränderlicher, von denen eine vielfach die Zeit ist (Schwingungsschreiber).*
Je nach dem Schreib„organ" unterscheidet man grundsätzlich zwei Arten. Beim → Lichtstrahl-O. wird der zeitliche Verlauf einer elektrischen Schwingung durch einen Lichtstrahl dauerhaft auf einem lichtempfindlichen Diagrammträger aufgezeichnet (echtes Registriergerät). Beim Elektronenstrahl-O. wird der Kurvenverlauf durch einen Elektronenstrahl nur vorübergehend auf einem Bildschirm dargestellt, so daß dieses Beobachtungsgerät zunehmend als → Oszilloskop bezeichnet wird.

Oszillografenröhre
(Oszilloskopröhre). → *Elektronenstrahlröhre.*

Oszillogramm
Bild eines Meßsignals (z. B. eines Schwingungsvorgangs oder funktionalen Zusammenhangs zweier als Spannung darstellbarer Größen) auf dem Bildschirm eines → *Oszilloskops.*

Oszilloskop
(früher Elektronenstrahloszillograf). Elektronisches → *Meßgerät, das physikalische Größen in ihren Augenblickswerten in Abhängigkeit von der Zeit oder einer anderen Größe auf einem Bildschirm als vergängliches Oszillogramm, das periodisch erneuert wird, darstellt.*
Das O. ist ein elektronisches Spannungsmeßgerät. Es zeigt Augenblickswerte als zweidimensionales Oszillogramm analog an. Das O. ermöglicht qualitative und quantitative Untersuchungen von elektrischen und nichtelektrischen Größen, die sich in eine Spannung wandeln lassen. Physikalische Vorgänge werden auf optisch-sinnfällige Weise exakt, meßbar veranschaulicht.
Das „Meßwerk" des O. ist die → Elektronenstrahlröhre. Ein → Vertikal-(Y-) und ein → Horizontal-(X-)System liefern ihr die aus den Meßsignalen abgeleiteten Ablenkspannungen. Die → Triggerung (früher die Synchronisation) sorgt für ein stabiles, „stehendes" Oszillogramm.
Wird die physikalische Größe in der Amplitude und Signalform in Abhängigkeit von der Zeit dargestellt, spricht man vom → Zeitbetrieb. Bei → X-Betrieb kann die funktionale Abhängigkeit zweier Größen oszilloskopiert werden.
Man kann O. unter verschiedenen Aspekten klassieren; z. B. → Einkanal-, → Zweikanal- und → Zweistrahl-O.; → Echtzeit-, →Sampling- und → Speicher-O; Kompakt- und Einschub-O.– Anh.: 41, 72, 134 / 78, 86, 87.

Parallaxe
→ *Beobachtungsfehler, der durch Ablesen unter verschiedenen Blickwinkeln entsteht.*
Befinden sich Marke (z. B. Zeiger) und Teilung (z. B. Skala) in verschiedenen Ebenen, so sind Ablesefehler durch P. möglich. Bei schrägen Blickrichtungen ergeben sich fehlerhafte Meßwerte (Bild).
Zum Vermeiden der P. verwendet man Messerzeiger (→ Massezeiger), bei denen man bei schrägem Blick die Seitenfläche sieht. Skalen werden teilweise in die Ebene der Zeigerspitze gebracht. Oder sie werden in einem schmalen

Parallaxe

Streifen mit einem Spiegel unterlegt; die Blickrichtung muß dann so gewählt werden, daß der Zeiger sein Spiegelbild verdeckt.
Feste Marken über bewegten Skalen, Meßstäbe oder Rasterscheiben werden auf der Vorder- und auf der Rückseite graviert. Beide Teilungen liegen bei richtiger Blickrichtung optisch übereinander.

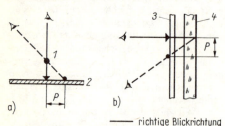

Parallaxe. Beispiele;
a) bei Zeigermeßgeräten; b) beim Oszilloskop; P Parallaxe;
1 Zeiger; 2 Skala; 3 Meßstab oder Rasterscheibe; 4 Leuchtschirm

—— richtige Blickrichtung
– – – falsche Blickrichtung
▼ richtiger Ablesewert
● falscher Ablesewert

Pegel

Logarithmus einer → Verhältnisgröße, die im Nenner eine festgelegte Bezugsgröße hat.

Logarithmiert man das Verhältnis zweier Energie- (hauptsächlich Leistung) oder Feldgrößen (z. B. Spannung, Strom, Schalldruck), erhält man das logarithmierte (Größen-)Verhältnis. Mit einem entsprechenden Faktor und durch Hinzufügen von maßeinheitenähnlichen Kennwörtern wird die beim Logarithmieren benutzte Basis gekennzeichnet. Bei Anwendung des natürlichen Logarithmus (ln mit Basis e = 2,718) wird als Einheit Neper (Np) genannt, und beim dekadischen Logarithmus (lg mit der Basis 10) heißt die Einheit Bel (B) bzw. Dezibel (dB; 10 dB = 1 B).
Zur Umrechnung gilt:

1 dB = 0,1151 Np   bzw.   1 Np = 8,686 dB .

Die Bezugsgröße kann als Index am Formelzeichen bzw. als Anfügung an die Einheit direkt oder mit Abstand in Klammern mit dem Vorsatz „re" erfolgen (Tafel).
Man erhält relative P., wenn z. B. Leistung, Strom oder Spannung eines Signals an einem Punkt des Übertragungsweges (P_x, I_x, U_x) auf die gleichartige Größe an einem gewählten Bezugspunkt (P_1, I_1, U_1) bezogen werden. Im allgemeinen wird der Eingang des Übertragungssystems als Bezugspunkt gewählt (Bild).

Pegel

Benennung	Bestimmung	Angabe in
relativer Leistungspegel	$a = 10 \lg \dfrac{P_x}{P_1}$	dBr
	$a = \dfrac{1}{2} \ln \dfrac{P_x}{P_1}$	Npr
relativer Spannungspegel	$a = 20 \lg \dfrac{U_x}{U_1}$	dBru
	$a = \ln \dfrac{U_x}{U_1}$	Npru
absoluter Leistungspegel	$a = 10 \lg \dfrac{P_x}{P_o} = 10 \lg \dfrac{P_x}{1\,mW}$	dBm oder dB (re 1 mW)
	$a = \dfrac{1}{2} \ln \dfrac{P_x}{P_o} = \dfrac{1}{2} \ln \dfrac{P_x}{1\,mW}$	Npm oder Np (re 1 mW)
absoluter Spannungspegel	$a = 20 \lg \dfrac{U_x}{U_o} = 20 \lg \dfrac{U_x}{0,775\,V}$	dBu oder dB (re 0,775 V)
	$a = \ln \dfrac{U_x}{U_o} = \ln \dfrac{U_x}{0,755\,V}$	Npu oder Np (re 0,775 V)
Strompegel	analog Spannungspegel mit $I_o = 1,29\,mA$	i statt u

Pegel

Man spricht vom absoluten P., wenn ein fester, unabhängiger Bezugspunkt verwendet wird. Diese Bezugswerte sind i. allg. Leistung $P_0 = 1$ mW (Leistung eines sog. „Normalgenerators" oder „Milliwattsenders" mit $R_i = 600\,\Omega$) bzw. Spannung ($U_0 = 0{,}775$ V) oder Strom ($I_0 = 1{,}29$ mA), die an einem Widerstand von 600 Ω eine Leistung von 1 mW bzw. 1 mVA hervorrufen. Auch der Schalldruck $p_0 = 20\,\mu$Pa dient als Bezugswert.
In der Funkempfangstechnik wird teilweise auf eine Spannung 1 µV bezogen und der P. in dB µV angegeben.
Aus den allgemeinen Festlegungen (Tafel) werden → Pegelmaße einzelner Objekte abgeleitet. – Anh.: 16, 19/61, 66, 91.

Pegelmaß
Kennzeichnung der Eigenschaften eines Objekts oder Systems durch → *Pegel.*

Das P. eines speziellen Vierpols ist das logarithmische Verhältnis (der Effektivwerte, wenn nicht anderes angegeben) von Eingangsspannung U_1 und Ausgangsspannung U_2 bzw. der entsprechenden Ströme (I_1, I_2) oder der Leistungen (P_1, P_2). Es wird in Dezibel (dB) oder seltener in Neper (Np) angegeben.
Sind die Eingangswerte größer als die Ausgangswerte, ergibt sich für die Abschwächung (Dämpfung) ein positives P. Für die Verstärkung, d. h. für größere Ausgangswerte gegenüber den Eingangswerten, ist das P. negativ.
Um diese unanschaulichen Angaben zu vermeiden, definiert man (stets positive) Dämpfungs- bzw. Verstärkungsmaße (Tafel). – Anh.: 19, 46/61, 66, 91.

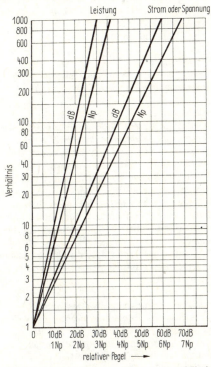

Pegel. Leistungs-, Strom- und Spannungsverhältnisse in Dezibel (dB) und Neper (Np)

Pegelmessung
Bestimmung des → *Pegels.*

Dämpfungs- und Verstärkungsmaße

Benennung	Bestimmung	Eingangsgröße	Ausgangsgröße
Leistungsdämpfung(smaß)	$A_p = 10\,\lg \dfrac{P_1}{P_2}$	P_1 >	P_2
Leistungsverstärkung(smaß)	$V_p = 10\,\lg \dfrac{P_2}{P_1}$	P_1 <	P_2
Spannungsdämpfung(smaß)	$A_u = 20\,\lg \dfrac{U_1}{U_2}$	U_1 >	U_2
Spannungsverstärkung(smaß)	$V_u = 20\,\lg \dfrac{U_2}{U_1}$	U_1 <	U_2
Stromdämpfung und -verstärkung	analog Spannungsdämpfung und -verstärkung		

Pegelmessung

Die P. dient der Feststellung des elektrischen Zustands an einem Meßpunkt oder der Übertragungseigenschaften eines Vierpols (z. B. einer Übertragungsstrecke).

Die direkte P. wird auf eine Spannungsmessung zurückgeführt (Bild a). Dazu soll eine Widerstandsanpassung aller Systeme (z. B. auf den Wellenwiderstand Z) vorliegen; dann entspricht der gemessene Spannungspegel in seinem Wert dem Leistungspegel. Dazu wird das Meßobjekt (Vierpol) aus einem Generator mit einem Innenwiderstand, der dem Eingangswiderstand Z_e entspricht, gespeist. Es wird mit einem Widerstand, dessen Wert gleich dem Ausgangswiderstand Z_a ist, abgeschlossen. Die Messung erfolgt mit einem hochohmigen Spannungsmesser.

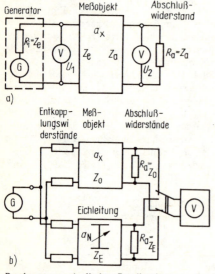

Pegelmessung. a) direkte Pegelbestimmung durch Spannungsmessung; b) Vergleichsmessung mit einer Eichleitung

Eine indirekte P. kann durch Vergleichsmessung mit einer Eichleitung, einer Anordnung aus einzelnen Widerständen, die ganz bestimmte Werte zueinander haben müssen, erfolgen (Bild b). In der Praxis ist die Eichleitung umschaltbar, so daß sich ihre Dämpfung in festgelegten Stufen verändern und der des Meßobjekts gleichmachen läßt. Eichleitungen sind für einen bestimmten Wellenwiderstand gebaut. Er kann einen anderen Wert haben als der Widerstand des zu messenden Vierpols. Die Abschlußwiderstände müssen aber in ihrem Wert mit den jeweiligen Wellenwiderständen übereinstimmen.

Periodendauer

(Schwingungsdauer). Kleinste Zeitdauer, nach der sich eine periodische Größe wiederholt.
Der Kehrwert der P. ist die → Frequenz. – Anh.: 15, 18, 20, 44 / 61, 75.

Phasenellipse

Oszillogramm bei der oszilloskopischen → Phasenwinkelmessung mit dem Einkanaloszilloskop.

Phasenwinkel

Kennzeichen für den Zustand (die „Phase") einer Wechselgröße zu einem bestimmten Zeitpunkt.
Bei einer → Sinusgröße ist der P. ψ das Argument der Sinusfunktion: $x = \hat{x} \sin \psi$.
Den P. zu Beginn der Zeitzählung, d. h. bei $t = 0$, nennt man Nullp. (oder Anfangsp.) φ.
Bei mehreren zusammenwirkenden Sinusvorgängen wird die Differenz der Nullp. (ausführlich) als Phasenverschiebungswinkel bezeichnet.
Der Wert des P. kann durch oszilloskopische → P.messung ermittelt werden. – Anh.: 2, 4, 18, 44 / 61, 75.

Phasenwinkelmessung, oszilloskopische

Bestimmung der Phasenverschiebung φ zwischen zwei gleichfrequenten Größen, die sich als Spannungen $u_1 = \hat{u}_1 \sin \omega t$ und $u_2 = \hat{u}_2 \sin (\omega t + \varphi)$ wandeln lassen, mit dem Oszilloskop.

● O. P. mit dem Zweikanal- oder Zweistrahloszilloskop:
Ein Zweikanal- oder Zweistrahloszilloskop zeigt im Zeitbetrieb die Verläufe der beiden gegeneinander phasenverschobenen Spannungen u_1 und u_2 (Bild a).
Aus dem Abstand der Nulldurchgänge beider Spannungen X_1 kann im Vergleich mit der der Periodendauer $T \cong 360°$ bzw. 2π entsprechenden Strecke X_2 der Phasenwinkel bestimmt werden:

$$\varphi = \frac{X_1}{X_2} 360°$$

● O. P. mit dem Einkanaloszilloskop
Die beiden phasenverschobenen Spannungen u_1 und u_2 werden an je einen Eingang des Oszilloskops im X-Betrieb gelegt (Bild b).
Auf dem Bildschirm entsteht als Lissajous-Figur i. allg. die sog. Phasenellipse (Bild c), wor-

Phasenwinkelmessung, oszilloskopische

aus sich mit den dargestellten Bestimmungsstücken der Phasenwinkel ermitteln läßt:

$$\sin\varphi = \frac{X_1}{X_2} \quad \text{oder} \quad \sin\varphi = \frac{Y_1}{Y_2} \quad \text{bzw.}$$

$$\varphi = \arcsin\frac{X_1}{X_2} = \arcsin\frac{Y_1}{Y_2}$$

Anh.: 4, 15, 72/78.

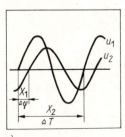

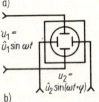

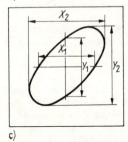

Phasenwinkelmessung, oszilloskopische. a) Oszillogramm mit den Bestimmungsstücken zur Phasenwinkelmessung mit einem Zweikanal- oder Zweistrahloszilloskop; b) vereinfachte Meßschaltung zur Phasenwinkelmessung mit dem Einkanaloszilloskop; c) Oszillogramm mit den Bestimmungsstücken zur Phasenwinkelmessung mit dem Einkanaloszilloskop

Plattenspannungsmesser, elektrostatischer

Bauform des elektrostatischen → Meßwerks.
Zwischen zwei feststehenden Platten befindet sich eine an dünnen Metallbändern aufgehängte bewegliche Platte, die mit einer feststehenden Platte leitend verbunden ist (Bild). Die verbundenen Platten haben die gleiche Ladung und stoßen sich deshalb ab, während die andere feste Platte infolge ihrer entgegengesetzten Ladung die bewegliche Platte anzieht. Die sehr kleinen Auslenkungen werden über ein Hebelsystem vergrößert, durch Induktionsdämpfung beruhigt und mit einem Zeiger ablesbar gemacht.

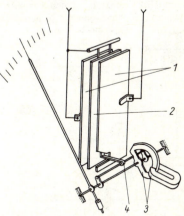

Plattenspannungsmesser, elektrostatischer; *1* feststehende Platten; *2* bewegliche Platte; *3* Induktionsdämpfung; *4* Hebelsystem

Spezielle Konstruktionen des e. P. werden zur Hochspannungsmessung mit sehr geringen Unsicherheiten genutzt. – Anh.: 78/57.

Plotter

→ Koordinatenschreiber

Poggendorf-Kompensator

→ *Gleichspannungskompensator nach dem Potentiometerverfahren.*
Zum Abgleich wird in Schalterstellung *1* mit Hilfe des Galvanometers P die Spannung eines → Normalelements E_N mit dem am Normalwiderstand R_N erzeugten Spannungsabfall verglichen. Zeigt das Galvanometer Null (ggf. muß mit R_H nachgestellt werden), gilt: $E_N = I_H R_N$. Da E_N und R_N bekannt und konstant sind, ist auch I_H bekannt und bleibt konstant (Bild).
Zur Messung wird in Schalterstellung *2* die zu messende Spannung U_x mit dem Spannungsabfall an R'_K verglichen, den der Hilfsstrom I_H an diesem Teil des Kompensationswiderstands (Meßpotentiometer) erzeugt.
Wird R'_K so eingestellt, daß das Galvanometer wieder Null anzeigt, gilt:

$$U_x = I_H R'_K = \frac{E_N}{R_N} R'_K .$$

Poggendorf-Kompensator

Da der Hilfsstrom I_H konstant ist, ist der Wert von R'_K, d. h. die Schleiferstellung, ein Maß für die gesuchte Spannung:

$U_x \sim R'_K$.

Zur notwendigen Konstanthaltung des Widerstands im Hilfsstromkreis werden besondere Kunstschaltungen angewendet (→ Feussner-Kompensator). – Anh.: 49, 80, 136 / *12, 19, 69.*

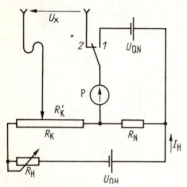

Poggendorf-Kompensator

Potentialausgleich

Maßnahme zur Erhöhung der Wirksamkeit der → Schutzmaßnahmen gegen gefährliche elektrische Durchströmung.

Der P. verhindert das Auftreten gefährlicher Potentialunterschiede zwischen verschiedenen metallischen Versorgungssystemen in Gebäuden und Fahrzeugen. Durch den P. müssen alle elektrisch leitfähigen Rohr-, Leitungs- und Kanalsysteme sowie metallene Teile der Baukonstruktion, Fundamenterder und Schutzleiter eines Gebäudes an zentraler Stelle nach verbindlichen Vorschriften verbunden sein. Die Anschlußstellen sind mit folgendem Symbol  zu kennzeichnen.

– Anh.: 111 / *98, 99, 100.*

Potentialausgleichssystem

Gesamtheit der zum → Potentialausgleich gehörenden Bauteile und Leitungen.
Anh.: 111 / *98, 99, 100.*

Potentiometerverfahren

Abgleichverfahren beim → Gleichspannungskompensator.

Präzisionsmeßgerät

→ Feinmeßgerät

Präzisionsmeßtechnik

Experimentelle → Meßtechnik mit höchsten Genauigkeitsanforderungen.

Die P. dient vorrangig der Forschung, z. B. der möglichst genauen Bestimmung von Naturkonstanten oder der Entwicklung von Verfahren zur Darstellung von Einheiten. Ihre Mittel werden aber auch in der → Betriebsmeßtechnik eingesetzt. – Anh.: – / *70.*

Präzisionswiderstand

→ *Meßwiderstand mit hoher Genauigkeit und Konstanz.*

P. sind technische Widerstände oder Widerstandskombinationen für Meßzwecke. Sie haben eine geringere Genauigkeit als → Normalwiderstände.

Als P. werden Schichtwiderstände (Edelmetallegierungen oder Kohleschichten auf keramischen Röhren, Stäben oder Chips; freiliegend oder im Vakuum bzw. unter Schutzgas in Glasröhrchen eingeschmolzen), Drahtwiderstände (Widerstandsdraht in verschiedenen → Wicklungsarten auf zylindrische oder rähmchenförmige Träger ein- oder mehrlagig gewickelt) und Schleifdrahtwiderstände (Präzisionspotentiometer) genutzt.

Als mehrwertige P. werden überwiegend → Dekadenwiderstände verwendet. – Anh.: 81, 135, 137, 147 / *1, 13, 15, 47.*

Probe

1. Teil oder Einzelstück eines kontinuierlich gefertigten Erzeugnisses, das der Gesamtheit (dem Posten) zum Prüfen oder Messen entnommen wird.
2. Augenblickwert, der beim Samplingverfahren abgetastet und weiterverarbeitet wird.
3. Englische Bezeichnung für → Tastkopf.

Proportionalskala

→ Skala

Prozentmeßbrücke

→ *Schleifdrahtmeßbrücke mit einem in Prozent kalibrierten Schleifdraht.*

Der hinreichend genaue Vergleichswiderstand R_N hat den Sollwert. Er kann entsprechend der Meßaufgabe ausgewechselt werden. Nach dem Nullabgleich der Brücke mit dem Meßobjekt R_x wird am Schleifdraht die Abweichung $(R_x - R_N)/R_N$, also der relative Fehler in Prozent, angezeigt.

Prüfen

Prüfen
→ *Metrologische Tätigkeit zum Feststellen, ob ein Prüfgegenstand (Prüfling, Probe, Meßgerät) die vereinbarten, vorgeschriebenen oder erwarteten Bedingungen erfüllt.*
Eine Prüfung ist immer mit einer Entscheidung verbunden. P. kann durch Sinneswahrnehmung (z. B. Sichtprüfung) rein subjektiv oder unter Einschaltung eines Prüfmittels objektiv erfolgen.
Subjektives P. führt meistens nur zu qualitativen Aussagen, z. B. „es ist zu heiß". Objektives P. dagegen ermöglicht gesicherte Aussagen über die Erfüllung bestimmter Bedingungen, z. B. → Prüfen der Schutzmaßnahmen gegen gefährliche elektrische Durchströmung.
Bei qualitativen Prüfungen (nichtmaßliches P.) wird nicht gemessen, sondern es werden Merkmale geprüft. Bei quantitativen Prüfungen (maßliches P.) wird durch → Messen festgestellt, ob eine physikalische Größe oder ein bestimmtes Merkmal vorhanden ist und ob die Größe oder das Merkmal zwischen bestimmten Grenzwerten liegt, z. B. ob vorgegebene Fehlergrenzen oder Toleranzen eingehalten werden.
Eine spezielle Art des P. ist das → Lehren.
– Anh.: 6, 32, 40, 53, 121, 130, 145, 147/ 70, 72, 82.

Prüfen der Fehlerstrom-(FI-)Schutzschaltung
Notwendigkeit beim → Prüfen der Schutzmaßnahmen gegen gefährliche elektrische Durchströmung.
Die dazu erforderliche → Sichtprüfung umfaßt die Auswahl und den Anschluß der FI-Schutzschalter, ihr unverzögertes Auslösen bei Betätigen der Prüfeinrichtung sowie die Kontrolle des Schutzleiters, des Erders und ihrer Verbindungen.
Die → Funktionsprüfung erfolgt durch Anlegen und Messen einer Fehlerspannung. – Anh.: 111, 146/ 98, 99.

Prüfen der Nullung
Notwendigkeit beim → Prüfen der Schutzmaßnahmen gegen gefährliche elektrische Durchströmung.
Die dazu erforderliche → Sichtprüfung umfaßt die Kontrolle des Schutzleiters, seiner Abmessung, der Verlegung und der Anschlüsse sowie die Auswahl und den Anschluß des Schutzleiters.
Der Nachweis der Wirksamkeit der → Nullung kann durch Berechnen oder Messen erfolgen. Es ist zu zeigen, daß die → Abschaltbedingung eingehalten wird. Wird der Nachweis durch Berechnen erbracht, ist außerdem der Schutzleiter auf Durchgang zu prüfen. – Anh.: 36, 37, 111, 116/ 98, 99.

Prüfen der Schutzerdung
Notwendigkeit beim → Prüfen der Schutzmaßnahmen gegen gefährliche elektrische Durchströmung.
Die vorgeschriebene → Sichtprüfung umfaßt die Kontrolle aller Schutzleiterverbindungen mit der Schutzerde und die Kontrolle der Schutzerder sowie der Schutzleiter bezüglich ihrer Anordnung, Abmessung und Ausführung. Weiterhin ist durch Erdwiderstandsmessung die Erfüllung der → Abschaltbedingung zu zeigen.
Die durchgängige Verbindung des Schutzleiters ist zu prüfen. – Anh.: 36, 37, 111, 116/ 98, 99.

Prüfen der Schutzisolierung
Notwendigkeit beim → Prüfen der Schutzmaßnahmen gegen gefährliche elektrische Durchströmung.
P. d. S. ist als → Sichtprüfung für die entsprechenden elektrotechnischen Betriebsmittel vorgeschrieben. Zu prüfen ist der äußere einwandfreie Zustand des Betriebsmittels. Es ist weiterhin zu kontrollieren, daß kein Schutzleiter angeschlossen ist und daß die Kennzeichnung der Schutzisolierung mit dem Symbol ▢ außen sichtbar ist.

– Anh.: 36, 111/ 98, 99.

Prüfen der Schutzkleinspannung
Notwendigkeit beim → Prüfen der Schutzmaßnahmen gegen gefährliche elektrische Durchströmung.
P. d. S. wird als → Sichtprüfung und → Isolationsmessung ausgeführt.
Sichtprüfung umfaßt die bestimmungsgemäße Auswahl des Transformators und der Steckverbinder für → Schutzkleinspannung. Außerdem ist der äußere Zustand der Leitungen zu prüfen.
Mit der Isolationsmessung ist nachzuweisen, daß kein Leiter bei einer Nennspannung von mindestens 250 V Verbindung mit der Erde hat. – Anh.: 36, 111/ 98, 99.

Prüfen der Schutzkontaktsteckverbinder
Notwendigkeit beim → Prüfen der Schutzmaßnahmen gegen gefährliche elektrische Durchströmung.

Prüfen der Schutzkontaktsteckverbinder

Die dazu vorgeschriebene → Sichtprüfung umfaßt die Kontrolle des Schutzleiters, insbesondere seines richtigen Anschlusses und die Kontrolle auf vorgeschriebene Steckverbinder. Die → Funktionsprüfung muß zeigen, daß die Schutzkontakte der Steckverbinder gegen den Betriebsstromkreis elektrisch isoliert sind. Es ist weiterhin nachzuweisen, daß die Schutzmaßnahme an ortsfesten Steckdosen wirksam ist und bei zweipoligen Steckverbindungen beide Schutzkontaktfedern leitende Verbindung mit ihrem Gegenstück haben. – Anh.: 36, 111/98, 99.

Prüfen der Schutzmaßnahmen
gegen gefährliche elektrische Durchströmung.
Gesetzlich vorgeschriebene Kontrolle der Wirksamkeit der → Schutzmaßnahmen gegen gefährliche elektrische Durchströmung.
Diese Prüfung ist wegen ihrer Bedeutung für das Leben und die Gesundheit des Menschen an Vorschriften gebunden. Sie wird beim Errichten, Erweitern und Ändern elektrotechnischer Anlagen und danach in bestimmten Zeitabständen gefordert.
Während des Prüfens dürfen Menschen und Nutztiere nicht gefährdet werden. Die Ergebnisse müssen protokolliert werden. Die Prüfung dürfen nur geeignete Fachleute ausführen. Sie umfaßt → Prüfen der Schutzisolierung, → Prüfen der Schutzkleinspannung, → Prüfen der Schutztrennung, → Prüfen der Fehlerstrom-Schutzschaltung, → Prüfen der Schutzerdung, → Prüfen der Nullung, → Prüfen des Schutzleitungssystems, Prüfen der Fehlerspannungs-Schutzschaltung und Prüfen der Trenn-Fehlerstrom-Schutzschaltung.

Prüfen der Schutztrennung
Notwendigkeit beim → Prüfen der Schutzmaßnahmen gegen gefährliche elektrische Durchströmung.
P. d. S. erfolgt als → Sichtprüfung und als → Funktionsprüfung. Die Kontrolle der galvanischen Trennung vom Netz und die Kontrolle, daß alle Leiter isoliert und von anderen Leitern, auch Schutzleitern, getrennt sind, wird durch Sichtprüfung durchgeführt. Außerdem muß kontrolliert werden, daß nur ein Betriebsmittel angeschlossen bzw. ansteckbar ist. Das Prüfen des Potentialausgleichs und der Schutzleiterverbindung sind vorzunehmen, wenn mehrere Betriebsmittel an einen Energieübertrager angeschlossen sind. Dabei ist auch durch eine Funktionsprüfung nachzuweisen, daß Schutzleiterverbindung zwischen den Betriebsmitteln besteht. Bei → Doppelkörperschluß muß der Betriebsstromkreis selbsttätig abschalten. – Anh.: 111/98, 99.

Prüfen des Potentialausgleichs
Teil des → Prüfens der Schutzmaßnahmen gegen gefährliche elektrische Durchströmung.
P. d. P. ist eine → Sichtprüfung. Dabei sind die Notwendigkeit, der Umfang und die vorschriftsmäßige Ausführung des → Potentialausgleichs zu prüfen. – Anh.: 111, 113/98, 99, 100.

Prüfen des Schutzleitungssystems
Notwendigkeit zum → Prüfen der Schutzmaßnahmen gegen gefährliche elektrische Durchströmung.
Die dafür erforderliche → Sichtprüfung umfaßt die Kontrolle der Isolation der Betriebsstromkreise und des Sternpunkts, die → Prüfung des Potentialausgleichs, die Trennung des Schutzleiters von anderen Leitern und die Kontrolle vorhandener Isolationsüberwachungs- und Fehlermeldeeinrichtungen.
Die → Funktionsprüfung muß zeigen, daß die Körper der elektrotechnischen Betriebsmittel und Anlagen leitend verbunden und an das Potentialausgleichsystem angeschlossen sind. Im Fall der Isolationsüberwachung ist mit einem → Prüfwiderstand die Fehlermeldung auszulösen. Arbeitet das Schutzleitungssystem ohne Isolationsüberwachung, muß die → Abschaltbedingung erfüllt sein und die Anlage selbsttätig abschalten. – Anh.: 37, 111/98, 99.

Prüfen mit Rechteckimpuls
Qualitative Kontrolle des Übertragungsverhaltens von Vierpolen.
Ein Rechteck(im)puls ist ein Gemisch von Sinusschwingungen unterschiedlicher Frequenz (Grundfrequenz mit ungeradzahligen harmonischen Frequenzen). Legt man ihn an den Eingang eines Vierpols (z. B. eines Verstärkers), dann werden bei der Übertragung Grundwelle und Oberwellen mehr oder weniger beeinflußt. Aus der Verformung, die man durch oszilloskopische → Spannungsmessung am Ausgang sichtbar macht, kann man das ungefähre Frequenz- und Laufzeit-(Phasen-)verhalten des Vierpols im angewendeten Frequenzbereich erkennen (Tafel).
Speist man einen (nahezu idealen) Rechteckimpuls in ein Übertragungssystem ein, kann

Prüfen mit Rechteckimpuls

Prüfung des Übertragungsverhaltens von Vierpolen mit Rechteckimpulsen

Impulsform - - - am Eingang —— am Ausgang	Kennzeichen des Ausgangsimpulses	Übertragungsverhalten
	keine Verformung; steiler Anstieg und Abfall (Anstiegs- und Abfallzeit ≈ 0), scharfe Ecken	große Bandbreite mit niedriger unterer und hoher oberer Grenzfrequenz; keine Amplitudenfehler (linearer Frequenzgang), keine Phasenfehler (konstante Laufzeit, linearer Phasengang)
	verformte Flanken; schräger Anstieg und Abfall (größere Anstiegs- und Abfallzeit) abgerundete Ecken	zu niedrige obere Grenzfrequenz, d. h. hohe Frequenzen werden nicht exakt übertragen (vielfach durch Parallel- und Schaltkapazitäten verursacht)
	Dachabfall (schräges Impulsdach), relativ steiler Anstieg und Abfall	zu hohe untere Grenzfrequenz, d. h. niedrige Frequenzen und Gleichspannungsanteile werden nicht exakt übertragen (vielfach durch Koppelkondensatoren verursacht)
	Überschwingen (nach dem Anstieg und/oder Abfall tritt eine gedämpfte Schwingung auf)	das Übertragungssystem enthält (parasitäre) Resonanzkreise
	Die vereinfacht und einzeln dargestellten Verformungen treten vielfach gemeinsam auf.	

man durch oszilloskopische → Zeitmessung die → Anstiegszeit T_r des Impulses am Ausgang bestimmen. Zwischen ihr und der Bandbreite B (≈ obere Grenzfrequenz f_o) besteht ein empirisch bestätigter Zusammenhang:

$$B \approx \frac{0{,}35}{T_r}.$$

– Anh.: 72/61, 78.

Prüfen von Erdungsanlagen

(kurz: Erdungsprüfung). *Notwendigkeit beim → Prüfen der Schutzmaßnahmen gegen gefährliche elektrische Durchströmung.*
P. v. E. wird für Neuanlagen als → Erstprüfung und danach als Wiederholungsprüfung gefordert. Es gliedert sich in → Sichtprüfung und Erdwiderstandsmessung.
Schwerpunkte bei der Sichtprüfung sind Kontrolle der Abmessung, der Verbindung der Erder und Erdungsleitungen und deren Kennzeichnung.
Wiederholungsprüfungen sollen die genannten Schwerpunkte in Stichproben erfassen. – Anh.: 37, 111/98, 99.

Prüfspannung

Spannungsfestigkeit der Isolation zwischen elektrisch leitenden Teilen bei Meßgeräten und beim Zubehör.
Die Prüfung wird mit Wechselspannung von 50 Hz und mindestens 500 V vorgenommen. Einzelheiten sind in Vorschriften festgelegt.
Die P. wird durch → Skalenzeichen angegeben. – Anh.: 78/57.

Prüfung, elektrische

Gesetzlich geforderter Nachweis der elektrischen

Prüfung, elektrische

Funktionstüchtigkeit und Kontrolle der Erfüllung einschlägiger Vorschriften elektrotechnischer Anlagen und Betriebsmittel.
Unabdingbare e. P. sind → Prüfung der Schutzmaßnahmen gegen gefährliche elektrische Durchströmung und die Isolationsmessung. – Anh.: 111/ 99, 100, 102.

Prüfwiderstand
Hilfsmittel zum → *Prüfen des Schutzleitungssystems.*
Anh.: 111/ 98, 99.

Puls
Dynamische Größe, die aus einer Folge von gleichen → *Impulsen besteht.*
Ähnlich wie bei → Sinusgrößen spricht man auch beim P. von Impulsamplitude $\hat{x}$, Periodendauer T und P.frequenz (oder Impulsfolgefrequenz):

$$f_p = \frac{1}{T}.$$

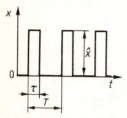

Puls. Beispiel Rechteckpuls; $\hat{x}$ Impulsamplitude; τ Impulsdauer; T Periodendauer

Beim Rechteck-P. (Bild) heißt er Quotient aus Periodendauer und Impulsdauer τ Tastverhältnis v:

$$v = \frac{T}{\tau}.$$

Der Kehrwert wird oft als Tastgrad g bezeichnet.
Man unterscheidet bei Notwendigkeit zwischen unmoduliertem und moduliertem P. – Anh.: 18/ 61.

Punktschreiber
→ *Schreiber, bei dem in regelmäßigen Zeitabständen ein zeitweiliger Kontakt zwischen Schreiborgan und Diagrammträger hergestellt und so ein diskontinuierlicher Kurvenzug registriert wird.*
P. können als → Meßwerk- oder → Kompensationsschreiber ausgeführt werden (→ Fallbügelschreiber, Bild). – Anh.: 28, 29, 30, 87, 88/ 22, 49, 50, 51.

Pyrometer
→ Strahlungsthermometer

Q

Quadrantenelektrometer
Bauform des → *elektrostatischen Meßwerks.*
Eine zylindrische, feststehende Kammer ist in vier (beim Duantenelektrometer in zwei) gleiche, voneinander isolierte Teile getrennt. Beim Q. sind je zwei einander gegenüberliegende Elektroden leitend miteinander verbunden. Das bewegliche Organ besteht aus einem leichten Blech. Es ist an einem Band mit einem Spiegel, der eine Anzeige mittels Lichtzeigers ermöglicht, aufgehängt (Bild).
Je nach Meßaufgabe verwendet man das Q. in verschiedenen → Elektrometerschaltungen.

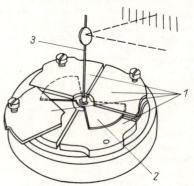

Quadrantenelektrometer. *1* Quadranten (feste Kammern); *2* bewegliches Organ; *3* Bandaufhängung mit Meßwerkspiegel

Quadrantenschaltung
→ Elektrometerschaltung

Quadrantskala
(Querskala). → Skalenart

Quantisierung
(Diskretisierung). Unterteilung einer → *Meßinformation in eine Anzahl gleich großer Stufen (Inkremente).*

Quantisierung

Bei der Q. wird einem Wert aus dem unendlichen Wertebereich einer analogen Größe ein diskreter Wert (aus einem endlichen Wertevorrat) zugeordnet.
Dabei tritt ein Quantisierungsfehler auf. Er beträgt ± 1 Quantisierungsstufe und wird im Betrag um so kleiner je feiner die Q. ist. – Anh.: 6, 130, 147 / 64.

Quantisierungsfehler
Systembedingter Fehler bei der → Quantisierung.

Quarzgenerator
→ Meßgenerator mit hoher Frequenzstabilität unter Verwendung eines Schwingquarzes.
Q. werden u. a. in der Nachrichtentechnik, bei → Digitalvoltmetern, Universalzählern und als Taktgenerator in der digitalen Rechentechnik verwendet.

Querankeraufnehmer
Bauform des induktiven → Aufnehmers.

Quotientenmeßwerk
→ Meßwerk, das das Verhältnis (Quotienten) von zwei elektrischen Größen anzeigt.
Von den meisten Meßwerken existieren spezielle Bauformen als Q. Dabei werden überwiegend gekreuzte Spulenanordnungen genutzt, bei denen die Teilspulen von Strömen durchflossen werden, die aus den Größen abgeleitet wurden, deren Verhältnis angezeigt werden soll (z. B. → Kreuzspulmeßwerk, → elektrodynamisches Q.). – Anh.: 78 / 57.

Quotientenmeßwerk, elektrodynamisches
Elektrodynamisches → Meßwerk als → Quotientenmeßwerk.
Das e. Q. nutzt zur Verhältnisbildung entweder eine Kreuzdrehspule oder das Kreuzfeld zweier fester Spulen. Es dient je nach Schaltung als → Leistungsfaktormesser oder auch zur → Kapazitäts- oder → Selbstinduktivitätsmessung.

● e. Q. mit Kreuzspule
Die vom Strom durchflossene feste Feldspule erzeugt ein inhomogenes Feld, in dem sich eine Kreuzspule einstellen kann. Die durch richtkraftlose Bändchen den beiden Teilspulen zugeführten Ströme haben eine solche Richtung, daß die resultierenden Drehmomente gegeneinander wirken. Die Kreuzspule stellt sich so im Feld der Festspule ein, daß beide Drehmomente gleich sind. Die Anzeige ist dadurch wie beim → Kreuzspulmeßwerk, vom Quotienten (Verhältnis) aus den beiden Strömen in der Kreuzspule und ihrer Phasenverschiebung abhängig (Bild a).

● e. Q. mit Kreuzfeld
Der Aufbau und die Rolle der Spulen sind gegenüber e. Q. mit Kreuzspule vertauscht (Bild b). Es sind zwei feste Spulenpaare als Spannungspfade vorhanden, deren Felder senkrecht aufeinander stehen und so zur Bildung der beiden entgegengesetzten Drehmomente beitragen. Die Drehspule hat nur eine Wicklung und dient als Strompfad.

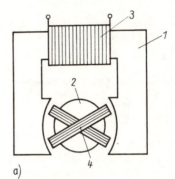

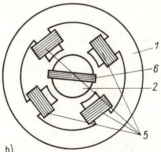

Quotientenmeßwerk, elektrodynamisches. (schematisch); a) mit Kreuzspule; b) mit Kreuzfeld
1 Eisenjoch; *2* Weicheisenkern; *3* Feldspule; *4* Kreuzdrehspule; *5* Feldspulenpaare zur Erzeugung des Kreuzfelds; *6* einfache Drehspule

R

Rähmchendämpfung
(Rahmendämpfung). → Induktionsdämpfung im Drehspulenrähmchen.

Rähmchendämpfung

Bei Meßgeräten mit Drehspulen werden durch das Magnetfeld des festen Organs in dem als kurzgeschlossene Windung wirkenden, bewegten Spulenrahmen Spannungen induziert und Wirbelströme angetrieben, die ein dämpfendes Gegendrehmoment bewirken (Bild).

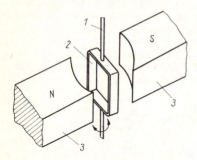

Rähmchendämpfung. Induktions-Rähmchendämpfung (beim Drehspulmeßwerk); *1* Meßwerkachse; *2* Wickelrähmchen der Drehspule; *3* Polschuhe des Meßwerkmagneten

Randomoszilloskop

(auch Random-Samplingoszilloskop). → *Samplingoszilloskop mit statistischer Abtastung.*
Im Unterschied zum → Samplingoszilloskop mit sequentieller Abtastung erscheinen beim R. die Abtastimpulse nicht zeitlich hintereinander mit gleichen Zeitdifferenzen Δt, sondern die Abstände ändern sich nach einer unstetigen Zeitfunktion (statistisch) um einen bestimmten Mittelwert.
Spezielle Schaltungen gewährleisten eine zusammenhängende (kohärente) Abbildung auf dem Bildschirm. – Anh.: 72, 134/78, 86, 87.

Raster

(Meßraster). Gleichmäßige Teilung der Bildschirmfläche eines Oszilloskops.
R. enthalten Markierungshilfen zur Oszillogrammauswertung. Dies sind überwiegend horizontale und vertikale Linien. Ihr Abstand wird als „Teil" (Abk. T.) oder englisch „division" (Abk. DIV) bezeichnet und kann einen beliebigen Wert haben. Der Wert ist von der nutzbaren Bildschirmfläche, die in horizontaler Richtung immer in 10 Teile geteilt ist, abhängig. Die Zentralachsen haben vielfach eine weitere Unterteilung.
Externe R. sind normalerweise (beleuchtete oder unbeleuchtete) gravierte Scheiben, die vor dem Bildschirm angebracht sind. Beim Ablesen an derartigen R. ist der Fehler durch → Parallaxe zu beachten.
Bei internen R. tritt dieser Fehler nicht auf, da die R.linien von innen direkt in das Bildschirmglas geprägt sind. – Anh.: 103/–

Rauschabstand

Kennwert zum Verhältnis von Signalleistung zur Rauschleistung in einem Übertragungskanal.
Meßtechnisch kann der R. mittels eines → Rauschgenerators zur Erzeugung eines definierten vergleichbaren Rauschpegels und eines → Meßgenerators als Signalspannungsquelle ermittelt werden.
Das Verhältnis wird meist in → Dezibel angegeben. – Anh.: 15/–

Rauschgenerator

→ *Meßgenerator, der ein Rauschsignal abgibt.*
Rauschen entsteht in Bauelementen und Übertragungseinrichtungen als Störsignal der Informationsübertragung. Zum Messen des Rauschens ist ein Vergleichssignal vom R. notwendig.
Das Rauschen im R. erzeugt man mit einer Rauschdiode, seltener mit einem Widerstand. Sie ist eine im Sättigungsgebiet arbeitende Röhrendiode, welche über einen breiten Frequenzbereich stets gleiche Rauschleistung abgibt. Am R. läßt sich die Rauschleistung einstellen und ablesen. – Anh.: 15/–

Rauschnormal

→ *Rauschgenerator, der ein definiertes Rauschsignal abgibt.*

Rechteckwellengenerator

→ *Meßgenerator mit rechteckförmigem Ausgangssignal, wobei meist Amplitude, Frequenz, Impulsbreite und Impulsabstand einstellbar sind.*
Die Rechteckspannung im R. kann erzeugt werden durch Sinusoszillatoren mit nachfolgender Impulsformung oder durch Kippstufen, die nichtsinusförmige Spannungen erzeugen.
In der Meßtechnik dienen R. als Signalquelle zur Messung bzw. Prüfung für digitale und analoge Schaltungen. Hier kann aus der Verformung der Rechteckspannung am Ausgang des Meßobjekts auf dessen Übertragungseigenschaften geschlossen werden (→ Prüfen mit Rechteckimpuls). – Anh.: 17, 51/61, 79.

Referenzbereich

(Referenzwert). → Bezugsbedingung

Registriergerät

Registriergerät
Registrierendes Meßgerät zum vorübergehenden oder dauernden Erfassen von → Meßinformationen auf Datenträgern.
Die Aufzeichnung kann durch Schreiben bzw. Drucken eines Diagramms (schreibendes Meßgerät, kurz → Schreiber), oder durch Ausdrukken der Meßwerte als Zahlen (→ Meßgerät, druckendes) erfolgen.
Meßgeräte mit verschlüsselter Aufzeichnung registrieren auf Lochstreifen, Magnetbänder u. ä. – Anh.: 115/57.

Reihenteilung
→ Teilungsanordnung

Resolver
(Vektorzerleger). Anordnung zur elektrischen → Winkel(stellungs)messung.
R. bestehen aus Stator und Rotor (Bild). Der Stator trägt zwei um 90° versetzte Wicklungen, die von zwei Wechselspannungen mit 90° Phasenverschiebung gespeist werden.

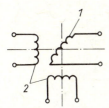

Resolver. *1* Rotor; *2* Stator

Die in der Rotorspule induzierte Spannung ist amplitudenmoduliert. Die Auswertung ihrer Amplitude oder Phasenlage ist ein Maß für die Winkelstellung. Oft erfolgt die weitere Signalverarbeitung digital.

Resonanzmeßbrücke
→ Grüneisen/Giebe-Meßbrücke

Resonanzverfahren
Meßverfahren zur → Frequenzmessung.
Beim R. wird die unbekannte Frequenz mit der (meist veränderbaren) Resonanzfrequenz eines Schwingkreises verglichen. Die Anwendung der R. erfolgt im → Absorptionsfrequenzmesser und → Dip-Meter.
Auch → Frequenzmeßbrücken nutzen das R. in modifizierter Form.

Restfehler, digitaler
→ Zählfehler

Ringskala
→ Skalenart

RLC-Meßbrücke
Meßgerät, das durch die Kombination verschiedener Arten von → Scheinwiderstandsmeßbrücken die Messung von Wirkwiderständen R, Induktivitäten L, Kapazitäten C und der zughörigen Verluste ermöglicht, z. B. → Maxwell/Wien-Meßbrücke.

Röhrenvoltmeter
Veraltete Bezeichnung für → Verstärkervoltmeter.

Rücklaufaustastung
Unterdrückung des Leuchtpunktes während des Rücklaufs des Elektronenstrahls beim Zeitbetrieb des Oszilloskops.
Damit die Leuchtspur beim Elektronenstrahlrücklauf nicht die Übersichtlichkeit des Oszillogramms beeinträchtigt, werden wahlweise zwei Verfahren zur R. genutzt.
Bei der Hinlaufhellsteuerung ist die Grundhelligkeit so eingestellt, daß der Leuchtpunkt nicht sichtbar ist, und nur während des Anstiegs der Sägezahnspannung zur Horizontalablenkung erhält der Wehneltzylinder ein positiveres Potential, so daß Elektronen zum Leuchtschirm fliegen können (Bild).

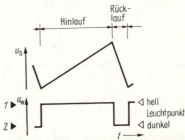

Rücklaufaustastung. u_s Sägezahnspannung zur Horizontalablenkung; u_w Wehneltzylinderspannung mit *1* Gleichspannungswert für die Grundhelligkeit bei der Rücklaufdunkelsteuerung; *2* Gleichspannungswert für die Grundhelligkeit bei der Hinlaufhellsteuerung

Bei der Rücklaufdunkelsteuerung wird das Oszillogramm mit der notwendigen Grundhelligkeit geschrieben. Während des Sägezahnspannungsabfalls wird durch ein negativeres Potential am Wehneltzylinder der Elektronenfluß zum Leuchtschirm gesperrt.
Bei X-Betrieb des Oszilloskops erfolgt keine R.
– Anh.: 72, 134 / 78.

Rückstellorgan

Rückstellorgan
Konstruktionselement des → Meßwerks.
Das R. erzeugt ein vom Ausschlag abhängiges, mechanisches Richtmoment M_m gegen das Drehmoment M_b, das die Meßgröße auf das bewegliche Organ ausübt: $\widehat{M_m} = \widehat{M_b}$. Wenn die Meßgröße nicht einwirkt, führt das bewegliche Organ und damit die Anzeige in die Nullstellung zurück.
Vielfach dienen R. auch zur Stromzuführung zum beweglichen Organ.
R. sollen keine elastischen Nachwirkungen, keine Alterungserscheinungen und möglichst geringe Temperaturabhängigkeit aufweisen. Zum Ausgleich dieser Erscheinung werden zwei Federn mit entgegengesetztem Wickelsinn verwendet. Der Werkstoff von R. muß unmagnetisch, korrosionsbeständig sein und ggf. gute elektrische Leitfähigkeit aufweisen (Platin- und Edelstahllegierungen, Phosphorbronzen) (Bild).

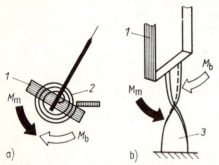

Rückstellorgan. Drehmomentengleichgewicht bei a) Achs- und b) Spannbandlagern; M_m mechanisches Richtmoment; M_b Drehmoment des beweglichen Organs; *1* Drehspule als bewegliches Organ; *2* Spiralfeder; *3* Spannband (stark vergrößert)

Die mechanischen Richtmomente werden durch Verdrehung von Spiralfedern oder Spannbändern erreicht sowie durch magnetische oder elektrodynamische Kräfte.
Spiralfedern werden bei allen → Achslagern angewendet. Die bei → Spannbandlagern verwendeten Bänder werden auf Torsion (Verdrehung) beansprucht und erzeugen so das Richtmoment.
Drehmagnetmeßwerke nutzen als R. die magnetische Kraft des Richtmagneten. → Quotientenmeßwerke haben keine mechanischen R.; das Gegendrehmoment wird elektrodynamisch erzeugt. – Anh.: 78, 82/57.

Rumpf-Kompensator
→ *Wechselspannungskompensator zur Messung einer Wechselspannung ohne Berücksichtigung von deren Phasenlage.*
Die Wechselstrom- und Wechselspannungsmessung wird beim R. auf eine Gleichspannungskompensation zurückgeführt. Als Wandlerelement für die indirekte Kompensation wird ein → Thermoumformer benutzt. Der Heizleiter des Thermoumformers B1 wird vom zu messenden Wechselstrom, der Heizleiter des Thermoumformers B2 vom Hilfsgleichstrom durchflossen (Bild).

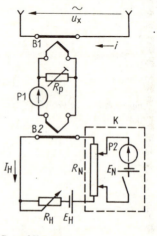

Rumpf-Kompensator

Vor der eigentlichen Messung müssen beide Thermoumformer auf gleiche Empfindlichkeit abgeglichen werden (z. B. mit R_p). Die Thermoelemente der beiden direkt oder indirekt geheizten Thermoumformer werden so gegeneinandergeschaltet und abgeglichen, daß sich die Thermospannungen kompensieren. Da die von einem Gleichstrom oder dem Effektivwert eines Wechselstroms (beliebiger Kurvenform) an den gleichwertigen Heizleiterwiderständen aufgebrachte Leistung gleich ist, kann an einem → Gleichspannungskompensator mit Normalelement (K) der Effektivwert der Wechselspannung bzw. des -stroms bestimmt werden.

Rundspulmeßwerk
Bauform des → Dreheisenmeßwerks.

Sägezahngenerator

S

Sägezahngenerator
(auch Kippgenerator). → *Meßgenerator mit sägezahnförmiger Ausgangsspannung.*
Allen Verfahren zur Erzeugung von Sägezahnspannungen gemeinsam ist das Prinzip der zeitlinearen Aufladung eines Kondensators mit nachfolgend schneller Entladung.
Folgende Hauptvarianten existieren:
* Von der Aufladekurve wird nur der untere lineare Teil genutzt. Diese Schaltungsart heißt Miller-Integrator.
* Während der Ladung des Kondensators wird die Ladespannung erhöht. Man spricht vom Verfahren der mitlaufenden Ladespannung, angewandt in der Bootstrap-Kippschaltung.
* Der Kondensator wird mit einem konstanten Strom geladen. Dabei wird ein Stromgenerator als Konstantstromquelle benutzt. – Anh.: 41, 51, 142/79.

Sägezahnumsetzer
→ *Analog/Digital-Umsetzer mit Spannungs-Zeit-Umsetzung*

Samplingoszilloskop
(Samplingoszillograf). → *Oszilloskop, das zur Darstellung des Meßsignals ein* → *Samplingverfahren benutzt.*
S. können überall dort eingesetzt werden, wo Bandbreite und Empfindlichkeit von konventionellen Oszilloskopen nicht mehr ausreichen, um das Signal auswertbar darzustellen. S. setzen ein regelmäßig wiederkehrendes Meßsignal mit konstanter Signalform (keine einmaligen Vorgänge) voraus. Sie gestatten fast alle mit konventionellen Echtzeitoszilloskopen ausführbaren Darstellungen und Messungen.
Je nach Art des Multiplexabtastverfahrens kann man → Echtzeit-S., → S. mit sequentieller Abtastung und → Random-S. unterscheiden. Mit Zusatzeinrichtungen lassen sich digitale S. und rechnende S. aufbauen. Bei fast allen S. läßt sich die Anzahl der Abtastpunkte (Proben) verändern und auch auf eine feste Anzahl je Teilungseinheit einstellen. – Anh.: 72, 134/86.

Samplingoszilloskop, digitales
→ *Samplingoszilloskop, bei dem die im Abtastverfahren gewonnenen Proben in Ziffernform und/oder codiert aufbereitet, dargestellt und gespeichert werden können.*

Samplingoszilloskop, rechnendes
→ *Samplingoszilloskop, bei dem mit den im Abtastverfahren gewonnenen Proben mathematische Operationen vorgenommen werden können.*
Die Ergebnisse können gespeichert bzw. in analoger und/oder digitaler Form ausgegeben werden. – Anh.: 72/86.

Samplingoszilloskop mit sequentieller Abtastung
Oszilloskop mit sequentiellem → *Samplingverfahren und kohärenter Abtastung.*
Dem regelmäßig wiederkehrenden Eingangssignal werden zeitlich hintereinander durch Abtastung Augenblickswerte („Proben") entnommen. Der dazu notwendige Abtastimpuls erfährt bei jeder Abtastung einen geringen, gleichbleibenden, zeitlichen Versatz (Δt). Dadurch wird erreicht, daß das Signal immer an einem anderen Punkt abgetastet wird (Bild).

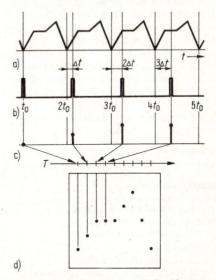

Samplingoszilloskop mit sequentieller Abtastung. Sequentielles Sampling; a) zu untersuchendes Eingangssignal (in Echtzeit t); b) Abtast-(Sampling-)Impulse (Δt als Abtastschritt); c) Augenblickswerte bei der Abtastung (nur die ersten 4 Proben); d) Oszillogramm als Punktdarstellung der zeittransformierten Proben (in Äquivalentzeit T)

Samplingoszilloskop mit sequentieller Abtastung

Die Proben werden auf dem Bildschirm mit einer dem Originalverlauf äquivalenten Zeitablenkung (equivalent-time-sampling) dargestellt. Der ursprünglich schnelle Meßsignalverlauf wird in eine langsamere Folge der abgetasteten Augenblickswerte umgesetzt (Zeittransformation). – Anh.: 72, 134 / 86.

Samplingverfahren
(kurz Sampling). Engl. sample, Proben entnehmen. Verfahren zur Messung oder Kontrolle von Prozessen, die sich zeitlich schnell ändern.
Beim elektronischen S. werden die Augenblickswerte eines zu messenden Signals abgetastet.
Die beim S. gewonnenen sog. Proben werden gespeichert, um sie anschließend auf einem Bildschirm darzustellen (→ Samplingoszilloskop) oder zu einer weiteren Datenverarbeitung zu nutzen.
Beim sequentiellen S. werden die Proben nacheinander, in gleichmäßigen Intervallen abgetastet. Sind die Zeitpunkte für die Abtastung relativ zufällig über das Meßsignal verteilt und wird durch geeignete Verfahren eine zusammenhängende Abbildung erreicht, spricht man vom Random-(Zufalls-)S.
Werden während der Dauer des Meßsignals mehrere Proben abgetastet, so daß die Abbildungsdauer der Signaldauer entspricht, handelt es sich um Echtzeit-S.
Beim Äquivalentzeit-S. wird bei jedem Einzelvorgang des mit konstanter Form wiederkehrenden Meßsignals nur eine Probe abgetastet; die Proben werden mit einer Zeittransformation wiedergegeben (→ Samplingoszilloskop mit sequentieller Abtastung. – Anh.: – / 86.

Schaltung, heterostatische
→ Elektrometerschaltung mit Hilfsspannung

Schaltung, idiostatische
→ Elektrometerschaltung ohne Hilfsspannung

Schaltung, spannungsrichtige
Schaltungsvariante zur gleichzeitigen → Strom-/Spannungsmessung.
Bei der s. S. liegt, im Unterschied zur stromrichtigen Schaltung, der Spannungsmesser direkt parallel zum Meßobjekt; der Strommesser ist davor in Reihe geschaltet (Bild).
Von den gesuchten Meßwerten (U_x, I_x) wird nur die Spannung U_x richtig gemessen. Der angezeigte Stromwert $I (= I_x + I_{GU})$ ist um den Betrag des Stroms durch den Spannungsmesser $I_{GU} (= U_x/R_{GU})$ größer. Je höher die → Stromdämmung, d. h. je hochohmiger der Spannungsmesser ist, desto geringer ist der → systematische Fehler.

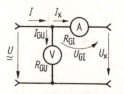

Schaltung, spannungsrichtige

Schaltung, stromrichtige
Schaltungsvariante zur gleichzeitigen → Strom-/Spannungsmessung.
Bei der s. S. wird, im Unterschied zur spannungsrichtigen Schaltung, der Strommesser direkt in Reihe mit dem Meßobjekt geschaltet; der Spannungsmesser liegt davor parallel über Strommesser und Meßobjekt (Bild).

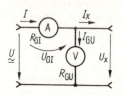

Schaltung, stromrichtige

Von den gesuchten Meßwerten (U_x, I_x) wird nur der Strom I_x richtig gemessen. Der angezeigte Spannungswert $U (= U_x + U_{GI})$ ist um den Betrag des Spannungsabfalls über dem Strommesser $U_{GI} (= I_x R_{GI})$ größer. Dieser → systematische Fehler geht gegen Null, wenn der Meßgerätewiderstand des Strommessers R_{GI} sehr niederohmig bzw. idealerweise Null ist.

Schätzung
Subjektive Bewertung einer Meßgröße.
Eine S. ist keine Messung, da keine objektive Vergleichsgröße verwendet wird. Sie ist immer mit großer Unsicherheit verbunden.

Scheibendämpfung
→ *Induktionsdämpfung in einer eisenfreien Metallscheibe.*
Eine Scheibe aus Aluminium oder Kupfer ist an der Achse des beweglichen Organs angebracht und bewegt sich mit ihm zwischen den Polen eines feststehenden, starken Dauermagneten (Bild). Die dabei induzierte Spannung und die dadurch angetriebenen Wirbelströme wirken mit ihrem Magnetfeld bremsend.

Scheibendämpfung

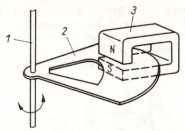

Scheibendämpfung. Induktions-Scheibendämpfung; *1* Achse des beweglichen Organs; *2* Dämpfungsscheibe; *3* Dämpfungsdauermagnet

Scheinleistung
Rechengröße (bzw. Meßergebnis) zur Dimensionierung von Stromerzeugern und Übertragungsmitteln (→ Leistung).
Die S. bestimmt als (geometrische) Summe aus → Wirk- und → Blindleistung ($S = \sqrt{P^2 + Q^2}$) die maximale Strombelastung der Betriebsmittel.
Den Betrag der S. in einem Wechselstromkreis erhält man als Produkt aus den Effektivwerten von Strom und Spannung: $S = U_\sim \cdot I_\sim$.
Da i. allg. keine Phasengleichheit zwischen Strom und Spannung besteht, soll zum Betrag der S. der → Leistungsfaktor angegeben werden. – Anh.: 1, 2, 3, 43/61, 75.

Scheinleistungsmessung
Bestimmung der elektrischen → Scheinleistung.
Die S. erfolgt bei Einphasenwechsel- und Drehstrom hauptsächlich indirekt. Bei der → Leistungsbestimmung durch Strom- und Spannungsmessung werden die Effektivwerte bestimmt und die Scheinleistung errechnet.
Eine direkte Anzeige der Scheinleistung kann mit einem → Leistungsmesser für Wirkleistung erfolgen, wenn die Phasenverschiebung für die Messung ausgeschaltet wird. Dazu werden durch eine Gleichrichterschaltung die Wechselströme in proportionale Gleichströme umgeformt und deren Produkt mit einem elektrodynamischen Meßwerk direkt angezeigt. Um dieses Verfahren auch für höhere Frequenzen anwenden zu können und dabei weitgehend verlustlos zu arbeiten, werden häufig → Meßverstärker zwischengeschaltet.
Bei konstanter Spannung kann ein in-Watt-kalibrierter → Strommesser zur S. verwendet werden.
Eine rechnerische Scheinleistungsermittlung ist durch (geometrische) Addition der Meßwerte aus → Wirk- und → Blindleistungsmessung möglich: $S = \sqrt{P_\sim^2 + Q^2}$.

Scheinwiderstandsmeßbrücke
→ Wechselstrommeßbrücke zur Messung von Scheinwiderständen.
Je nach dem überwiegenden Blindwiderstandsanteil unterscheidet man → Kapazitäts- und → Induktivitätsmeßbrücken. Kombinierte Meßbrücken zur Messung an unterschiedlichen Bauelementen werden oft auch als S. bezeichnet.

Scheinwiderstandsmessung
Messung an Wechselstromwiderständen.
Zur S. benötigt man eine Wechselstromquelle mit (genau) bekannter bzw. meßbarer, konstanter oder veränderbarer Frequenz. Oberwellen sollen nicht auftreten; sie können wegen der Frequenzabhängigkeit der Verluste stören. Die Spannung ist einpolig geerdet oder masse- bzw. erdfrei.
Je höher die Meßfrequenz ist, desto wichtiger ist eine elektrostatische und/oder magnetische → Schirmung. Vielfach genügt die Messung des Betrags von Scheinwiderständen. Das erfolgt überwiegend im indirekten Verfahren mit einer → Widerstandsbestimmung durch Strom- und Spannungsmessung. Der Quotient der ermittelten Effektivwerte von Strom $I_\sim$ und Spannung $U_\sim$ ergibt den Betrag des Scheinwiderstands Z

$$Z = \frac{U_\sim}{I_\sim}.$$

Je nach Art des Scheinwiderstands bzw. seines überwiegenden Blindanteils kann sein Wert durch → Kapazitäts- bzw. → Selbstinduktivitätsmessung bestimmt werden.

Scheitelfaktor
(Crestfaktor). Verhältnis des → Scheitelwerts zum → Effektivwert einer Wechselgröße.
Man bildet für den S. den Quotienten aus Scheitelwert X_{mm} und Effektivwert $\tilde{x}$:

$$k_s = \frac{X_{mm}}{\tilde{x}}, \text{ z. B. für die Spannung } k_{su} = \frac{\hat{u}}{U_\sim}.$$

Für in der Elektrotechnik häufig auftretende Kurvenformen ergeben sich konstante S. (Tafel). – Anh. 43/61.

Scheitelfaktor

Scheitelfaktoren für häufig auftretende Kurvenformen

Kurvenform	Scheitelfaktor
sinus	$K_s = \sqrt{2} \approx 1{,}41$
rechteck	$K_s = 1$
pulse	$K_s = \dfrac{1}{\sqrt{g}}$
dreieck	$K_s = \sqrt{3} \approx 1{,}73$

ist unterteilt, da bei Meßobjekten mit großer Kapazität und hohen Betriebsspannungen große (Blind-)Ströme fließen. Der Phasenabgleich erfolgt durch einen (stufenweise) einstellbaren Kondensator C4 parallel zum Festwiderstand R4 (Bild).

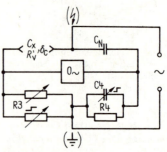

Schering-Meßbrücke

Sind Widerstand R3 und Vergleichskondensator C_N verlustarm, so ergeben sich

$$C_x = \frac{R_4}{R_3}C_N; \quad R'_v = \frac{C_4}{C_N}R_3; \quad \tan\delta_C = \omega C_4 R_4.$$

Es ist üblich, bei Netzfrequenz von 50 Hz den Widerstand R4 = 3183 Ω zu wählen; dann läßt sich der Verlustfaktor sofort am Kondensator C4 ablesen

$(\tan\delta_C = 314{,}2 \text{ s}^{-1} \cdot 3183\ \Omega \cdot C_4 = C_4/\mu\text{F}).$

Scheitelwert

(Größtwert). Größter Wert, den der → Augenblickswert einer periodischen Größe annehmen kann.
Der S. einer → Misch- oder → Wechselgröße wird allgemein mit dem Formelzeichen X_{mm} oder $\hat{X}$ gekennzeichnet. Die Angabe als Maximalwert mit X_{max} soll zukünftig vermieden werden, da der Index „max" für Höchstwerte, die nicht zeitabhängig sind, empfohlen wird, z. B. für die höchstzulässige Spannung U_{max}.
Häufig wird der →Spitzenwert unscharf als S. bezeichnet. Bei Notwendigkeit kann der → Talwert als spezieller S. angegeben werden.
Handelt es sich bei der betrachteten Wechselgröße um eine Sinusgröße, kann man den S. als → Amplitude bezeichnen. – Anh.: 43 / 61.

Schering-Meßbrücke

(CCRC-Meßbrücke). → Wechselstrommeßbrücke zur Messung der dielektrischen Verluste von Kondensatoren, Kabeln, Wicklungen, festen und flüssigen Isolierstoffen oder anderer kapazitiv wirkender Anordnungen bei niedrigen und hohen Meßspannungen.
Das Meßobjekt (C_x mit $\tan\delta_C$) und eine hochwertige Vergleichskapazität C_N werden mit dem (Hoch-)Spannungspol verbunden. Der Betragsabgleich wird mit R3 vorgenommen. Er

Schirmung

Schutz gegen magnetische und elektrostatische Fremdfelder.
Verschiedene Meßwerke, Bauelemente (z. B. Elektronenstrahlröhren) und Meßschaltungen (z. B. Wechselstrommeßbrücken) sind gegen Fremdfelder empfindlich. Vielfach stört schon das Erdmagnetfeld, aber auch benachbarte strom- und spannungführende Leiter erzeugen Felder, die die Funktion der Meßgeräte beeinflussen.
Die Baugruppen werden deshalb durch eine geerdete Umschließung aus hochpermeablen bzw. leitfähigen Materialien geschützt. Auf die S. eines Meßgeräts wird durch → Skalenzeichen hingewiesen. – Anh.: 78, 83 / 57, 105.

Schleifdrahtmeßbrücke

→ Meßbrücke, bei der der Vergleichswiderstand konstant ist und die Verhältniswiderstände als Schleifdraht ausgeführt sind.
Bei der S. hat (im Unterschied zur → Stufenwiderstandsmeßbrücke) der Vergleichswider-

Schleifdrahtmeßbrücke

stand R_N während der Messung einen konstanten Wert. Er läßt sich zur Meßbereichsänderung in dekadischen Stufen variieren. Für die beiden Verhältniswiderstände (R3 und R4) wird ein homogener Widerstandsdraht verwendet, auf dem zum Brückenabgleich ein Indikatoranschluß bewegt wird (Bild).

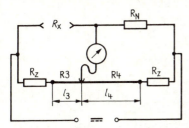

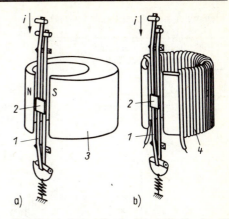

Schleifdrahtmeßbrücke.

Die Stellung des Gleitkontakts bestimmt das → Brückenverhältnis $b = R_3/R_4 = l_3/l_4$. Der Wert des unbekannten Widerstands R_x ergibt sich aus der Multiplikation des Brückenverhältnisses mit dem Vergleichswiderstand $R_x = b \cdot R_N$. –
Anh.: 139/69.

Schleifenoszillograf
→ Lichtstrahloszillograf

Schleifenschwingermeßwerk
Spezielle Meßwerkbauform nach dem Prinzip des → Drehspulmeßwerks zum Einsatz in → Lichtstrahloszillografen.
Eine Metallsaite mit einem kleinen Spiegel in der Mitte ist bifilar im Luftspalt eines kräftigen Magneten ausgespannt.
Fließt ein Strom durch die Schleife, treten elektrodynamische Ablenkkräfte auf, die die eine Saitenhälfte z. B. nach vorn und die andere nach hinten und damit den Spiegel entsprechend den Augenblickswerten des Stroms bzw. der gewandelten Größen bewegen (Bild). Zur Flüssigkeitsdämpfung ist das Gehäuse mit Silikonöl gefüllt.
Sog. Strom- und Spannungsmeßschleifen nutzen das Feld eines Dauermagneten zur Messung und Registrierung des zeitlichen Verlaufs von Strom und Spannung bzw. entsprechend gewandelter Größen.
Mit sog. Leistungsmeßschleifen erfolgt unter Verwendung eines Elektromagneten die Messung und Registrierung des zeitlichen Verlaufs der Leistung.

Schleifenschwingermeßwerk. (schematisch); a) mit Dauermagnet zur Strom- und Spannungsregistrierung; b) mit Elektromagnet zur Leistungsregistrierung
1 Metallsaite (Stromschleife); *2* Meßwerkspiegel; *3* Dauermagnet; *4* Elektromagnet

Schleppzeiger
→ *Zeiger mit Zusatzaufgabe.*
Der S. wird vor der Messung von Hand auf den Ausgangspunkt eingestellt. Der Hauptzeiger, der den jeweiligen Augenblickswert anzeigt, nimmt ihn mit und läßt ihn beim größten bzw. kleinsten Ausschlag stehen.
S. gestatten so die nachträgliche Feststellung eines Maximal- oder Minimalwerts.

Schreibbreite
→ *Skalenlänge*

Schreiber
→ *Registriergerät, das den zeitlichen Verlauf von Meßgrößen oder deren funktionalen Zusammenhang als sichtbares und bleibendes Diagramm aufzeichnet.*
Man kann S. nach Art der Registrierung in → Linien- und → Punkts. oder auch nach Art des Meßsystems in → Meßwerk- und → Kompensations-S. unterteilen. Die anzuwendende S.art hängt von der Meßgröße und deren Veränderung (Frequenz) ab (Tafel).
Die Kurven werden durch ein Schreiborgan auf → Diagrammträgern registriert. Nach der Schreibfläche und dem Antrieb unterscheidet man → Streifen-(Band-), → Trommel-, → Kreisblatt- und → Koordinatens. (Bild). –
Anh.: 22, 27, 28, 29, 30, 41, 87, 115, 127/*22, 49, 50, 51.*

Schreiber

Meßgrößen und deren Registrierung

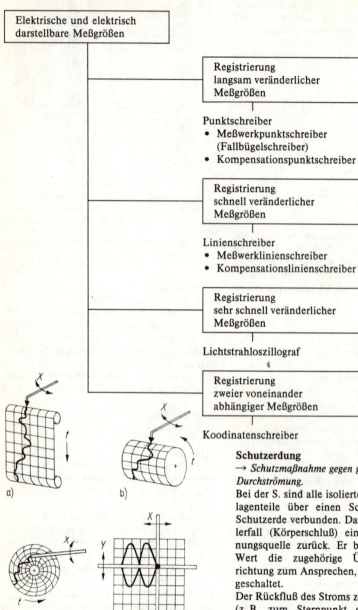

Schreiber. Schreibflächenformen beim a) Streifenschreiber; b) Trommelschreiber; c) Kreisblattschreiber; d) Koordinatenschreiber

Schutzerdung

→ *Schutzmaßnahme gegen gefährliche elektrische Durchströmung.*

Bei der S. sind alle isolierten metallischen Anlagenteile über einen Schutzleiter mit der Schutzerde verbunden. Darüber fließt im Fehlerfall (Körperschluß) ein Strom zur Spannungsquelle zurück. Er bringt durch seinen Wert die zugehörige Überstromschutzeinrichtung zum Ansprechen, die Anlage wird abgeschaltet.

Der Rückfluß des Stroms zur Spannungsquelle (z. B. zum Sternpunkt eines Drehstromsystems) erfolgt entweder über das Erdreich oder über vorhandene Rohrleitungssysteme.

Die Wirksamkeit der S. ist durch → Erdungsprüfung nachzuweisen. – Anh.: 35, 37, 49, 111/*98, 99.*

Schutzisolierung

Schutzisolierung
→ *Schutzmaßnahme gegen gefährliche elektrische Durchströmung.*
S. wirkt durch verbesserte oder verstärkte Isolierung der spannungführenden Teile von berührbaren Teilen elektrotechnischer Betriebsmittel. Angestrebt wird eine möglichst vollständige Isolierumhüllung.
S. benötigt keinen Schutzleiter. Ihre Wirksamkeit ist durch → Prüfen der Schutzisolierung nachzuweisen. – Anh.: 35, 37, 49, 111/ *98, 99.*

Schutzkleinspannung
Festgelegter Spannungsbereich als → Schutzmaßnahme gegen gefährliche elektrische Durchströmung.
Die S. ist eine Wechselspannung kleiner als 50 V oder eine Gleichspannung von 60 V. Sie ist nicht in der Lage, einen für den Menschen gefährlichen elektrischen Strom anzutreiben.
Die S. muß isoliert gegen andere Netze und Erde erzeugt und installiert sein. Elektrotechnische Betriebsmittel mit S. müssen mit dem Symbol ⟨III⟩ gekennzeichnet sein.

– Anh.: 35, 37, 41, 111/ *98, 99.*

Schutzleitungssystem
System als → Schutzmaßnahme gegen gefährliche elektrische Durchströmung.
Beim S. sind alle metallenen Anlagenteile, die im Fehlerfall eine Berührungsspannung annehmen können, an einen Schutzleiter angeschlossen. Es wird vollständige Potentialgleichheit erreicht, und im Falle eines Körperschlusses tritt keine Gefahr auf. Der Vorteil des S. ist, daß die Anlage im Fehlerfall nicht selbständig abschaltet, sondern den Fehler ggf. durch eine Isolationsüberwachungseinrichtung anzeigt. Eine Fehlerbeseitigung kann zu einem für das Betriebsregime günstigen Zeitpunkt erfolgen.
Das S. ist nur für räumlich eng begrenzte Anlagen zulässig. Die Wirksamkeit des S. ist durch → Prüfen des S. nachzuweisen. – Anh.: 35, 37, 41, 111/ *98, 99.*

Schutzmaßnahme
gegen gefährliche elektrische Durchströmung.
Gesetzlich vorgeschriebene und standardisierte Anordnung an elektrotechnischen Betriebsmitteln und Anlagen, die Menschen im Fehlerfall vor den gefährlichen Wirkungen der Elektroenergie schützen.

Zu den S. gehören die → Schutzisolierung, die → Schutzkleinspannung, die → Schutztrennung, die → Fehlerstrom-Schutzschaltung, die → Schutzerdung, die → Nullung, das → Schutzleitungssystem, die → Fehlerspannungs-Schutzschaltung, die Trenn-Fehlerstrom-Schutzschaltung. – Anh.: 35, 36, 37, 38, 39, 62, 111, 112, 113, 115, 118, 145/ *98, 99.*

Schutztrennung
→*Schutzmaßnahme gegen gefährliche elektrische Durchströmung.*
Bei der S. ist der zu schützende Stromkreis galvanisch vom speisenden Netz getrennt. Ein auftretender Körperschluß öffnet keinen Stromweg, beispielsweise über das Erdreich zur Spannungsquelle. Daher kann keine gefährliche Berührungsspannung entstehen. Die S. ist wirkungslos bei zwei Isolationsfehlern im gleichen Stromkreis.
An den Spannungserzeuger darf nur ein elektrotechnisches Betriebsmittel angeschlossen sein. Er muß bestimmten festgelegten Vorschriften entsprechen und als Schutztrenntransformator mit dem Symbol

gekennzeichnet sein. – Anh.: 111/ *98, 99.*

Schwankung
(Schwankungsbreite). → Schwingungsbreite

Schwellwertschalter
→ Triggerschaltung

Schwingungsbreite
(Schwankung, Schwankungsbreite). Differenz zwischen dem größten und dem kleinsten Augenblickswert.
Bei einer → Mischgröße wird vom positiven → Scheitelwert X_{mm} der negative Scheitelwert (Talwert) X_{min} innerhalb einer Periode subtrahiert und allgemein als S. ΔX angegeben:

$$\Delta X = X_{mm} - X_{min}.$$

Ihr Wert wird überwiegend Wert Spitze-Spitze genannt. Er kann durch den Index „pp" (peak-peak) oder „ss" (Spitze-Spitze) oder das Symbol $\hat{\vee}$ am Formelzeichen (nicht an der Maßeinheit!) gekennzeichnet werden. So kann das Formelzeichen der S. z. B. für die Spannung lauten: u_{pp}, $\hat{\hat{u}}_{ss}$ oder $\hat{\hat{u}}$. – Anh.: 15, 43/ *61.*

Schwingungsgehalt

Schwingungsgehalt
→ Mischgröße

Segmentanzeige(element)
Bauelement zur elektrooptischen → *Digitalanzeige.*
Eine Segmentanzeige besteht aus (meist 7) balkenartigen Segmenten (Bild). Dazu können Sofittenlampen (besonders bei Großsichtanzeigen), → Lumineszenzdioden oder → Flüssigkristallanzeigen genutzt werden.
Mit einem Siebens. lassen sich die Ziffern 0 bis 9 und einige Buchstaben (z. B. E, H, L, S) anzeigen. Dazu werden die einzelnen Segmente über Codeumsetzer angesteuert. Mehrstellige Anzeigeeinrichtungen erhält man durch Kombination mehrerer S.

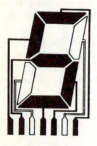

Segmentanzeigeelement mit 7 Segmenten; (Wiedergabe der Ziffer 5)

Sektorskala
→ Skalenart

Selbstinduktivitätsmessung
(vielfach kurz Induktivitätsmessung). Bestimmung des Werts der Selbstinduktivität von Spulen oder induktiv wirkenden Anordnungen.
Bei der S. gelten die allgemeinen Bedingungen der → Scheinwiderstandsmessung. Eine sinusförmige Meßspannung ist anzustreben, aber nicht unbedingt notwendig. Bei Schaltvorgängen in Stromkreisen mit Induktivitäten treten Induktionsspannungsspitzen auf, vor denen die Messenden und die Meßgeräte geschützt werden müssen.
Bei Spulen ohne Eisenkern und bei Spulen mit Eisenkern und Luftspalt ist die Selbstinduktivität weitgehend unabhängig vom Strom, also konstant. Zur eindeutigen Angabe der (stromabhängigen) Selbstinduktivität bei Spulen mit geschlossenem Eisenkern ist stets der Meßstrom oder der magnetische Fluß zum Meßwert zu nennen.
Die indirekte S. kann durch → Strom-/Spannungs-/Frequenz-Messung bzw. → Strom-/Spannungs-/Frequenz-/Wirkleistungs-Messung erfolgen.
Geräte mit Schaltungen analog dem → Kreuzspulwiderstandsmesser mit Stromvergleichsverfahren bei Wechselstrombetrieb mit einem Induktivitätsnormal L_N und einem elektrodynamischen → Quotientenmeßwerk zeigen den Meßwert direkt an.
Weit verbreitet sind → Induktivitätsmeßbrücken zur S.

Selektivverstärker
(auch Schmalbandverstärker). → *Wechselspannungsverstärker mit schmalem Frequenzgang.*
Der S. hat eine geringe Bandbreite und zeigt ausgesprochene Selektionseigenschaft. Sie wird erreicht durch Einsatz elektrischer Schwingkreise bzw. gekoppelter Kreise (Bandfilter), elektrisch-mechanischer Filter oder RC-Bandpaß-Kombinationen als Koppelglieder oder zur Gegenkopplung. – Anh.: 45, 75/64.

Selektiv-Verstärkervoltmeter
Ausführungsart des → *Verstärkervoltmeters.*
Im Unterschied zum → Universal-Verstärkervoltmeter und → Wechselspannungs-Verstärkervoltmeter gestattet das S. die Messung sehr kleiner Spannungen (µV-Bereich) in einem nur sehr schmalen, einstellbaren Frequenzbereich. Das wird durch die Verwendung von → Selektivverstärkern und → Mischstufen (ähnlich wie bei einem hochselektiven Funkempfangsgerät) erreicht (Bild).
Das S. wird zur Messung von Feldstärken, Störspannungen, Antennenspannungen usw. eingesetzt. – Anh.: –/67.

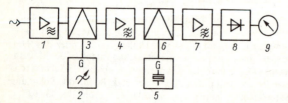

Selektiv-Verstärkervoltmeter. *1* Eingangs-Meßverstärker; *2* verstellbarer Oszillator; *3* erste Mischstufe; *4* erster Zwischenfrequenzverstärker; *5* Quarzoszillator; *6* zweite Mischstufe; *7* zweiter Zwischenfrequenzverstärker; *8* Meßgleichrichtung; *9* Anzeige

Sensor
→ *Meßfühler oder Baugruppen mit Meßfühlern.*
Der Begriff S. wird verwendet, wenn die Aufnahme von Meßinformationen im Vordergrund der Betrachtungen steht. Er soll in vielen Fällen einen qualitativ hochwertigen Meßfühler beschreiben, der schon Analogien zu „Sinnesorganen" hat. – Anh.: – / 64.

Shunt
→ *Meßbereichserweiterung*

Sicherheit, statistische
(Aussagewahrscheinlichkeit). Prozentsatz der Einzelwerte aus einer großen Anzahl von Messungen, die innerhalb eines vorgegebenen Bereichs liegen.
Betrachtet man die → Streuung von 1000 unabhängigen Einzelwerten im Bereich der einfachen → Standardabweichung σ um das → arithmetische Mittel $\bar{x}$, d. h. den Abschnitt ($\bar{x} \pm 1\,\sigma$), so ergibt sich bei einer Normalverteilung (Gauss-Verteilung), daß 317 Werte außerhalb dieses Bereiches liegen; man hat also eine s. S. von $P = 68{,}3\,\%$.
Erweitert man den Bereich auf die dreifache Standardabweichung, d. h. ($\bar{x} \pm 3\,\sigma$) liegen nur 3 Werte außerhalb des Bereichs, also ist die s. S. $P = 99{,}7\,\%$.
Je nach den Anforderungen wählt man eine der vier vorgegebenen s. S. (→ Vertrauensgrenze).
Bei der Fertigungsüberwachung in der Industrie wird zunehmend $P = 95\,\%$ vorgezogen, bei manchen Anwendungsgebieten auch $P = 99\,\%$.
Anstelle der s. S. wird auch der Betrag $(1 - P)$ als Überschreitungswahrscheinlichkeit angegeben. – Anh.: 6/ 77.

Sicherheitsgrenze
Wert der Meßgröße, von dem ab das Meßgerät zerstört werden kann.
Unterhalb der S. können bereits bleibende Verschlechterungen einzelner Kennwerte des Meßgeräts auftreten. An der S. beginnt der Zerstörungsbereich.
Die S. ist nicht identisch mit der → Überlastungsgrenze. – Anh.: – / 4.

Sichtprüfung
Teil des → Prüfens der Schutzmaßnahmen gegen gefährliche elektrische Durchströmung.
Bei einer S. untersucht ein Fachmann mit normalsichtigen oder entsprechend korrigierten Augen elektrotechnische Anlagen und Betriebsmittel oder deren Teile auf äußerlich sichtbare Mängel. Entscheidungskriterien sind in Vorschriften festgelegt. – Anh.: 111 / *98, 99.*

Signal
Kurzform für → Meßsignal.

Sinusgenerator
→ *Meßgenerator mit sinusförmigem Ausgangssignal.*
Unter Anwendung des Prinzips der Mitkopplung wird ein aktives Bauelement bzw. eine Funktionseinheit eines integrierten Schaltkreises als Verstärkervierpol mit einem Rückkopplungsvierpol kombiniert. Je nach Art des Rückkopplungsvierpols kann der S. als LC-Generator (mit Schwingkreis z. B. – Meißner-Oszillator) oder als RC-Generator (mit RC-Phasenschieberkette oder Wien-Spannungsteiler) arbeiten. Bei Anwendung von zwei LC-Oszillatorstufen kann die gewünschte Frequenz durch Anwendung einer → Mischstufe erzeugt werden (Schwebungsgenerator). – Anh.: 41, 47, 51, 108 / *64, 79.*

Sinusgröße
(Sinusschwingung, früher auch harmonische Schwingung). → *Wechselgröße, deren* → *Augenblickswert sinusförmig mit der Zeit verläuft.*
Eine reine S. kann man allgemein durch eine Gleichung der Form $x(t) = \hat{x} \sin(\omega t + \varphi)$ oder $x(t) = \hat{x} \cos(\omega t + \varphi)$ mathematisch formulieren. Dabei sind $\hat{x}$ die → Amplitude der S., $\omega = 2\pi f$ die (Kreis-) → Frequenz und φ der (Null-) → Phasenwinkel (Bild). Wichtige Kennwerte sind der → Effektivwert $\tilde{x}$ ($X_\sim$, X_{eff}), der → Gleichrichtwert $\bar{x}$ und die → Schwingungsbreite X_{pp} (X_{ss}, $\hat{\hat{X}}$).
Bei mehrphasigen S. wirken mehrere gleichartige S. von gleicher Frequenz, mit beliebigen Amplituden und verschiedenen Nullphasenwinkeln zusammen.

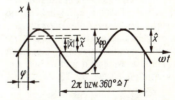

Sinusgröße. $\hat{x}$ Amplitude; $\tilde{x}$ Effektivwert; $|\bar{x}|$ Gleichrichtwert; X_{pp} Schwingungsbreite (Wert Spitze–Spitze); T Periodendauer; φ Nullphasenwinkel

Sinusgröße

Einer S. ähnliche Größe, bei der sich Amplitude, Kreisfrequenz oder/und Nullphasenwinkel ändern, nennt man sinusverwandte Größe. Zu ihnen gehören z. B. Schwebungsgrößen, modulierte S., exponentiell ansteigende oder fallende S. – Anh.: 15, 42/61.

Skala
(auch Skale). 1. S. einer Größe. Einteilungsprinzip zum Skalieren von Eigenschaften.
Eine S. schafft eine Reihenfolge von Bewertungen oder Werten für verschiedene Größen, die nach festen Regeln bestimmt werden.
Nominal-S. gestatten nur ein Sortieren hinsichtlich der Gleichheit oder Ungleichheit zweier Merkmale (z. B. kalt/warm) oder in mehrere Klassen (z. B. wahr/unbestimmt/falsch).
Mit Ordinals. ist ein qualitatives Bewerten ohne quantitative Festlegungen möglich (z. B. Zensuren von sehr gut bis ungenügend).
Intervalls. ermöglichen ein quantitatives Bewerten, sie enthalten durch Übereinkunft festgelegte Nullpunkte, eine Einheit und eine Zählrichtung (z. B. Uhrzeitangaben).
Zum → Messen physikalischer und technischer Größen werden Proportionals. nach dem → Internationalen Einheitensystem genutzt.
2. S. eines Meßmittels. Teil der → Anzeigeeinrichtung.
Die S. ist der zur Anzeige dienende Teil des Meßmittels, bei dem sich eine → Anzeigemarke während des Messens auf eine bestimmte Stelle einstellt oder eingestellt wird. Sie umfaßt die → Teilungsmarken, die den aufeinanderfolgenden Werten der Meßgröße direkt (→ Direkts.) oder indirekt (→ Ableitungss.) entspricht, und eine Beschriftung. Je nach Art der Marken unterscheidet man → Strichss., → Zifferns. und → kombinierte S.
Alle S. sollen übersichtlich gegliedert sein. Ihre Teilung muß das Abschätzen der Anzeige aus größerer Entfernung sowie ein genaues Ablesen aus geringer Distanz ermöglichen; sie darf aber keine genauere Ablesung zulassen als die Genauigkeitsklasse angibt.
Neben der Teilung aufgedruckte → S.zeichen charakterisieren das Meßgerät und dessen Anwendung. – Anh.: 6, 63, 64, 69, 78, 83/24, 57, 77.

Skala, benannte
(kalibrierte Skala). → Strichskala mit einer Skalenbezifferung, die die Meßwerte in Einheiten der Meßgröße angibt.
Von einer b. S. kann, im Unterschied zu einer unbenannten Skala, der Meßwert sofort aus der Anzeige, d. h. ohne Umrechnungen abgelesen werden. – Anh.: 6, 83/24, 67, 77.

Skala, kalibrierte
→ Skala, benannte

Skala, kombinierte
→ *Skala eines Meßmittels, die sich aus → Ziffernskala und → Strichskala zusammensetzt (Bild).*

Skala, kombinierte

Eine k. S. besteht aus einer Ziffernskala, bei der sich die vorderen Stellen schrittweise und die Ziffern mit dem kleinsten Stellenwert mit einer Strichskala kontinuierlich verschieben. Dadurch wird ein Ablesen der Teilintervalle zwischen aufeinanderfolgenden Zahlen ermöglicht. – Anh.: 6/77.

Skala, lineare
→ *Strichskala, bei der die → Teilstrichabstände proportional zu den → Skalenwerten sind (Bild).*

Skala, lineare. Lineare Strichskalen mit Skalennullpunkt a) links; b) in der Mitte

Innerhalb des Meßbereichs haben l. S. einen konstanten Teilstrichabstand. Die (Haupt-)Teilungsstriche sind gleichmäßig fortlaufend beziffert. – Anh.: 6, 78, 83/24, 57, 77.

Skala, nichtlineare
→ *Strichskala mit nicht konstanten → Teilstrichabständen und → Skalenwerten (Bild).*
Die Teilung einer n. S. folgt einer nichtlinearen Skalengleichung, nach deren Art sie auch vielfach benannt wird, z. B. quadratische oder

Skala, nichtlineare 139

logarithmische Skala. Die nach dieser mathematischen Funktion oder empirisch kalibrierten (Haupt-)Teilungsmarken haben eine gleichmäßige oder ungleichmäßige Skalenbezifferung.

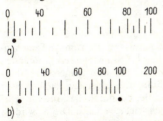

Skala, nichtlineare. Nichtlineare Strichskalen mit Kennzeichnung des Meßbereichs a) allgemein; b) mit 100 % Überlast

Es sollte angestrebt werden, daß die Anordnung der Skalenstriche und ihre Bezifferung in einem möglichst großen Abschnitt einer linearen Skala nahekommen.
Bei n. S. unterscheidet sich oft der → Meßbereich vom Anzeigebereich; er wird deshalb durch Punkte an den Skalenstrichen gekennzeichnet.
Bei stark n. S. kann ein Wechsel zwischen Einer-, Zweier- und/oder Fünferteilung (→ Skalenteilung) auftreten. – Anh.: 6, 63, 64, 69, 83/24, 57, 67, 77.

Skala, unbenannte
→ *Strichskala, deren Teilungsmarken nur mit Ordnungszahlen versehen oder unbeziffert sind.*

Von u. S. mit fortlaufend bezifferten (Haupt-)Teilungsmarken lassen sich, im Unterschied zur → benannten Skala, als Anzeige nur die Anzahl der → Skalenteile oder der Zahlenwert auf der Skala ablesen. Der Meßwert wird daraus mit dem Skalenwert bzw. der Skalenkonstanten ermittelt. Derartige Skalen findet man häufig bei Vielfachmeßgeräten.
Von u. S. ohne Skalenbezifferung kann man meist keine Meßwerte ermitteln. Sie werden z. B. in Prüfgeräten mit Angabe eines Soll- oder Grenzwerts oder bei Indikatoren angewendet.

Skalenabschnitt
→ Strichskala

Skalenanfangswert
Teilungsmarke einer → Skala, die dem kleinsten ablesbaren Wert der Meßgröße entspricht.
Der S. wird als erste Teilungsmarke angesehen; Hilfsteilungsmarken davor bleiben unberücksichtigt.
Der S. ist nicht immer mit dem Meßbereichsanfangswert oder dem → Skalennullpunkt identisch (→ Strichskala, Bild). – Anh.: 83, 78/24, 57, 77.

Skalenart
Ausführungsform der → Strichskala.
Für elektrische Meßgeräte sind die grundsätzlichen S. (Tafel) und ihre Hauptabmessungen in Vorschriften festgelegt. – Anh.: 83, 78/24, 57, 77.

Skalenarten

Skala		Zeiger	Ausschlagrichtung bei wachsenden Meßwerten
Sektorskala		Zeigerdrehpunkt unten Mitte	von links nach rechts
Quadrantskala		Zeigerdrehpunkt unten rechts	von links unten nach rechts oben
Kreisskala, Ringskala		Zeigerdrehpunkt Mitte	im Uhrzeigersinn
Querskala		Zeiger von unten	von links nach rechts
Hochskala		Zeiger von rechts	von unten nach oben

Skalenart

Skalenbereich

Skalenbereich
Bereich der Teilungsmarken einer → Strichskala zwischen dem → Skalenanfangs- und dem → Skalenendwert.
Der S. ist meist mit dem → Anzeigebereich identisch, stimmt aber nicht immer mit dem → Meßbereich überein. – Anh.: 83, 78 / 24, 57, 77.

Skalenbezifferung
Zahlenangaben an → Teilungsmarken einer Skala.
Zur Meßwertbestimmung erhalten die (Haupt-)Teilungsmarken entsprechend der → Skalenteilung eine S. Die Zahlen können bei → benannten Skalen bestimmten Werten der Meßgröße entsprechen oder bei → unbenannten Skalen nur die Ordnungszahlen der Teilungsmarken angeben.
Bei elektrischen Meßgeräten soll die einzelne S. aus höchstens 4 Ziffern bestehen. Die Zahlenwerte sind ganzzahlig oder als Dezimalbrüche darzustellen. – Anh.: 78, 83 / 24, 57, 77.

Skalenendwert
Teilungsmarke einer → Skala, die dem größten ablesbaren Wert der Meßgröße entspricht.
Der S. wird als letzte Teilungsmarke angesehen; Hilfsteilungsmarken dahinter bleiben unberücksichtigt.
Der S. ist nicht immer mit dem Meßbereichsendwert identisch (→ Strichskala, Bild). – Anh.: 78, 83 / 24, 57, 77.

Skalengleichung
Gleichung, die die Skalenteilung bestimmt.
Nach der S. kann die Lage der Teilungsmarken auf einer → Strichskala in Abhängigkeit von den Werten der Meßgröße (und ggf. der Parameter) festgelegt werden, z. B. in-Ohm-kalibriertes Meßwerk.
Eine Skala kann nach der Art ihrer S. benannt werden (z. B. lineare Skala, logarithmische Skala). – Anh.: 78, 83 / 24, 57, 77.

Skalenkonstante
Einheitenbehafteter Faktor, mit dem der angezeigte Zahlenwert der Skala multipliziert werden muß, um den Meßwert zu erhalten (→ Skalenteil).
Die S. ist abhängig vom Meßbereich und der Skalenbezifferung:

$$K = \frac{\text{Meßbereich (mit Maßeinheit)}}{\text{Bezifferung der letzten Teilungsmarke}}$$

Bei elektrischen Meßgeräten muß der Zahlenwert der S. 1; 2; 3; 4 oder 5 bzw. dekadische Vielfache und Teile davon betragen.
Die S. darf nicht mit dem → Skalenwert verwechselt werden. – Anh.: 6 / 77.

Skalenlänge
Länge einer → Strichskala.
Die S. ist der Abstand der zum → Skalenanfangs- und zum → Skalenendwert gehörenden Teilungsmarken. Sie wird gemessen entlang der Bezugslinie, d. h. einer dargestellten oder gedachten Linie, die durch die Mitte der kürzesten Skalenstriche verläuft. Die S. wird in Längen-, seltener in Winkeleinheiten angegeben.
Bei schreibenden Meßgeräten entspricht die S. der Schreibbreite. – Anh.: 83 / 77.

Skalennullpunkt
Teilungsmarke einer → Skala, die dem Wert „Null" der Meßgröße entspricht.
Der S. muß nicht mit dem → Skalen- oder Meßbereichsanfangswert identisch sein. Er kann beliebig im Anzeigebereich liegen. Bei Skalen, die mit Null beginnen, bezeichnet man den S. als natürlichen Nullpunkt. Mit Meßgeräten, bei denen der S. in der Skalenmitte liegt, können positive und negative Werte angezeigt werden (sog. Nullinstrumente).
Fehlt der S., spricht man von einer nullpunktlosen Skala (→ Nullpunktunterdrückung). – Anh.: 78, 83 / 24, 57.

Skalenplatte
→ Skalenträger

Skalenstreckenumsetzer
Anwendung eines → inkrementalen Gebers zur Analog/Digital-Umsetzung elektrischer Größen.
Ein Lichtstrahl, der von einem Meßwerkspiegel reflektiert wird, tastet eine Skalenstrecke mit Hell-Dunkel-Segmenten ab, wandelt die Lichtimpulse in elektrische Spannungsimpulse um, die danach verstärkt und gezählt werden (Bild).
Die abgetastete Länge der Skale bestimmt die Zahl der Impulse. Die Anzeige erfolgt digital.

Skalenstrich
(Teilstrich). → Teilungsmarke einer → Strichskala.
Der S. markiert die Skalenabschnitte auf einer

Skalenstrich

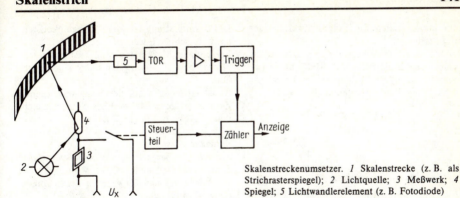

Skalenstreckenumsetzer. *1* Skalenstrecke (z. B. als Strichrasterspiegel); *2* Lichtquelle; *3* Meßwerk; *4* Spiegel; *5* Lichtwandlerelement (z. B. Fotodiode)

Skala. Sie werden in der gewählten → Skalenteilung je nach Werkstoff des Skalenträgers durch Zeichnen, Drucken, Gravieren, Ätzen o. ä. aufgebracht.
Ihre Dicke ist i. allg. kleiner als 1/10 des → Teilstrichabstands.

Skalenteil
(Abk. Skt). Skalenabschnitt zwischen zwei benachbarten Teilungsmarken einer → Strichskala.
Der S. wird als Zähleinheit für die Angabe der Anzeige genutzt. Man nimmt dabei an, daß die Anzeigemarke vom Nullpunkt herkommend eine dem Wert der Meßgröße entsprechende Anzahl solcher Skalenabschnitte überstrichen hat. Die Angabe „Anzeige 18 Skt" bzw. 48 Skt heißt, daß die Marke 18 bzw. 48 Abschnitte zwischen den Teilungsmarken zurückgelegt hat, bedeutet aber nicht, daß der Teilstrich, auf dem die Marke steht, mit 18 bzw. 48 beziffert sein muß.
Der → Meßwert wird entweder durch Multiplikation der Anzahl der S. mit dem → Skalenwert oder durch Multiplikation des Zahlenwerts auf der Skala mit der → Skalenkonstante ermittelt (Tafel).
Die Länge eines S. ist der → Teilstrichabstand.
Bei einer → Ziffernskala kann der Ziffernschritt als dem S. entsprechendes Merkmal betrachtet werden. − Anh.: 6, 83/*24*, 57.

Skalenteilung
Anordnung der Teilungsmarken bei einer → Strichskala.
Je nach Wert jedes Skalenteils unterscheidet

Bestimmung der Anzahl der Skalenteile, des Skalenwerts und der Skalenkonstante

Skala	Bild	Anzeige (Zahlenwert)	Skalenteile (Anzahl)	Anzeigebereich	Skalenwert	Skalenkonstante	Meßwert bei der Anzeige
A	0 5 10 15 20 25 30	18,0	18	0...6 mA	0,2 mA	0,2 mA	3,6 mA
B	0 1 2 3 4 5 6	4,8	48	0...6 mA	0,1 mA	1,0 mA	4,8 mA
C	0 2 3 4 5 6 7 8 9 10	6,4	–	0...1 A	–	0,1 A	0,64 A

Skalenteilung

man grundsätzlich die Einer-, Zweier- oder Fünferteilung.
Bei der Einerteilung beträgt der → Skalenwert 1 oder dekadische Teile bzw. Vielfache davon. Jeder 5., 10. oder 20. Skalenstrich kann eine → Skalenbezifferung erhalten (Bild a).

```
0   0,5  0    1    100    200
|||||||| |||||||| ||||||||||||
a)

0 1 2    0   20    0       500
|||||||| |||||||| |||||||||||||
b)

0   2  100  500   0         10
| | | |  |||||||  |||||||||||||
c)
```

Skalenteilung. a) Einerteilung; b) Zweierteilung; c) Fünferteilung

Beträgt der Zahlenwert jedes Skalenteils z. B. 0,2; 2 oder 20, spricht man von einer Zweierteilung. Dabei sollte jeder 5., 10. oder 25. Teilstrich beziffert werden (Bild b).
Der Skalenwert 5 oder seine dekadischen Teile bzw. Vielfache führt zu einer Fünferteilung, bei der sinnvollerweise jeder 4., 10. oder 20. Skalenstrich eine Bezifferung trägt (Bild c).
Hinsichtlich der Linearität einer S. unterscheidet man lineare und nichtlineare → Skalen. – Anh.: 6, 83/*24, 57,* 77.

Skalenträger

(Skalenplatte). Unterlage, auf der eine → Strichskala aufgetragen oder angebracht ist.
Anh.: 78/*57.*

Skalenwert

(Abk. Skw). Wert der Meßgröße, die einem → Skalenteil entspricht.
Der S. ist der (einheitenbehaftete) Wert des Abschnitts zwischen zwei benachbarten Teilungsmarken einer Skala. Er gibt also die Änderung der Meßgröße an, die auf einer Strichskala eine Verschiebung der Anzeigemarke um einen Skalenteil (oder dem analog auf einer Ziffernskala um einen Ziffernschritt) bewirkt. Vielfachmeßgeräte haben mehrere S.
Der Zahlenwert des S. soll vorzugsweise 1, 2 und 5 oder dekadische Vielfache bzw. Teile davon betragen (→ Skalenteilung).
Mit dem S. wird durch Multiplikation mit der Anzahl der Skalenteile der Meßwert bestimmt.

Der S. muß streng von der → Skalenkonstanten unterschieden werden.
Bei einigen Meßgeräten sind anstelle des S. Strom- bzw. Spannungskonstanten gebräuchlich.
Es ist falsch, den auf der Skala abgelesenen Zahlenwert oder Meßwert als S. zu bezeichnen. – Anh.: 6, 83, 115/*24, 77.*

Skalenzeichen

Symbole, Zeichen und sonstige Angaben auf dem Skalenblatt, die ein elektrisches Meßmittel näher charakterisieren und Hinweise für dessen Anwendung geben (Tafel).
Ein oder mehrere Einheitenzeichen geben die meßbaren Größen an (z. B. A, V, kW). Dazu kommen Kurzzeichen bzw. Sinnbilder für Meßwerk, Stromart, Genauigkeitsklasse, Gebrauchslage, Prüfspannung, eingebaute oder getrennte Bauelemente, Einbauhinweise und spezielle Hinweise.

Bedeutung von Skalenzeichen

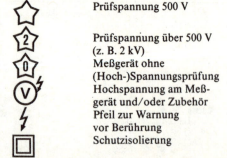

Skalenzeichen	Bedeutung
Stromart	
── oder ╍╍╍	Gleichstrom
∼	(Einphasen-)Wechselstrom
≂	Gleich- und Wechselstrom
≋	Dreiphasenwechselstrom (Drehstrom)
≆	Dreiphasenwechselstrom mit unsymmetrischer Belastung
Sicherheit	
☆	Prüfspannung 500 V
☆2	Prüfspannung über 500 V (z. B. 2 kV)
☆0	Meßgerät ohne (Hoch-)Spannungsprüfung
(V)↯	Hochspannung am Meßgerät und/oder Zubehör
↯	Pfeil zur Warnung vor Berührung
▢	Schutzisolierung

Skalenzeichen

Skalenzeichen	Bedeutung
Gebrauchslage	
⊥ [1] ±1° [2]	Meßgerät, das mit senkrechter Skala zu benutzen ist
⊔ [1] ±15° [2]	Meßgerät, das mit waagerechter Skala zu benutzen ist
∠60°	Meßgerät, das mit gegen die Horizontale (z. B. 60°) geneigter Skala zu benutzen ist
N	Ausrichtung eines Meßgeräts in einem äußeren Magnetfeld

[1]) Nennlage
[2]) Nennlage mit Einflußbereich

Skalenzeichen	Bedeutung
Genauigkeitsklasse	
1,5	Klassezeichen (z. B. 1,5), das den Grundfehler in %, bezogen auf den Meßbereichsendwert, angibt
↙1,5	Klassezeichen (z. B. 1,5), das den Grundfehler in %, bezogen auf die Skalenlänge, angibt
(1,5)	Klassezeichen (z. B. 1,5), das den Grundfehler in %, bezogen auf den richtigen Wert, angibt
⧫5%/1	Klassezeichen (z. B. 1) eines Meßgeräts mit einer nichtlinearen Skala, bei dem der Normierungswert die Skalenlänge ist, aber der Fehler (bezogen auf den richtigen Wert) innerhalb des Meßbereichs nicht größer sein darf als im oberen Teil des Symbols angegeben (z. B. Grenzfehler 5 %)

Skalenzeichen	Bedeutung
Meßwerkzeichen	
	Drehspulmeßwerk
	Drehmagnetmeßwerk
	Dreheisenmeßwerk
	Eisenloses elektrodynamisches Meßwerk
	Eisengeschlossenes elektrodynamisches Meßwerk
	Induktionsmeßwerk
	Elektrostatisches Meßwerk
	Hitzdrahtmeßwerk
	Bimetallmeßwerk
	Vibrationsmeßwerk

Links: Grundausführung des Meßwerks
Rechts: Quotientenmeßwerk

Skalenzeichen	Bedeutung
Zubehör	
	Gleichrichter
[3]	direkt geheizter (nicht isolierter) Thermoumformer
[3]	indirekt geheizter (isolierter) Thermoumformer
	elektronische Bauelemente und/oder Baugruppen im Meßpfad
	elektronische Bauelemente und/oder Baugruppen im Hilfsstromkreis
R	Nebenwiderstand (Shunt)
	ohmscher Vorwiderstand
Z	Reihenscheinwiderstand (Reihenimpedanz)
L oder	Reiheninduktivität
◇ [4]	allgemeines Zubehör

[3]) Wenn dieses Symbol mit einem Meßwerksinnbild kombiniert ist, dann ist das Bauelement oder die Baugruppe im Meßgerät eingebaut. Wenn dieses Symbol mit dem Skalenzeichen [4]) kombiniert ist, befindet sich das Bauelement oder die Baugruppe außerhalb des Meßgeräts.
[4]) Dieses Symbol in Kombination mit einem Zubehörsinnbild [3]) weist auf getrenntes Zubehör hin.

Skalenzeichen

Skalenzeichen	Bedeutung
Allgemeine Skalenzeichen	
	Verweis auf separate Dokumente (z. B. Bedienungsanleitung beachten!)
ast	astatisches Meßgerät
(gestricheltes Quadrat)	elektrostatische Schirmung
○	magnetische Schirmung
	zulässige maximale magnetische Induktion in mT, bei der keine Verschlechterung der Genauigkeitsklasse auftritt (z. B. 2 mT)
[10] kV/m oder [10]	zulässiges elektrisches Feld in kV/m, bei dem keine Verschlechterung der Genauigkeitsklasse auftritt (z. B. 10 kV/m)
	Nullpunkteinstellung
Einbauhinweise	
Fe. NFe	Einbau in beliebige Tafeln von beliebiger Dicke
Fe	Einbau in Tafeln aus ferromagnetischem Material (z. B. Eisen) von beliebiger Dicke
FeX	Einbau in Tafeln aus ferromagnetischem Material (z. B. Eisen) von X mm Dicke
NFe	Einbau in Tafeln aus nichtferromagnetischen Metalltafeln von beliebiger Dicke

Weiterhin kann durch Skalenaufdruck auf Bezugsbedingungen bzw. Einflußgrößen und -bereiche hingewiesen und das Herstellerzeichen mit der Katalog- und Fertigungsnummer angegeben werden. – Anh.: 31, 34, 41, 51, 63, 78/18, 42, 57.

Sollwert
(auch Nennwert). → *Wert einer physikalischen Größe, den diese haben sollte.*

Der S. eines Bauelements, d. h. der Verkörperung einer Größe wird vom Hersteller gekennzeichnet (z. B. durch Aufdruck). Als S. gilt auch die Vorgabe oder Vereinbarung eines Wertes (z. B. Netzspannung 220 V).
Der S. wird als fehlerfrei (abweichungsfrei) angenommen. Vielfach werden bei Notwendigkeit zusätzlich Unsicherheiten und Fehler (→ Toleranzen) angegeben. – Anh.: 6/77.

Sonde
→ *Meßfühler zur Aufnahme von Meßgrößen an schwer zugängigen Stellen.*

Sortieren
Trennen verschiedenartiger Elemente nach bestimmten Merkmalen als → *metrologische Tätigkeit.*
Beim S. werden mit Hilfe der Sinnesorgane oder von Sortiereinrichtungen aus einem Gemisch verschiedener Bestandteile Elemente nach vorgegebenen oder festgelegten Arten, Sorten oder Eigenschaften (Klassen) ausgelesen bzw. eingeordnet, z. B. das S. von Bauelementen oder das Filtern als selbsttätiges S. – Anh.: 6/–

Spannbandlager
Reibungsloses → *Lager bei elektrischen Meßgeräten.*
Das bewegliche Organ eines Meßwerks wird an beiden Seiten von einem Spannband aus Bronze oder Platinlegierungen gehalten. Die Bänder werden von Federn gespannt. Sie dienen häufig als Stromanschluß des beweglichen Organs und liefern bei Torsionsbeanspruchung das Rückstellmoment (→ Rückstellorgan). Stoßfänger verhindern eine zu starke Ablenkung und die Überdehnung der S. (Bild).

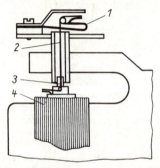

Spannbandlager. *1* Spannfeder; *2* Spannband; *3* Stoßfänger; *4* bewegliches Organ (z. B. Drehspule)

Spannbandlager

Ein einseitiges S. wird als → Bandaufhängung bezeichnet.

Spannungsabfall
über dem Strompfad. *Kennwert des → Strommessers.*
Bei der Messung des Stroms erzeugt dieser am unvermeidlichen → Meßgerätewiderstand R_{GI} einen Spannungsabfall U_{GI}. Dadurch werden die Verhältnisse im Stromkreis verändert; es entsteht ein systematischer Fehler.
Um diese Störung gering zu halten, soll der S. klein sein. Vom Meßgerätehersteller wird der S. für den Meßbereichsendwert I_e auf der Skala oder im Datenblatt angegeben:

$U_{GI} = R_{GI} I_e$.

Spannungseinfluß
Elektrische Spannung als → Einflußgröße.
Verschiedene Meßgeräte (besonders Widerstands-, Leistungsfaktor- und Frequenzmesser) zeigen nur bei bestimmten Bezugs- bzw. Referenzspannungen den richtigen Wert an. Bei davon abweichenden Spannungen können, z. B. durch veränderte Drehmomente und Erwärmung oder durch Sättigungserscheinungen im Eisen, zusätzliche Anzeigefehler auftreten. Die Kennzeichnung des S. erfolgt (analog dem → Temperatureinfluß) durch einen Skalenaufdruck mit Unterstreichung der Bezugs- bzw. Referenzbedingungen. – Anh.: 78 / 57.

Spannungsfestigkeit
→ Prüfspannung

Spannungsfolger
Verstärkerschaltung mit hoher → Gegenkopplung.
Der S. wird mit einem Operationsverstärker erreicht. Dabei wird er als nichtinvertierender Verstärker verwendet. Die Spannungsverstärkung beträgt 1.
Aufgrund seines hohen Eingangswiderstands wird der S. in der Meßtechnik als Elektrometerverstärker z. B. bei der Spannungsmessung (Bild) eingesetzt.

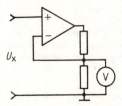

Spannungsfolger

In ähnlicher Schaltung ist der S. zur Messung von Strömen geeignet.

Spannungsmeßbereichserweiterung
→ *Meßbereichserweiterung bei Spannungsmeßgeräten.*
Ein → Meßwerk hat einen Widerstand R_M, der ggf. auch die Widerstände zur Verminderung des Temperaturgangs (→ Swinburn-Schaltung) einschließt. Es kann bei Endausschlag nur mit einer Spannung U_M, die den maximalen Meßwerkstrom I_M antreibt, belastet werden. Soll eine darüber hinausgehende Spannung gemessen und angezeigt werden, muß sie durch einen zum Meßwerk in Reihe geschalteten Vorwiderstand R_v so geteilt werden, daß am Meßwerk nur U_M anliegt (Bild a).

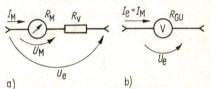

Spannungsmeßbereichserweiterung. a) Meßbereichserweiterungsschaltung; b) resultierendes Spannungsmeßgerät

Ist der benötigte Meßbereichsendwert n_e n-mal größer als die zulässige Meßwerkspannung, läßt sich mit der Vergrößerungszahl des Spannungsmeßbereichs $n = U_e/U_M$ der Vorwiderstand berechnen:

$$R_v = (n-1) R_M \quad \text{oder} \quad R_v = \frac{U_e}{I_M} - R_M$$

Durch die Reihenschaltung des Vorwiderstands R_v zum Meßwerkwiderstand R_M entsteht ein Spannungsmeßgerät (Bild b) mit dem Meßgerätewiderstand R_{GU}:

$R_{GU} = R_M + R_v$.

Es gilt dann $R_{GU} > R_v \geqq R_M$.
Durch mehrere umschaltbare Vorwiderstände lassen sich → Mehrbereichsspannungsmesser aufbauen.

Spannungsmesser
(Spannungsmeßgerät, früher Voltmeter). → Meßmittel zur Bestimmung der elektrischen Spannung.
S. werden bei der → Spannungsmessung parallel zum Meßobjekt geschaltet. Sie bestimmen den Potentialunterschied zwischen den Anschlußstellen.

Spannungsmesser

Im Nieder- und Mittelspannungsbereich verwendet man geeignete → Meßwerke (z. B. Drehspul-, Dreheisen-, elektrostatische Meßwerke) ohne und mit → Spannungsmeßbereichserweiterung. Meßwerke, die nur für Gleichgrößen empfindlich sind, lassen sich durch Vorschalten einer → Meßgleichrichtung zur Wechselspannungsmessung nutzen. Zur Ermittlung kleiner und kleinster Spannungen und für sehr genaue Messungen können → Kompensatoren und elektronische S. (vorzugsweise → Verstärkervoltmeter oder → Oszilloskope) angewendet werden (Bild).

Das Anschließen eines S. bedeutet Parallelschalten des → Meßgerätewiderstands zum Meßobjekt und damit die Schaffung eines zusätzlichen Stromwegs durch den S. Dadurch entsteht eine Änderung der Meßgröße. Diese Störung ist ein systematischer → Fehler, der so klein wie möglich gehalten werden muß.

Um weitgehend die Verhältnisse des ungestörten Stromkreises zu erhalten und so einen geringen Fehler hervorzurufen, sollte im jeweiligen Anwendungsfall die Meßgeräteimpedanz wesentlich größer als der (Schein-)Widerstand des Meßobjekts sein. Ein idealer S., der rückwirkungsfrei messen würde, sollte einen unendlich großen Widerstand haben oder, anders ausgedrückt, sein → Leistungseigenbedarf müßte Null sein. – Anh.: 62, 63, 64, 69, 78, 84, 88, 89, 90, 111, 115, 116/4, 6, 18, 31, 42, 57, 67, 58, 99.

Spannungsmesser, in-Farad-kalibrierter
Direktanzeigendes Gerät zur → Kapazitätsmessung.

Analog zum → Widerstandsmesser mit Reihenschaltung wird beim I. S. der Kondensator mit der unbekannten Kapazität in Reihe mit einem Spannungsmeßgerät an eine Wechselspannung mit bekannter und konstanter Frequenz gelegt (Bild a).

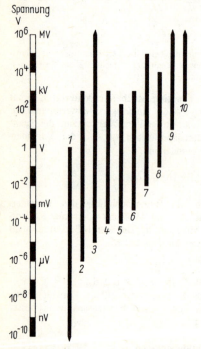
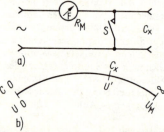

Spannungsmesser, in-Farad-kalibrierter. a) vereinfachter Schaltplan; b) Skalenverlauf

Die Skalenteilung (Bild b), d. h. der zum jeweils angezeigten Spannungswert U' gehörende Kapazitätswert C_x läßt sich bei bekannten Meßwerkdaten (R_M, U_M) berechnen:

$$C_x = \frac{1}{2\pi f R_M} \frac{1}{\sqrt{\left(\frac{U_M}{U'}\right)^2 - 1}}$$

Diese für einfache Betriebsmessungen gut geeignete Schaltung wird häufig in Vielfachmeßgeräten verwendet.

Spannungsmesser, integrierender
→ *Digitalvoltmeter mit einem → Analog/Digital-Umsetzer nach dem Integrationsverfahren.*

Spannungsmeßschleife
→ *Schleifenschwingermeßwerk mit einem Perma-*

Spannungsmesser. Orientierende Durchschnittswerte für Meßbereiche; *1* Galvanometer; *2* Verstärkervoltmeter; *3* elektrostatische Meßgeräte; *4* Kompensatoren; *5* Drehspulmeßgeräte; *6* Oszilloskope; *7* Drehmagnetmeßgeräte; *8* Dreheisenmeßgeräte; *9* Meßgeräte mit vorgeschaltetem Spannungswandler; *10* Meßfunkenstrecken

Spannungsmeßschleife

nentmagneten zur Registrierung des zeitlichen Verlaufs der Spannung in einem → Lichtstrahloszillografen.

Spannungsmessung
Bestimmung des Werts der elektrischen Spannung.
Bei der S. wird der Potentialunterschied zwischen zwei Punkten eines Stromkreises durch Anschluß eines → Spannungsmessers an diesen Stellen, also durch Parallelschalten zum Meßobjekt, ermittelt (Bild).

Spannungsmessung

Die S. an einem Widerstand mit bekanntem Wert wird häufig zur indirekten → Strommessung genutzt.
Bei Auswahl der möglichst hochohmigen Spannungsmeßgeräte sind in erster Linie ihre Eignung zur → Gleich- und/oder → Wechselgrößenmessung, ihre Einsatzbereiche und -bedingungen und die Meßfehler zu beachten.
Bei Messungen von Gleichspannungen und Spannungen im Niederfrequenzbereich soll die ohmsche Belastung des Meßobjekts durch das Meßgerät berücksichtigt werden. Auf Brummeinstreuungen sowie elektrische und/oder mechanische Verkopplungen ist zu achten. Mit zunehmender Frequenz muß auf zusätzliche Fehlerquellen geachtet werden. Die ohmsche Belastung ist durch die hohen Eingangswiderstände elektronischer Meßgeräte gering. Die Kapazität der Verbindungsleitung und die → Eingangskapazität führen zu einer mit der Frequenz steigenden kapazitiven Belastung, die durch den Einsatz eines (HF-) → Tastkopfs gemindert werden kann. Der induktiven Belastung durch die Verbindungsleitung, die zu Frequenzverstimmungen und Resonanzerscheinungen führen kann, begegnet man durch kurze Leitungsführung. Besonders bei Messungen im Hochfrequenzbereich müssen Verkopplungen über magnetische Felder durch Annäherung von metallischen Gegenständen (z. B. Schraubendreher) oder mit der Hand (Handkapazität) an hochfrequenzstromführende Punkte ausgeschlossen werden. Beim Zusammenschluß der einzelnen Massepunkte sind Schleifenbildungen auszuschließen. Die Höchstfrequenztechnik ist auch in meßtechnischer Hinsicht ein Spezialgebiet, das in seiner Komplexität hier nicht erfaßt werden kann.

Spannungsmessung, oszilloskopische
Bestimmung des → Augenblickswerts einer Spannung (oder einer dazu gewandelten Größe) mit dem → Oszilloskop.
Die zu messende Spannung wird an den Y-Eingang gelegt, eine geeignete → Eingangskopplung und → Triggerung gewählt, ein günstiger → Zeit- und → Ablenkkoeffizient eingestellt und das möglichst große Oszillogramm mit der notwendigen Helligkeit und Schärfe auf dem Bildschirm positioniert. Für quantitative Bestimmungen muß der Feineinsteller für die Verstärkung in einer (vom Hersteller) festgelegten Stellung (z. B. auf CAL oder auf anderen Markierungen) stehen.
Bei relativer o. S. wird die Auslenkung entsprechend der Schwingungsbreite (Bild a) oder zum interessierenden Zeitpunkt (Bild b) mit Hilfe des → Rasters bestimmt.
Bei absoluter o. S. bezieht man sich auf das Massepotential. Dem Verstärker wird zuerst das Bezugspotential zugeführt (vielfach läßt sich die Eingangskopplung auf GND, ground, Masse einstellen). Die oszilloskopierte Nullinie wird mit dem vertikalen Positionssteller auf eine (Referenz-)Rasterlinie eingestellt. Danach wird das Meßsignal oszilloskopiert und die Auslenkung gegenüber der Referenzlinie (Bild c) bestimmt.

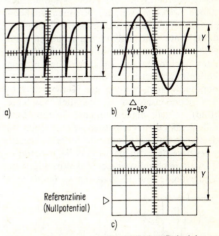

Spannungsmessung, oszilloskopische. Beispiele zur Oszillogrammauswertung; a) Bestimmung der Schwingungsbreite (Wert Spitze–Spitze); b) Bestimmung des Augenblickswerts bei $\varphi = 45°$; c) Bestimmung des Gleichspannungswerts (Die Referenzlinie, die dem Nullpotential entspricht, wurde auf die unterste sichtbare Rasterlinie eingestellt.)

Spannungsmessung, oszilloskopische

Der Spannungswert ergibt sich in jedem Fall aus der Multiplikation der Auslenkung Y mit dem Ablenkkoeffizienten K_y: $u = Y \cdot K_y$.
Anh.: 7, 15, 72 / 78.

Spannungspfad
Mittelbar oder unmittelbar an die Meßspannung, d. h. die Spannung, die die Hauptursache für die Anzeige der Meßgröße ist, angeschlossener → Meßpfad.
Anh.: 78, 120 / 57.

Spannungsprüfer
(Spannungssucher). Einpoliges Prüfgerät zum Nachweis der Netzspannung.
S. bestehen aus der Reihenschaltung einer Glühlampe mit einem hochohmigen Widerstand.
S. haben den Nachteil, auch verschleppte Fremdspannungen anzuzeigen. Für kommerzielle Zwecke dürfen sie nicht genutzt werden.
– Anh.: 144 / *103, 104.*

Spannungsteiler, frequenzkompensierter
Schaltung zur gleichmäßigen Spannungsteilung in einem möglichst großen Frequenzbereich.
Alle Widerstandsbauelemente haben eine mehr oder weniger große („parasitäre") Schaltkapazität C_s, die bei zunehmender Frequenz als niederohmiger werdende Parallelwiderstände wirksam werden. Frequenzunabhängige, rein ohmsche Spannungsteiler lassen sich deshalb nur sehr niederohmig aufbauen; dann wirken sich die unvermeidlichen Schaltkapazitäten noch nicht aus. Da aber in den meisten Fällen möglichst hochohmige Spannungsteiler notwendig sind, werden den Teilerwiderständen Kondensatoren C_z parallel geschaltet (Bild), so daß niederfrequente Spannungsanteile gemäß dem Verhältnis der ohmschen Widerstände und hochfrequente Anteile kapazitiv geteilt werden. Im dazwischenliegenden Frequenzbereich müssen sich die Wirkungen der Widerstände und Kapazitäten so überlappen, daß eine für alle Frequenzen gleichmäßige Spannungsteilung erreicht wird.
Der Abgleich der verstellbaren Kondensatoren (Trimmer) erfolgt meist durch → Prüfen mit Rechteckimpuls.

Spannungsvergleich
Vergleichsverfahren zur → Widerstandsmessung.
Beim S. werden die Spannungen, hervorgerufen durch den gleichen Strom, am Meßobjekt und an einem genau bekannten Vergleichswiderstand verglichen.
Dazu werden der unbekannte Widerstand R_x und der Vergleichswiderstand R_N in Reihe geschaltet, so daß sie vom gleichen Strom durchflossen werden (Bild). Aus den mit einem hochohmigen Spannungsmesser $[R_{GU} > (10^2 \ldots 10^4)\,R_x]$ oder mit einem Kompensator gemessenen Spannungswerten U_x und U_N läßt sich R_x bestimmen:

$$R_x = \frac{U_x}{U_N} R_N$$

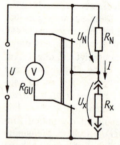

Spannungsvergleich

Wird als Vergleichswiderstand ein feinstufig veränderbarer Meßwiderstand, z. B. Dekadenwiderstand, in der Größenordnung von R_x eingesetzt, so kann man R_N unter ständigem Umschalten so lange verstellen, bis sich die Anzeige nicht mehr ändert, d. h. $U_x = U_N$. Dann sind auch die beiden Widerstände gleich groß ($R_x = R_N$), und der Wert für R_x kann an der Skala des Vergleichswiderstands direkt abgelesen werden.
Dieses Schaltungsprinzip wird ebenso wie der → Stromvergleich in vielen Varianten erweitert und angewendet.

Spannungsvergleicher
→ Komparator

Spannungswandler
Betriebsmittel der Starkstromtechnik für Meß-,

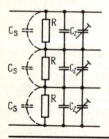

Spannungsteiler, frequenzkompensierter

Spannungswandler

Schutz- und Sicherheitszwecke (→ Meßwandler, elektrische).
S. sind Transformatoren kleiner Leistung, die wirtschaftliche und sichere Spannungsmessungen auch in Mittel- und Hochspannunganlagen ermöglichen (Bild).

Spannungswandler. *UX* Anschlußklemmen der Primärseite; *uv* Anschlußklemmen der Sekundärseite

Für S. gelten bindende Vorschriften für die Fehler des Übersetzungsverhältnisses und der Phasenverschiebung, für die Isolationsfestigkeit, die sekundäre Belastbarkeit (Bürde) und die Klemmenbezeichnungen.
Bei S. ist die → Meßwandleranschlußvorschrift einzuhalten. Demnach muß die Sekundärseite einpolig abgesichert sein, der nicht abgesicherte Pol muß mit dem Kern gemeinsam geerdet sein.
Für die Nennübersetzung K gilt mit den primärseitigen (Index p) und sekundärseitigen (Index s) Nennspannungen U und Windungszahlen N:

$$K = \frac{U_p}{U_s} \approx \frac{N_p}{N_s}$$

Anh.: 119/30, 95.

Speicheroszilloskop

→ *Oszilloskop zur Darstellung von Signalen mit niedriger Wiederholfrequenz, repetierenden Signalen oder einmaligen Ereignissen, die nicht wiederholbar sind, über einen längeren Zeitraum.*

● Oszilloskop mit einer → Speicherröhre (analoges S.)
Das einmalig eingegebene Oszillogramm wird in einer entsprechend konstruierten Elektronenstrahlröhre über längere Zeiträume gespeichert. Dabei läßt sich vielfach die Speicherzeit einstellen. Manche S. speichern die Information auch im ausgeschalteten Zustand (über Tage). Vor dem Neuschreiben muß das gespeicherte Oszillogramm gelöscht werden.
● Oszilloskop mit einem Digitalspeicher (digitales S.)
Die analoge Meßinformation wird im S. digitalisiert und in dieser Form gespeichert. Die gespeicherten Signale können nachträglich beeinflußt, z.B. um einen bestimmten Faktor vergrößert oder gespreizt werden. Ein Interpolator sorgt bei der Darstellung des Oszillogramms auf dem Bildschirm für eine direkte Verbindung der einzelnen Datenpunkte. – Anh.: 41, 134/78, 87.

Speicherröhre

→ *Elektronenstrahlröhre mit einer Speicherelektrode.*
Mit einem Schreib(elektronen)strahl wird ein Ladungszustand auf die Speicherelektrode (Target) gebracht.
Beim bistabilen Speicherverfahren ist eine Speicherschicht direkt auf der Innenseite des Bildschirms aufgetragen, aus der an der Auftreffstelle des Schreibstrahls Sekundärelektronen herausgeschlagen werden. Es entsteht ein positives Ladungsbild in der negativen Fläche. Hilfskatoden (sog. Flutkatoden) berieseln den gesamten Schirm. Dabei werden die positiv geladenen Bildschirmpartikel durch die Flutelektronen zur Lichtemission angeregt. Dieser Zustand kann bis zu mehreren Stunden ohne merklichen Qualitätsverlust bei großer Helligkeit aufrechterhalten werden. Das Löschen des Ladungsbilds geschieht, indem das Target wieder eine gleichmäßige negative Ladung erhält.
Das monostabile Speicherverfahren (sog. Halbton-Verfahren) nutzt ein besonderes Speichernetz, das in der Röhre einige Millimeter vor dem Leuchtschirm angebracht ist.
Das Transfer-Speicherverfahren kombiniert beide vorgenannten Speicherarten.

Spektrumanalysator

Gerät oder Schaltungsanordnung zur Ermittlung der in einem Signal enthaltenen Frequenzanteile.
Im Unterschied zur → Wobbelung wird keine Frequenzganganalyse durchgeführt, sondern festgestellt, welche Frequenzen mit welchem Amplitudenwert in einer Schwingung enthalten sind.

Sperrwandler

Art des Gleichspannungswandlers (→ Transverter).
Durch magnetische Verkopplung der Spulen L1 und L3 erfolgt ein periodisches Öffnen und Sperren des Transistors. Eine Kollektorstromänderung des Transistors induziert in der Spule L2 eine Spannung. Sie ist genau in der Sperrphase des Transistors so gerichtet, daß der Kondensator C_L aufgeladen werden kann bzw. durch R_L ein Strom fließt (Bild). Die Ausgangsspannung ist stark lastabhängig.

Sperrwandler

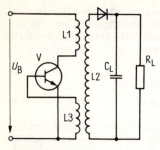

Sperrwandler

Spiegelgalvanometer
→ *Galvanometer höchster Empfindlichkeit mit Spannbandlagerung oder Bandaufhängung und Anzeige mittels Lichtzeiger.*
Zum Erreichen großer Lichtzeigerlängen und damit einer hohen Empfindlichkeit werden, im Unterschied zum → Lichtmarkengalvanometer, beim S. das Meßwerk, die Lichtquelle mit ihrer Optik und die Skala getrennt aufgestellt.
Der Strom wird durch dünne Edelmetallbänder (<1 µm) mit geringer Richtkraft oder über das Aufhängeband der freigewickelten Drehspule zugeführt. Die Nullpunkteinstellung erfolgt durch einen Torsionskopf am oberen Ende des Hängebandes.
Das S. muß mittels Wasserwaage („Libelle") und Fußschrauben exakt horizontal eingestellt werden. Beim Transport muß das bewegliche Organ arretiert werden.

Spiegelskala
→ *Strichskala, die zur Vermeidung der → Parallaxe in einem schmalen Streifen mit einem Spiegel unterlegt ist.*

Spitzengleichrichtung
Schaltung der → Meßgleichrichtung zum Messen von Scheitelwerten einer Wechselgröße.
Bei der S. wird das Prinzip der periodischen Auf- und Entladung eines Kondensators über Diode (in → C-Gleichrichtung) und Meßwerk angewandt. Diode und Anzeigeeinrichtung können dabei parallel (Bild a) oder in Reihe (Bild b) geschaltet werden.
Der Kondensator lädt sich über die Diode auf den Scheitelwert der Spannung auf und entlädt sich über das Meßwerk. Die Entladezeitkonstante muß groß gegenüber der Periodendauer der Meßspannung sein (Bild c).

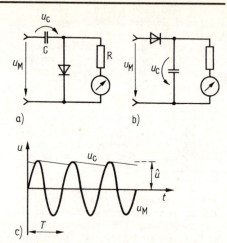

Spitzengleichrichtung. a) Parallelschaltung; b) Reihenschaltung von Diode und Anzeigeeinrichtung; c) Spannungsverläufe; u_M Meßspannung; $\hat{u}$ Scheitelwert der Meßspannung; T Periodendauer der Meßspannung; u_C Ladespannung des Kondensators

Spitzenlager
→ *Achslager für elektrische Meßgeräte.*
Die Achse des beweglichen Organs endet beiderseits in Kegelspitzen aus gehärtetem Stahl (Kegelwinkel 55°), deren Spitzen verrundet sind (Radius 10...100 µm). Diese Spitzen laufen in kegelförmigen Pfannen (Kegelwinkel 80°).
Bei geringen Ansprüchen wird die Pfanne direkt in Bronzeschrauben eingearbeitet. Meist werden Lagersteine aus synthetischen Edelsteinen fest oder gefedert zum Abfangen von Stößen in sog. Steinschrauben eingesetzt (Bild).
S. sind empfindlich gegen Stoß, Schlag und Vibration.
Beim Außens. sind die Achsspitzen vom beweglichen Organ weggerichtet. Da das untere Lager belastet wird, ist ein Kippfehler möglich. Dieser wird beim Innens. mit zum Schwerpunkt des beweglichen Organs gerichteten Achsspitzen vermieden. Dabei wird das obere Lager belastet und der Zeiger so abgewinkelt, daß seine gedachte Verlängerung durch den oberen Auflagepunkt führt.

Spitzenwert
→ *Scheitelwert, der in einer sehr kurzen Zeitspanne im Vergleich zur Periodendauer durchlaufen wird.*
Anh.: 43 / –

Spitzenlager

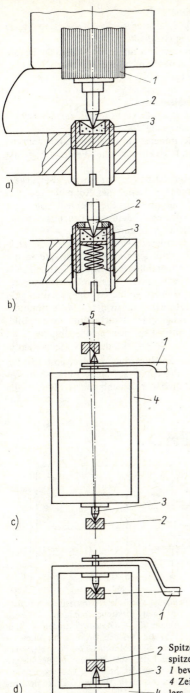

Spulendämpfung
→ *Induktionsdämpfung in der Drehspule.*
Bei der Bewegung einer freigewickelten Drehspule (→ Galvanometer) im Magnetfeld wird in ihr eine Spannung induziert, die einen dem Meßstrom entgegengesetzten Strom hervorruft; dieser hemmt die Drehung der Spule, und zwar um so mehr, je größer er ist. Die Größe des induzierten Stroms ist vom Widerstand im Meßstromkreis abhängig. Ein kleiner Widerstand läßt einen großen Strom fließen und verursacht so eine starke Dämpfung; der Zeiger kriecht auf den Anzeigewert. Ein großer Widerstand mit einem kleinen Strom führt zu einer geringen Dämpfung; der Zeiger pendelt um den Anzeigewert.
Als äußeren Grenzwiderstand bezeichnet man den Widerstand im äußeren Stromkreis (Gesamtwiderstand des Meßstromkreises minus Meßgerätewiderstand), mit dem die aperiodische Dämpfung (schnelle Annäherung an den Meßwert ohne Überschwingen) erreicht wird.

Spulengüte
Maß für die → Verluste einer Spule.
Die S. ist der Kehrwert des → Verlustfaktors.

Spulenkapazität
Unerwünschte kapazitive Eigenschaft einer Spule.
Die Anschlüsse einer Spule und ihre einzelnen Windungen untereinander haben eine unvermeidbare Kapazität. Dadurch steigt der Scheinwiderstand der Spule nicht proportional mit der Frequenz.
Man kann die S. als Parallelkapazität C_v in → Ersatzschaltbildern angeben. Sie bildet mit der idealen Induktivität einen Parallelschwingkreis, dessen Resonanzfrequenz die Eigen(resonanz)frequenz der Spule ist.

Spulenschwingermeßwerk
Spezielle Meßwerkbauform nach dem Prinzip des → Drehspulmeßwerks.
Eine Miniaturspule mit einem kleinen Meßwerkspiegel bewegt sich im Rhythmus des durchfließenden Wechselstroms im Luftspalt eines Permanentmagneten und ermöglicht die Registrierung im → Lichtstrahloszillografen.
Die moderne Ausführung des S. ist das → Stiftgalvanometer.

Spitzenlager. a) fester Lagerstein; b) gefederter Lagerstein; c) Außenspitzenlager; d) Innenspitzenlager; *1* bewegliches Organ (z. B. Drehspule); *2* Achsspitze; *3* Lagerpfanne; *4* Zeiger; *5* Kippwinkel (stark übertrieben) als Ursache des Kippfehlers

Standardabweichung

Standardabweichung
(mittlere quadratische Abweichung, mittlerer quadratischer Fehler). Rechengröße der → Fehlerstatistik.
Die S. erfaßt die zufälligen Fehler der Einzelmeßwerte x_i einer Meßreihe mit n Messungen von ihrem → arithmetischen Mittel $\bar{x}$:

$$s = \sqrt{\frac{1}{n-1} \sum_{i=1}^{n} (x_i - \bar{x})^2} \approx \sigma$$

Bei hinreichend vielen Messungen ergibt sich σ als sog. S. der (sehr großen) Grundgesamtheit.
Man berechnet vorteilhaft zuerst die Abweichungen der Einzelwerte vom Mittelwert $(x_i - \bar{x})$, quadriert diese und summiert die quadratischen Werte.
Verschiedene Taschenrechner sind für die Berechnung der S. vorprogrammiert. – Anh.: 6, 110/77.

Stempelung
→ Beglaubigung

Stiftgalvanometer
Spulenschwingermeßwerk nach dem Prinzip des → Drehspulmeßwerks.
Das bewegliche Organ des S. besteht aus einer schmalen, langen, freitragenden Miniaturspule, die mit einem Spiegel an zwei Spannbändern in einem Rohr gelagert ist (Bild). Die Dämpfung erfolgt durch Induktions- bzw. Flüssigkeitsdämpfung. Das System wird in die Bohrungen eines gemeinsam für mehrere S. genutzten Permanentmagneten, des sog. Galvanometerblocks, eingesetzt.
Wegen der extremen Kleinheit ist es möglich, in einem → Lichtstrahloszillografen mehrere S. auf engstem Raum unterzubringen und dadurch verschiedene Meßgrößen in einzelnen Kanälen gleichzeitig und unabhängig voneinander zu registrieren.

Störgröße
→ Größe, die in ungewollter Weise eine Messung nachteilig beeinflußt.
Im Unterschied zur → Einflußgröße ist die Wirkung der S. nicht oder nur sehr schwer beherrschbar.

Strahlablenkung
Ablenkung des Elektronenstrahls zur Leuchtfleckverschiebung auf dem Bildschirm.
Ein Elektronenstrahl kann durch magnetische oder/und elektrostatische Felder abgelenkt werden.
Bei magnetischer S. werden an zwei gegenüberliegenden Stellen des Röhrenhalses zwei Spulen angeordnet. Sie werden von dem Strom, dessen Verlauf zur Leuchtfleckbewegung dienen soll, durchflossen.
Im → Oszilloskop wird überwiegend die elektrostatische S. angewendet. Dazu sind in der Elektronenstrahlröhre paarig → Ablenkelektroden rechtwinklig zueinander angebracht. Ohne Spannung an diesen Ablenkplatten geht der Elektronenstrahl in deren Mitte hindurch und erzeugt einen Leuchtpunkt in der Bildschirmmitte. Legt man eine Spannung (z. B. u_y) an die Platten, wird der Elektronenstrahl in Richtung zur Elektrode mit dem positiven Potential abgelenkt; auf dem Bildschirm verschiebt sich der Leuchtpunkt (z. B. um die

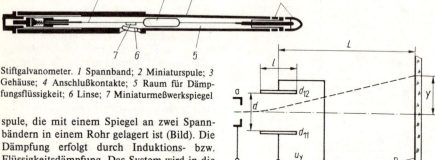

Stiftgalvanometer. *1* Spannband; *2* Miniaturspule; *3* Gehäuse; *4* Anschlußkontakte; *5* Raum für Dämpfungsflüssigkeit; *6* Linse; *7* Miniaturmeßwerkspiegel

Strahlablenkung. Vertikale elektrostatische Strahlablenkung in einer Elektronenstrahlröhre (schematisch); *a* Anode; d_{11}, d_{12} Ablenkelektroden; *B* Bildschirm; *L* Abstand zwischen der Mitte des Ablenksystems und dem Bildschirm; *l* Länge der Ablenkplatten; *d* Abstand der Ablenkplatten; U_a Beschleunigungsspannung an der Anode; u_y Ablenkspannung zwischen den Ablenkelektroden; *Y* Leuchtfleckverschiebung

Strahlablenkung

Strecke Y). Der Betrag der Leuchtfleckverschiebung hängt von verschiedenen Faktoren, die als → Ablenkempfindlichkeit E zusammengefaßt werden, ab (Bild); z. B.

$$Y = \frac{1}{2} \frac{Ll}{dU_a} u_y = E_y u_y.$$

Bei der S. mit Wechselspannung wird der Leuchtfleck der Frequenz entsprechend schnell hin und her bewegt. Man erkennt dabei nicht die einzelnen Flecklagen, die den → Augenblickswerten der Ablenkspannungen entsprechen, sondern einen Strich als Oszillogramm. – Anh.: 72/78.

Strahlungsthermometer

(Pyrometer). Meßgerät zur → Temperaturmessung.
S. nutzen Spektren und/oder Intensität der Strahlung eines Körpers zur Bestimmung seiner Temperatur aus.
S. eignen sich besonders zur Messung hoher Temperaturen. Die Messung erfolgt berührungslos. Es wird zwischen → Teilstrahlungs- und → Gesamtstrahlungspyrometer unterschieden. – Anh.: 23, 26 / 96.

Streifenschreiber

(Bandschreiber). → Schreiber, der auf einem unter dem Schreiborgan ablaufenden Diagrammstreifen aufzeichnet.
S. verwenden als Diagrammträger einen mit Bogen- oder rechtwinkligen Koordinaten bedruckten Registrierstreifen. Zum Streifentransport greifen die Stifte einer Stiftwalze in die ein- oder beidseitige Perforation und ziehen das Papier von einer Vorratsrolle ab. Der Stiftwalzenantrieb erfolgt über ein Wechselgetriebe durch Synchronmotoren, drehzahlgeregelte Gleichstrommotoren (bei Batteriebetrieb), Schrittschaltwerke oder Federuhrwerk mit Hand- oder elektrischem Aufzug (→ Meßwerklinienschreiber, Bild).
Die Vorschubgeschwindigkeit (5...9600 mm/h), die Streifen- bzw. Schreibbreite und andere Abmessungen sind in Vorschriften festgelegt.
Das beschriebene Papier wird auf einer über Reibrad-(Rutsch-)kupplung bewegten Rolle wieder aufgewickelt. – Anh.: 28, 29, 30, 87/22, 49, 50, 51.

Streuung

→ *Zufälliger Fehler bei wiederholten Messungen unter gleichen Bedingungen.*

Wird die Messung einer Größe an einem Meßobjekt unter gleichen → Meßbedingungen wiederholt, werden die einzelnen Meßwerte voneinander abweichen; sie „streuen".
S. hat viele Ursachen wie Diskontinuität und Instabilität der Meßgröße und der Meßmittel. Sie kann nicht vermieden oder korrigiert werden. Durch die → Fehlerstatistik können die einzelnen Fehler erfaßt, ausgewertet und in ihrer Tendenz erkannt werden. – Anh. 6, 110/77.

Strichskala

→ *Skala eines Meßmittels, deren Teilungsmarken die Form von Strichen, Punkten oder ähnlichen Markierungen haben.*

Die S. liefert eine stetige, analoge Anzeige. Auf einem Skalenträger (Skalenplatte) sind die Teilungsmarken entlang einer Bezugslinie bzw. auf einer Teilungsgrundlinie angeordnet (→ Teilungsart, → Skalenteilung, → Teilungsanordnung). Sie tragen häufig eine Skalenbezifferung (→ Skala, benannte; → Skala, unbenannte; → Direktskala, → Ableitungsskala). Einzelne Teilungsmarken können den → Skalenanfangs- und → Skalenendwert, den → Skalennullpunkt, den Meßbereichsanfangs- und Meßbereichsendwert angeben. Sie grenzen entsprechende Skalenabschnitte (→ Skalenbereich, → Meßbereich, → Skalenteil) ein (Bild).
Die grundsätzlichen → Skalenarten sind in Vorschriften festgelegt.
Hinsichtlich der Linearität der Teilung unterscheidet man lineare und nichtlineare → Skalen.

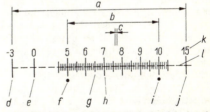

Strichskala. (schematisch); *a* Skalenbereich, Anzeigebereich (in Einheiten der Meßgröße); Skalenlänge (in Längeneinheiten); *b* Meßbereich oder Meßspanne (in Einheiten der Meßgröße), Arbeitsteil der Skala; *c* Skalenteil oder Teilstrichabstand (in Längeneinheiten), Skalenwert (in Einheiten der Meßgröße); *d* Skalenanfangswert; *e* Skalennullpunkt; *f* Meßbereichsanfangswert; *g* unbezifferte Teilungsmarke; *h* bezifferte Teilungsmarke; *i* Meßbereichsendwert; *j* Skalenendwert; *k* Skalenbezifferung; *l* Bezugslinie

Strichskala

Der Grenzfall einer S. ist eine einzige Teilungsmarke z. B. zur Angabe eines Soll- oder Grenzwerts oder als Nullmarke eines Indikators. – Anh.: 6, 78, 83/*24, 57, 77.*

Stroboskop
Meßgerät zur optischen → Drehzahlmessung.
Man unterscheidet → Blendenstroboskop und → Lichtblitzstroboskop.

Stroboskopischer Effekt
Erscheinung bei künstlicher Beleuchtung mit wechselstromgespeisten Strahlern, die Bewegungsvorgänge verzerrt.
Der s. E. ist eine optische Täuschung und beruht auf der Trägheit des Auges. Beim s. E. scheinen insbesondere rotierende Teile stillzustehen. Die sich daraus ergebenden Gefahren zwingen zu seiner Beachtung.
Eine nutzbringende Anwendung erfährt der s. E. beim → Stroboskop beispielsweise zur Frequenzmessung. – Anh.: –/*101*.

Stromdämmung
(spannungsbezogener Meßgerätewiderstand, reziproker Meßwerkstrom). Kennwert zur Charakterisierung des Widerstands des Spannungsmessers in Vielfachmeßgeräten.
Die S. wird in Ω/V angegeben, d. h., sie gibt den Spannungsmesserwiderstand je 1 V an. Stromdämmung:

$$D = \frac{1}{I_M} = \frac{R_{GU}}{\text{Spannungsmeßbereich}}$$

Um den Meßgerätewiderstand R_{GU} zu erhalten, muß die S. mit dem eingestellten Meßbereich multipliziert werden. Je größer die S., um so größer ist der Meßgerätewiderstand und um so kleiner der den Spannungsmesser durchfließende Strom, d. h., um so geringer wird der durch das Meßgerät verursachte systematische → Fehler.
Gebräuchliche Werte: 200 Ω/V...1 MΩ/V.

Stromflußwandler
Art des Gleichspannungswandlers (→ Transverter).
Durch die magnetische Verkopplung der Spulen L1 und L3 erfolgt ein periodisches Öffnen und Sperren des Transistors V. Seine Kollektorstromänderung induziert in der Wicklung L2 eine Spannung. Sie ist in der Stromflußphase so gerichtet, daß sich C_L über die Diode aufladen kann bzw. durch R_L ein Strom fließt. Der Kondensator C_0 übernimmt in der Sperrphase des Transistors die Energie des Magnetfelds und verhindert gefährliche Spannungsüberhöhungen (Bild).

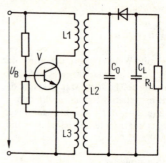

Stromflußwandler

Strommeßbereichserweiterung
→ *Meßbereichserweiterung bei Strommeßgeräten.*
Ein Meßwerk hat einen Widerstand R_M, der ggf. auch die Widerstände zur Verminderung des Temperaturgangs (→ Swinburne-Schaltung) einschließt. Es kann bei Endausschlag nur mit einem maximalen Strom I_M belastet werden. Sollen darüber hinausgehende Ströme gemessen und angezeigt werden, muß eine „Umleitung" durch einen zum Meßwerk parallel geschalteten Nebenwiderstand (Shunt) R_n geschaffen werden, so daß das Meßwerk nur von I_M durchflossen wird (Bild a).

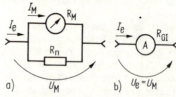

Strommeßbereichserweiterung. a) Meßbereichserweiterungsschaltung; b) resultierendes Strommeßgerät

Ist der benötigte Meßbereichsendwert I_e n-mal größer als der zulässige Meßwerkstrom, läßt sich mit der Vergrößerungszahl des Strommeßbereichs $n = I_e/I_M$ der Nebenwiderstand berechnen:

$$R_n = \frac{1}{n-1} R_M \quad \text{oder} \quad R_n = \frac{I_M}{I_e - I_M} R_M$$

Durch Parallelschalten des Nebenwiderstands R_n zum Meßwerkwiderstand R_M entsteht ein Strommeßgerät (Bild b) mit dem Meßgerätewiderstand R_{GI}

$$R_{GI} = \frac{R_M R_n}{R_M + R_n}.$$

Strommeßbereichserweiterung

Es gilt dann $R_{GI} < R_n \leq R_M$.
Durch speziell geschaltete Nebenwiderstände (→ Ayrton-Shunt) lassen sich → Mehrbereichsstrommesser aufbauen. Anh.: 65/–

Strommesser
(Strommeßgerät, früher Amperemeter). → Meßmittel zur Bestimmung der elektrischen Stromstärke.
S. werden bei der → Strommessung direkt in Reihe oder über → Stromwandler in den Stromkreis eingefügt.
Im µA- und mA-Bereich verwendet man für diese Ströme bemessene → Meßwerke (z. B. Drehspul-, Drehmagnet-, Dreheisenmeßwerk). Für höhere Stromstärken erfolgt eine → Strommeßbereichserweiterung. Die indirekte Strommessung und S. mit Meßverstärkern (z. B. Digitalamperemeter) ermöglichen die Bestimmung von Strömen bis herab zu 1 pA. Für die Messung von Wechselströmen können bei S., die nur für Gleichgrößen empfindlich sind, eine → Meßgleichrichtung vorgeschaltet werden (Bild).
Das Einschalten eines S. bedeutet Einfügen des → Meßgerätewiderstands in den Stromkreis. Dadurch entsteht eine Änderung der Meßgröße und damit ein systematischer → Fehler, der so klein wie möglich gehalten werden muß. Um weitgehend die Verhältnisse des ungestörten Stromkreises zu erhalten und so einen geringen Fehler hervorzurufen, sollte im jeweiligen Anwendungsfall die Meßgeräteimpedanz wesentlich kleiner als der (Schein-)Widerstand des Stromkreises, in dem gemessen wird, sein.
Ein idealer, rückwirkungsfrei messender S. sollte widerstandslos sein oder, anders ausgedrückt, sein → Leistungseigenbedarf müßte Null sein. – Anh.: 62, 63, 64, 65, 69, 78, 84, 88, 89, 90, 111, 115, 116/4, 6, 18, 31, 42, 47, 57, 67, 98, 99.

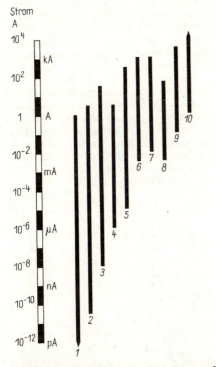

Strommesser. Orientierende Durchschnittswerte für Meßbereiche; *1* indirekte Strommessung mit empfindlichen direktwirkenden oder elektronischen Spannungsmeßgeräten; *2* Galvanometer; *3* Drehspulmeßgeräte; *4* selbstabgleichende Kompensatoren; *5* Hitzdrahtmeßgeräte; *6* Dreheisen- und Drehmagnetmeßgeräte; *7* Meßgeräte mit Thermoumformern; *8* Bimetallmeßgeräte; *9* Meßgeräte mit Stromsensoren; *10* Meßgeräte mit vorgeschaltetem Stromwandler

Strommesser, in-Watt-kalibrierter
Bedingt einsetzbares Meßgerät zur direkten → *Wirk- bzw.* → *Scheinleistungsmessung.*
Bei konstanter Spannung kann die Skala eines Strommessers direkt in Leistungseinheiten kalibriert werden; bei Gleichstrom und Wechselstrom mit rein ohmscher Belastung ist die Wirkleistung dem Strom proportional ($P \sim I$), und bei Wechselstrom mit beliebiger Belastung herrscht Proportionalität zwischen Scheinleistung und Strom ($S \sim I$).

Strommeßschleife
→ *Schleifenschwingermeßwerk mit einem Permanentmagneten zur Registrierung des zeitlichen Verlaufs des Stroms in einem* → *Lichtstrahloszillografen.*

Strommessung
Bestimmung des Werts der elektrischen Stromstärke.
Die S. kann direkt oder indirekt erfolgen.
Zur direkten S. wird der Stromzweig, dessen Strom gemessen werden soll, aufgetrennt und ein möglichst niederohmiger → Strommesser in Reihe eingefügt (Bild a).
Bei der indirekten S. erfolgt eine → Spannungsmessung an einem Widerstand, dessen

Strommessung

Wert möglichst genau bekannt oder bestimmbar sein muß. Dieser Widerstand gehört entweder zum Meßkreis (R in Bild b), oder es ist ein zusätzlich in den Stromkreis eingefügter Meßwiderstand (R_N in Bild c). Die Stromstärke wird mit dem Ohmschen Gesetz berechnet.

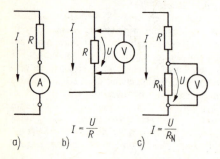

a) b) $I = \dfrac{U}{R}$ c) $I = \dfrac{U}{R_N}$

Strommessung. a) direkt; b) indirekt durch Spannungsmessung an einem Widerstand des Meßstromkreises R; c) indirekt durch Spannungsmessung an einem zusätzlich eingeschalteten Meßwiderstand R_N

Die Notwendigkeit zur → Gleich- und/oder → Wechselgrößenmessung, die Einsatzbereiche und -bedingungen sowie die Meßfehler bestimmen die Auswahl des Meßverfahrens und der Meßgeräte im speziellen Fall.

Strommeßverfahren
1. Verfahren zur → Strommessung.
2. Abgleichverfahren beim → Gleichspannungskompensator.

Strommeßzange
→ Zangenstrommeßgerät

Strompfad
→ Meßpfad, der von dem Strom, der die Hauptursache für die Anzeige der Meßgröße ist, oder einem verhältnisgleichen Teil dieses Meßstroms durchflossen wird.
S. müssen so bemessen und gebaut sein, daß bei Unterbrechung im Betrieb keine Gefahren entstehen. Bereichsumschalter im S. dürfen beim Schalten den Stromfluß nicht unterbrechen. – Anh.: 78, 120/57.

Stromsensor
Magnetisch empfindlicher Aufnehmer zur Strommessung.
S. nutzen den → Halleffekt zur galvanisch getrennten, rückwirkungsfreien → Strommessung oder Überwachung von Gleich- und Wechselströmen. Das stromdurchflossene Kabel wird von offenen Ferritkernen oder ferromagnetischen Spiralen umschlossen, in deren Luftspalt eine Hallsonde angeordnet ist. Aus der Spannung dieses Meßfühlers wird durch eine nachgeschaltete Signalaufbereitung ein analoges oder digitales Ausgangssignal gebildet.
S. können analog dem → Hallgenerator oder mit einer → Feldplatte aufgebaut werden.

Strom-/Spannungs-Messung
Verfahren zur indirekten Messung von Gleich- oder Wechselstromwiderständen und Leistung.
Beim gleichzeitigen Einschalten von Strom- und Spannungsmeßgeräten in den Meßkreis entsteht wegen der endlichen Meßgerätewiderstände ein systematischer Fehler.
Je nach den mit dem geringsten Fehler gesuchten Meßwerten bzw. den Widerstandsverhältnissen von Meßgerät und Meßobjekt nutzt man die stromrichtige oder die spannungsrichtige → Schaltung.

Strom-/Spannungs-/Frequenz-Messung
Verfahren zur indirekten Messung an verlustarmen Kondensatoren und Spulen ohne Eisenkern.
Zur Bestimmung des Betrags des Scheinwiderstands genügt eine Strom- und Spannungsmessung. Bei bekannter Meßfrequenz oder nach deren Messung lassen sich die Kapazität bzw. die Selbstinduktivität ermitteln.

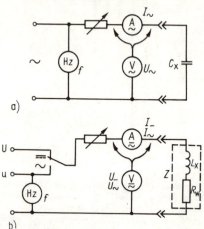

Strom-/Spannungs-/Frequenz-Messung. Meßschaltung zur a) Kapazitätsbestimmung verlustarmer Kondensatoren; b) Induktivitätsbestimmung eisenkernloser Spulen

Strom-/Spannungs-/Frequenz-Messung

Je nach den Verhältnissen der Impedanzwerte und der Meßgerätewiderstände wird die strom- oder spannungsrichtige → Schaltung verwendet.

Sollen die → Verluste von Kondensatoren und Spulen mit Eisenkern erfaßt werden, muß eine → Strom-/Spannungs-/Frequenz-/Wirkleistungs-Messung erfolgen.

● Kapazitätsbestimmung verlustarmer Kondensatoren (Bild a)

Bei der Messung mit Wechselstrom ergeben sich die Effektivwerte $U_\sim$, $I_\sim$ und die Frequenz f und damit die Kapazität des Kondensators:

$$C_x = \frac{I_\sim}{2\pi f U_\sim}$$

● Induktivitätsbestimmung eisenkernloser Spulen (Bild b)

Bei der Messung mit Gleichstrom wird nur der Wirkwiderstand der Spule R_w erfaßt; aus den gemessenen Gleichstromwerten U_- und I_- ergibt sich sein Wert:

$$R_w = \frac{U_-}{I_-}$$

Nach Umschaltung und Messung mit Wechselstrom wird der Scheinwiderstand wirksam, dessen Betrag aus den Wechselstromeffektivwerten $U_\sim$ und $I_\sim$ bestimmt werden kann:

$$Z = \frac{U_\sim}{I_\sim}$$

Unter Einbeziehung der Frequenz f ergibt sich aus den Werten beider Einzelmessungen die Selbstinduktivität:

$$L_x = \frac{1}{2\pi f} \sqrt{\left(\frac{U_\sim}{I_\sim}\right)^2 - \left(\frac{U_-}{I_-}\right)^2}$$

Strom-/Spannungs-/Frequenz-/Wirkleistungs-Messung

Verfahren zur indirekten Messung von verlustbehafteten Kondensatoren, von Spulen mit (Eisen-)Kernen, der Blindleistung oder des Leistungsfaktors.

Sollen die → Verluste von Kondensatoren und von Spulen mit Kern berücksichtigt werden, muß neben der → Strom-/Spannungs-/Frequenz-Messung auch die Wirkleistung ermittelt werden. Bei der Blindwiderstandsbestimmung muß die Frequenz der Betriebswechselspannung bekannt sein bzw. gemessen werden.

Mit der Schaltung lassen sich auch aus der Schein- und Wirkleistungsmessung direkt verknüpfte Leistungsgrößen bestimmen.

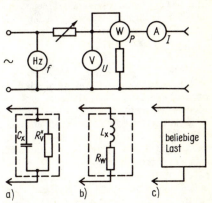

Strom-/Spannungs-/Frequenz-/Wirkleistungs-Messung. Meßschaltung mit den Meßobjekten; a) zur Kapazitätsbestimmung; b) zur Induktivitätsbestimmung; c) zur Blindleistungs- und Leistungsfaktorbestimmung

● Messung an technischen (verlustbehafteten) Kondensatoren (Bild a)

$$C_x = \frac{1}{2\pi f} \frac{I}{\sqrt{U^2 - \left(\frac{P}{I}\right)^2}} \qquad R_v'' = \frac{P}{I^2}$$

● Messung an Spulen mit (Eisen-)Kern (Bild b)

$$L_x = \frac{1}{2\pi f I} \sqrt{U^2 - P R_w} \qquad R_w = \frac{P}{I^2}$$

● Messung der Blindleistung (Bild c)

$$Q = \sqrt{(UI)^2 - P^2}$$

● Messung des Leistungsfaktors

$$\lambda \text{ bzw. } \cos\varphi = \frac{P}{UI}$$

Stromvergleich

Vergleichsverfahren zur → Widerstandsmessung.

Beim S. werden die Ströme, die, angetrieben von der gleichen Spannung, durch das Meßobjekt und durch einen genau bekannten Vergleichswiderstand fließen, verglichen.

Dazu werden der unbekannte Widerstand R_x und der Vergleichswiderstand R_N abwechselnd an eine konstante Spannung gelegt (Bild) und die zugehörigen Ströme I_x und I_N gemessen:

Stromvergleich

$$R_x = \left[\frac{I_N}{I_x}(R_N + R_{GI})\right] - R_{GI}.$$

Wenn, wie allgemein gefordert, der Meßgerätewiderstand des Strommessers R_{GI} niederohmig gegenüber R_x und R_N ist, gilt

$$R_x \approx \frac{I_N}{I_x} R_N.$$

Führt man den Vergleichswiderstand als feinstufig veränderbaren Meßwiderstand, z. B. als Dekadenwiderstand, in der Größenordnung von R_x aus, kann man R_N so lange verstellen, bis in beiden Schalterstellungen die gleiche Anzeige erfolgt, also $I_x = I_N$. Dann sind auch die beiden Widerstände gleich groß ($R_x = R_N$), und der Wert für R_x kann an der Skala des Vergleichswiderstands direkt abgelesen werden.

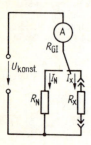

Stromvergleich

Dieses Schaltungsprinzip wird ebenso wie der → Spannungsvergleich in vielen Varianten erweitert und angewendet.

Stromwandler

Betriebsmittel der Starkstromtechnik für Meß-, Schutz- und Sicherheitszwecke (→ Meßwandler, elektrischer).

S. sind Transformatoren geringer Leistung, die wirtschaftliche und sichere Strommessungen auch in Mittel- und Hochspannungsanlagen ermöglichen (Bild).

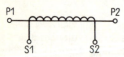

Stromwandler $P1$, $P2$ Anschlußklemmen der Primärseite; $S1$, $S2$ Anschlußklemmen der Sekundärseite

Für S. gelten bindende Vorschriften für die Fehler des Übersetzungsverhältnisses und der Phasenverschiebung, für die Isolationsfestigkeit, die sekundäre Belastbarkeit (Bürde) und die Klemmenbezeichnungen.

Für S. ist die → Meßwandleranschlußvorschrift einzuhalten. Grundsätzlich gilt dabei, daß die Sekundärseite nie im Leerlauf betrieben werden darf. Also ist die Nennbürde einzuhalten, oder die Sekundärseite ist kurzzuschließen. Auf der Sekundärseite dürfen keinesfalls Sicherungen eingeschaltet werden.

Für die Nennübersetzung K gilt mit den primärseitigen (Index p) und sekundärseitigen (Index s) Nennströmen I und den Windungszahlen N:

$$K = \frac{I_p}{I_s} \approx \frac{N_s}{N_p}.$$

Bauformen des S. sind u. a. → Mehrbereichs-S., → Summen-S. und für den mobilen Einsatz → Durchsteckwandler und → Zangen-S.
– Anh.: 119/30, 74, 94.

Stufenwiderstandsmeßbrücke

→ *Meßbrücke, bei der die Verhältniswiderstände feste Werte haben und der Vergleichswiderstand zum Brückenabgleich feinstufig verstellt wird.*

Bei der S. ist (im Unterschied zur → Schleifdrahtmeßbrücke) das → Brückenverhältnis $b = R_3/R_4$ während der Messung konstant. Es läßt sich zur Meßbereichsänderung nur in groben Stufen dekadisch variieren. Zum Brückenabgleich wird der Verhältniswiderstand R_N eingestellt, bis der Indikator stromlos ist (Bild).

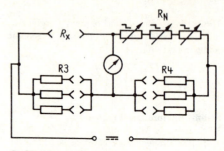

Stufenwiderstandsmeßbrücke

Vielfach wird der Vergleichswiderstand als Widerstandsdekade ausgeführt, an dem unter Einbeziehung des Brückenverhältnisses der Wert des unbekannten Widerstands R_x sofort in Ziffernform (digital) abgelesen werden kann:

$$R_x = b \cdot R_N.$$

– Anh.: 139/69.

Substitutions(meß)methode

→ *Verhältnismeßmethode, bei der die Meßgröße durch eine Größe mit bekanntem Wert ersetzt wird.*

Nach einer ersten Messung wird die Meßgröße bzw. das Meßobjekt gegen eine Größe mit bekanntem Wert bzw. gegen eine Maßverkörperung ausgetauscht (substituiert), und es wird erneut gemessen. Das Meßergebnis wird aus den Werten der beiden Messungen errechnet.
– Anh.: 6, 130, 147/77.

Summenmeßwert

Meßwerk mit mehreren Wicklungen, die von verschiedenen Strömen durchflossen werden und deren Wirkungen auf den Zeigerausschlag gleichgerichtet sind, so daß die Stromsumme angezeigt bzw. zur Meßwertbildung genutzt wird.
Anh.: 51, 78/57.

Summenstromwandler

1. → *Stromwandler mit mehreren Primärwicklungen, die von verschiedenen, aber synchronisierten Netzen gespeist werden können (Bild a).*
Der Sekundärstrom ist die mit den Übersetzungsverhältnissen multiplizierte Summe der Primärströme.
2. Notwendiges Bauteil von FI-Schutzschaltern.
Den Primärkreis des S. bilden Hin- und Rückleiter des zu schützenden Betriebsmittels (Bild b).
Die Stromsumme ist in den genannten Leitern im Normalfall exakt Null. Im Sekundärkreis wird keine Spannung induziert. Nur im Fehlerfall, d. h., wenn ein Strom unter Umgehung des S. zur Quelle zurückfließt, entsteht eine Sekundärspannung. Sie bewirkt das Abschalten des gestörten Kreises. – Anh.: 119/98, 99.

Summierwandler

Art des Gleichspannungswandlers (→ Transverter).
Durch die magnetische Verkopplung der Spulen L1 und L3 erfolgt ein periodisches Öffnen und Sperren des Transistors. Seine Kollektorstromänderungen induzieren in der Spule L2 Spannungen. Ihre Richtung ist von der Änderungsrichtung abhängig. Für jede Richtung ist eine Diode leitend, und der zugehörige Kondensator kann geladen werden. Durch die Reihenschaltung der Kondensatoren summieren sich ihre Spannungen. Die Ausgangsspannung ist stark lastabhängig (Bild).

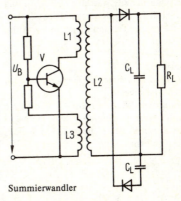

Summierwandler

Swinburne-Schaltung

Schaltung zum Ausgleich der Temperaturabhängigkeit von Meßwerken.
Der Widerstand der Meßwerkdrehspule aus Kupfer oder Aluminium ist stark temperaturabhängig. Er nimmt etwa um 0,4 % je Kelvin zu.
Durch Kombination des Meßwerks mit Vorwiderständen aus temperaturunabhängigem Material (z. B. Manganin) und einem Nebenwiderstand, der im einfachsten Fall aus dem Drehspulmaterial besteht und so den gleichen Temperaturkoeffizienten hat wie die Dreh-

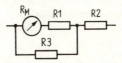

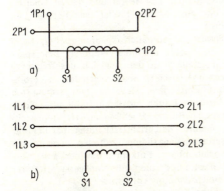

Summenstromwandler. a) Stromwandler mit mehreren Primärwicklungen; b) Summenstromwandler eines FI-Schutzschalters

Swinburne-Schaltung. R_M temperaturabhängiger Meßwerkwiderstand; $R1$, $R2$ temperaturunabhängige Widerstände; $R3$ Widerstand mit gleichem Temperaturkoeffizienten wie das Meßwerk

Swinburne-Schaltung

spule, läßt sich mit der S. (Bild) der Temperaturfehler weitgehend kompensieren.

Synchronisation
Gleichlauf der Meßspannung und der Horizontalablenkung beim → Oszilloskop (Anzeigestabilisierung).
Man erhält nur dann ein „stehendes" Oszillogramm, wenn die horizontalablenkende Sägezahnspannung einen festen Zeit- und Phasenbezug zum angelegten Meßsignal hat. Die S. wird erreicht, wenn die Anzahl der Zeitablenkperioden ein ganzzahliger Bruchteil oder Vielfaches der Meßfrequenz ist.
Bei älteren Oszilloskopen realisiert man S. mit Schaltungen, durch die der Leuchtfleckrücklauf durch den Scheitelwert der Meßspannung ausgelöst wird. In der modernen Technik wird die S. durch die → Triggerung ersetzt. – Anh.: 72, 134/78.

Synchronoskop
Meßgerät zur Bestimmung der Frequenzgleichheit zweier Drehstromsysteme.
Ein Grundkörper trägt drei um 120° versetzte Pole. Darauf sind die Spulensysteme befestigt (Bild). Im Zentrum ist ein beweglicher Weicheisenzeiger befestigt.

Synchronoskop. *1* Grundkörper; *2, 3* Spulensysteme; *4* Weicheisenzeiger

Werden an jedes der Spulensysteme die Spannungen eines Drehstrom-Dreileitersystems in gegenläufiger Drehrichtung angeschlossen, entsteht in den Polen ein resultierendes Drehfeld, dem der Zeiger folgt. Sind die Frequenzen beider Drehstromsysteme gleich (synchron), ist das resultierende Feld 0, der Zeiger steht still.

Système International d'Unités
(SI); → *Internationales Einheitensystem*

T

Tachometergenerator
Meßgerät zur elektrischen → Drehzahlmessung.
T. sind meist permanent erregte Wechsel- oder Gleichstromgeneratoren. Die abgegebene Spannung ist streng proportional der Drehzahl, solange die vom Hersteller festgelegte Belastung nicht überschritten wird.
Der Meßbereich von T. reicht von 0 bis 10^4 min^{-1} bei Fehlern zwischen ± 0,5 % bis ± 1,5 %.

Talwert
Kleinster Wert, den der Augenblickswert einer periodischen Größe annehmen kann.
Der T. ist der negative → Scheitelwert (→ Mischgröße, Bild). Er kann mit dem Formelzeichen X_{min} oder $\check{X}$ gekennzeichnet werden (z. B. U_{min}, $\check{U}$) – Anh.: – / 61.

Tarifzähler
→ *Elektrizitätszähler mit einem oder mehreren Tarifeinrichtungen.*
Je nach den Gegebenheiten und Anforderungen an eine Energieabnahmestelle kann man einen als → Maximumzähler, → Mehrtarifzähler oder → Überverbrauchszähler nutzen.

Tastkopf
(Meßkopf, engl. probe). Meßfühler als Zubehör zu elektrischen Meßgeräten.
Der T. ermöglicht das Erfassen der Meßgröße unmittelbar am Meßort und dessen Übertragung zum Meßgerät über eine flexible Leitung.
Passive T. enthalten Spannungsteiler, Meßgleichrichter und/oder Wandler. Bei Spannungsteilert. ist der Abgleich des frequenzkompensierten → Spannungsteilers in Verbindung mit dem Meßgerät (am einfachsten durch → Prüfen mit Rechteckimpulsen) notwendig (Bild a). Hochfrequenz-(HF-)-T. besitzen eine Gleichrichterschaltung, bei der nur geringe Kapazitäten auftreten, und einen hochohmigen Entkopplungswiderstand. Die Verbindungsleitung zum Meßgerät führt nur Gleichspannung (Bild b).
Aktive T. besitzen Verstärkerbauelemente. Sie vergrößern den Eingangswiderstand bei gleichzeitigem Erhalt oder Erhöhung des Signalpe-

Tastkopf

gels. Aktive T. besitzen ein spezielles Verbindungskabel, über das auch die Stromversorgung erfolgt. Sie sind vielfach nichtaustauschbares → Zubehör eines elektronischen Meßgeräts. – Anh.: 72/34, 67.

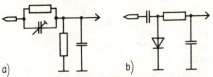

Tastkopf. a) Spannungsteilertastkopf; b) Diodentastkopf

Tastverhältnis
→ Puls

Tauchankeraufnehmer
Bauform des induktiven → Aufnehmers.

Teilstrahlungspyrometer
→ *Strahlungsthermometer zur berührungslosen Temperaturmessung.*
Beim T. wird eine Wellenlänge der Wärmestrahlungsenergie zur Messung der Temperatur benutzt. Die Auswahl der Wellenlänge erfolgt durch Rotfilter.
Eine Linse bündelt die Strahlung (Bild) und bildet das Meßobjekt in die Ebene einer Lichtquelle ab.

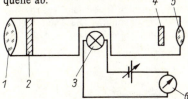

Teilstrahlungspyrometer. *1* Objektivlinse; *2* Schwächungsfilter; *3* Lichtquelle; *4* Rotfilter; *5* Okular; *6* Anzeige

Mit einem Okular und vorgeschaltetem Rotfilter werden Helligkeit des Meßobjekts und der Lichtquelle verglichen. Die aufgenommene elektrische Leistung der Lichtquelle ist ein Maß für die Temperatur.
T. ermittelt die Temperatur exakt für den schwarzen Strahler. Für nichtschwarze Strahler kann man Korrekturfaktoren benutzen. – Anh.: 26/96.

Teilstrich
(Teilungsstrich, Skalenstrich). → *Teilungsmarke einer* → *Strichskala.*

Die Länge der T. muß der Skalen- bzw. Gehäusegröße angepaßt sein. Ihre Hauptabmessungen sind durch Vorschriften bestimmt.
Die Ausführung der T. richtet sich nach der → Teilungsart. Ihre Gruppierung bestimmt die → Teilungsanordnung.

Teilstrichabstand
Länge eines → *Skalenteils.*
Der T. ist der in Längen- seltener in Winkeleinheiten gemessene Abstand zwischen zwei benachbarten Teilungsmarken einer → Strichskala. Er wird analog der → Skalenlänge gemessen und abgegeben.
Zu kleine T. (<0,8 mm) sollen vermieden werden, da sie bei häufigem Ablesen ermüdend wirken. – Anh.: 6, 83/24, 77.

Teilungsanordnung
Gruppierung der Teilungsmarken einer Skala.
Für → Strichskalen können Grob- oder Grobfeinteilungen (→ Teilungsart) den technischen Gegebenheiten und dem Anwendungszweck entsprechend angeordnet werden.
Man spricht von einer Einfachteilung, wenn die Skala aus einer Teilung besteht (Bild a). Bei ihr muß die Teilungsgrundlinie nicht dargestellt werden.

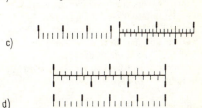

Teilungsanordnung. Beispiele für Skalenanordnungen; a) Einfachteilung; b) Doppelteilung; c) Reihenteilung; d) Mehrfachteilung

Bei einer Doppelteilung befinden sich auf der sichtbar ausgeführten Teilungsgrundlinie zwei einander gegenüberliegende Teilungen (Bild b).
Eine Reihenteilung hat mehrere nebeneinander (in Reihe) angeordnete Einfach- und/oder Doppelteilungen (Bild c).
Besteht eine Strichskala aus mehreren übereinander angeordneten Teilungen, spricht man

Teilungsanordnung

von einer Mehrfachteilung (Bild d). – Anh.: 83 / 24.

Teilungsart
Ausführung der → Teilstriche.
→ Strichskalen können mit Grob- oder Grobfeinteilungen hergestellt werden.
Bei der Grobteilung sind alle Teilstriche gleichmäßig breit (Bild a).

Teilungsart. a) Grobteilung; b) Grobfeinteilung

Für eine Grobfeinteilung sind die langen (Haupt-)Teilstriche in der Teilungsgrundlinie abgekehrten Hälfte verdickt (Bild b).
Beide T. werden für die verschiedenen → Teilungsanordnungen genutzt. – Anh.: 83/24.

Teilungsgrundlinie
Sichtbar ausgeführte oder gedachte Linie, auf der nach oben oder/und unten die Teilstriche einer Strichskala stehen (→ Teilungsanordnung).
Die T. kann gerade oder kreisbogenförmig sein. – Anh.: 83/24.

Teilungsmarke
Zeichen einer → Skala, das einem bestimmten Wert der Meßgröße entspricht.
T. können in verschiedener Weise ausgeführt werden. Bei → Strichskalen sind es oft Striche, Punkte oder andere Markierungen, die beziffert werden können. Bei → Ziffernskalen bilden diskrete Ziffernreihen die T.
T. müssen von → Anzeigemarken unterschieden werden. – Anh.: 6, 83/24, 77.

Telemetrie
→ Fernmeßtechnik

Temperatureinfluß
Umgebungstemperatur als → Einflußgröße.
Um die durch die Genauigkeitsklasse angegebenen Fehlergrenzen einzuhalten, wird für den Betrieb von Meßmitteln ein bestimmter Temperaturbereich gefordert.
Die Bezugs- bzw. Referenztemperatur ist in Vorschriften festgelegt; sie gilt, wenn das Meßgerät keine Aufschrift trägt.
Durch Skalenaufschriften werden andere Werte oder Bereiche festgelegt. Der Bezugs-/Referenzwert bzw. -bereich ist dabei unterstrichen.
So kennzeichnet z. B. die Aufschrift 20...25...30 °C einen Bezugs-/Referenzbereich von 20 °C bis 25 °C und die Einfluß-/Nenngebrauchsbereiche 10 °C bis 20 °C und 25 °C bis 30 °C.
Der T.bereich ist nicht der → Arbeitstemperaturbereich. – Anh.: 78/6, *31*, *57*, *67*.

Temperaturmessung
Quantitative Bestimmung der Temperatur.
Bei der T. wird die Wärmeenergie entweder durch Berührung oder durch Strahlung übertragen. Als Meßgeräte sind → Berührungsthermometer und → Strahlungsthermometer (Pyrometer) zu unterscheiden.
Die Temperatur kann in der SI-Basiseinheit „Kelvin" oder als Celsius-Temperatur in „°C" angegeben werden. – Anh.: 23, 24, 26, 66, 67, 68, 70, 140/*93*, *96*.

Thermoelement
Prinzipbestimmendes Bauteil von elektrischen → Berührungsthermometern und → Thermoumformern.
T. bestehen aus zwei verschiedenen an einer Seite verschweißten Metalldrähten (z. B. CrNi-Ni, PtRh-Pt). Die Verbindungsstelle befindet sich an der Meßstelle (Bild). Durch die Erwärmung entsteht an den freien (und kalten) Enden eine Thermospannung. Die Thermospannung ist temperaturproportional. – Anh.: 66, 67, 68, 70, 71, 140/*93*.

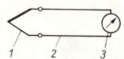

Thermoelement. *1* Thermopaar; *2* Meßleitung; *3* Anzeige der Thermospannung bzw. der Temperatur

Thermospannung
Ausgangsgröße eines Thermopaars.
Bei Erwärmung einer Kontaktstelle von verschiedenen Metallen oder Legierungen entsteht eine T. (thermoelektrischer/Seebeck-Effekt). Diese T. ist von der Werkstoffkombination des erzeugenden Thermopaars und von der Temperatur abhängig. Sie liegt im Bereich 10...50 mV DC.
Die T. wird bei → Thermoelementen vorteilhaft zur Messung genutzt. Sie tritt aber auch unerwünscht bei unterschiedlichen Metallen

Thermospannung

innerhalb eines Meßkreises und gleichzeitig unterschiedlichen Temperaturen an den Übergangsstellen auf und kann so das Meßergebnis fälschen. – Anh.: 66, 71, 140/93.

Thermoumformer
Meßwandler zur Messung von Gleich- und Wechselströmen.
Ein der Meßgröße proportionaler Strom i fließt durch einen Heizleiter und erwärmt direkt oder indirekt (isoliert) die Verbindungsstelle eines Thermopaars. Angezeigt wird die → Thermospannung, die annähernd i^2 proportional ist. So ist eine echte Effektivwertanzeige unabhängig von der Kurvenform bei geringem Leistungseigenbedarf möglich.
Die Verbindungsstelle des Thermopaars kann direkt mit dem Heizleiter verbunden sein (Bild a). Sie kann sich auch im Inneren eines dünnwandigen Röhrchens befinden, das außen mit dem Heizleiter bewickelt ist (Bild b). Oder Heizleiter und Thermopaar werden durch eine Glasperle thermisch in Kontakt gebracht (Bild c).

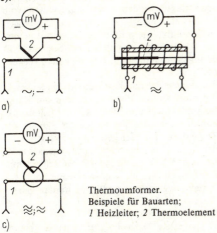

Thermoumformer.
Beispiele für Bauarten;
1 Heizleiter; *2* Thermoelement

Für geringe Ströme wird der T. in einem evakuierten, gesockelten oder ungesockelten Glaskolben eingeschmolzen. – Anh.: 66, 71, 140/93.

Thomson-Meßbrücke
(Doppelmeßbrücke). → *Gleichstrommeßbrücke zur Messung vorzugsweise niederohmiger Widerstände.*
Bei der Messung von kleinen Widerstandswerten (< 10 mΩ) hat der Leitungswiderstand u. U. schon die gleiche Größenordnung wie das Meßobjekt. Bei der T. wird, im Unterschied zur → Wheatstone-Meßbrücke, der Einfluß der Anschlußleitungen eliminiert, so daß sich noch Widerstände im μΩ-Bereich messen lassen.

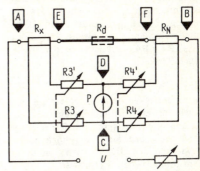

Thomson-Meßbrücke. R_x Meßobjekt; R_N Vergleichswiderstand; R3, R4 Verhältniswiderstände; R3', R4' Überbrückungswiderstände; R_d Verbindungswiderstand; P Nullindikator

Meßobjekt R_x und Vergleichswiderstand R_N haben je 4 Anschlußpunkte (Bild): die unkritischen Klemmen (A-E und F-B), durch die der relativ große Meßstrom geleitet wird, und die Potentialklemmen, durch die nur verhältnismäßig kleine Ströme fließen. Die Potentialanschlüsse des zu messenden Widerstands werden häufig durch Prüfspitzen oder -schneiden gebildet, die auf die Punkte des Meßobjekts aufgesetzt werden, zwischen denen der Widerstand gemessen werden soll.
Die beiden äußeren Leitungen von der Spannungsquelle zu den niederohmigen R_x und R_N liegen im Stromversorgungskreis, also außerhalb der Brücke.
Die Brückenwiderstände R3, R3', R4 und R4' sind im Verhältnis zu R_x und R_N relativ hochohmig, so daß dort die Leitungs- und Übergangswiderstände nicht ins Gewicht fallen.
Wenn die Spannung über dem Verbindungswiderstand der Leitung EF zwischen den niederohmigen R_x und R_N durch die Überbrückungswiderstände R3' und R4' im gleichen Verhältnis geteilt wird wie die Spannung zwischen A und B durch die Verhältniswiderstände R3 und R4, ist der Nullindikator stromlos. Die T. ist abgeglichen.

Abgleichbedingungen:

Ströme: $I_{CD} = 0$; $I_{AC} = I_{CB}$; $I_{ED} = I_{DF}$; $I_{AE} = I_{FB}$

Spannungen: $U_{CD} = 0$; $U_{AC} = U_{AED}$; $U_{CB} = U_{DFB}$

Thomson-Meßbrücke

Widerstände: $R_x = \dfrac{R_3}{R_4} R_N = \dfrac{R_3'}{R_4'} R_N$

Bei dieser Doppelmeßbrücke müssen also zwei Widerstandsabgleiche durchgeführt werden. Zur Vereinfachung des Abgleichs werden die zusammengehörigen Verhältnis- und Überbrückungswiderstände gleichwertig ausgeführt (R3 = R3', R4 = R4') und gemeinsam verstellt.
– Anh.: 139 / 69.

Toleranz
Bereich der zulässigen Istwerte.
Die T. wird als maximal auftretender oder zulässiger absoluter oder (prozentualer) relativer → Fehler angegeben. Sie ist der mögliche Bereich zwischen dem Höchst- bzw. Größtwert und dem Mindest- bzw. Kleinstwert.

Tor
Funktionsgruppe mit einer → Torschaltung.

Torschaltung
(Tor). Schaltungsanordnung, bei der mittels einer meist impulsförmigen Steuer- oder Schaltspannung ein oder mehrere Signalwege freigegeben oder gesperrt werden.
Die Signalspannung u_1 kann durch die Schaltspannung u_{Sch} blockiert oder durchgeschaltet werden, so daß je nach Schaltzustand die Ausgangsspannung u_2 entsteht oder unterdrückt wird (Bild).

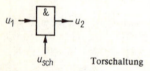

Torschaltung

Handelt es sich bei u_1 und u_2 um analoge Signale, können für die T. Schaltdioden oder Transistoren verwendet werden. Bei digitalen Signalen eignet sich dafür die UND- bzw. NAND-Schaltung.
In der Meßtechnik werden T. u. a. bei → Analog/Digital-Umsetzern, beim → Samplingverfahren und bei Zählfrequenzmessern verwendet. – Anh.: – / 64.

Transverter
Allgemein übliche Bezeichnung für Gleichspannungswandler der Stromversorgungstechnik.
Eine Gleichspannung wird in eine Rechteckspannung gewandelt, transformiert und wieder gleichgerichtet.

Nach dem Zeitpunkt der Stromentnahme unterscheidet man → Sperrwandler, → Summierwandler und → Stromflußwandler.

Triggerempfindlichkeit
Kleinster → Triggerpegel, der ein stabiles Oszillogramm gewährleistet.
Je nach der → Triggerquelle kann die T. verschieden angegeben werden. Bei interner Triggerung wird die kleinste Oszillogrammhöhe in Längen- oder Rastereinheiten T. genannt. Für externe Triggerung wird eine große T. gefordert, da die dafür verwendeten Signale mitunter sehr geringe Amplituden haben können; man gibt sie als Spannungswert an.

Triggerflanke
→ *Triggerpolarität*

Triggerkopplung
Art des Anschlusses der → Triggerquelle.
Analog der → Eingangskopplung des Oszilloskops unterscheidet man die Gleich- und die Wechselspannungskopplung. Bei der Gleichspannungst. werden alle Komponenten vom Gleichanteil bis zur Grenzfrequenz zur Triggerung genutzt. Sie wird bei Signalen mit niedriger Wiederholfrequenz oder bei Signalen mit geringen Änderungsgeschwindigkeiten verwendet.
Bei Wechselspannungst. unterscheidet man die breitbandige Übertragung und die Kopplung mit Hoch- und Tiefpässen zur Unterdrückung nieder- und hochfrequenter Signale zur Triggerung. Der Triggerfrequenzbereich muß der Bandbreite des Oszilloskops angepaßt sein. Bei höheren Frequenzen sinkt die Triggerempfindlichkeit, was mit größerer Spannung in externer Triggerung ausgeglichen werden kann.

Triggerpegel
(Triggerpunkt, Triggerniveau). Spannungswert, der zur Bildung eines Impulses bei der → Triggerung führt.
Beim Oszilloskop wird mit einem Pegelsteller (level) ein positiver oder negativer Spannungswert gewählt. Diese Spannung wird mit der (verstärkten) Meßspannung verglichen. Bei Übereinstimmung wird der Triggerimpuls erzeugt, der die Sägezahnspannung und damit die Horizontalablenkung auslöst.
Je nach gewählter → Triggerpolarität kann der T. an jedem Punkt einer steigenden oder fallenden Flanke des Meßsignals liegen.

Triggerpolarität

Triggerpolarität
(Triggerflanke). Lage des → Triggerpegels auf einer steigenden oder fallenden Flanke des Meßsignals.
Man spricht von positiver T., wenn der Triggerpegel von kleineren Werten herkommend überschritten wird. Die Unterschreitung des Triggerpegels, von größeren Werten herkommend, bezeichnet man als negative T. (→ Triggerung, Bild).

Triggerquelle
Herkunft der Spannung zur → Triggerung.
Bei der Wahl der T. unterscheidet man grundsätzlich externe und interne Triggerung.
Bei interner Triggerung wird die Triggerspannung innerhalb des Oszilloskops entnommen, d. h., das darzustellende Meßsignal selbst bewirkt die Triggerung. Bei Zweistrahloszilloskopen ist dabei eine Kanalselektion vorteilhaft; damit kann ein zeitlicher Bezug der dargestellten Funktionen erreicht werden.
Wird die Triggerung dem Oszilloskop von außen über eine Buchse zugeführt, spricht man von externer Triggerung. Dabei kann das Meßsignal selbst oder eine davon abgeleitete oder mit ihm in Verbindung stehende Spannung benutzt werden.
Neben diesen Möglichkeiten kann als T. auch die Netzspannung gewählt werden (Netztriggerung).
Daneben gibt es bei einigen Oszilloskopen anwendungsspezifische T., z. B. → TV – Triggerung.
Die → Triggerkopplung entscheidet über den Anschluß der T.

Triggerschaltung
(Schwellwertschalter). Schaltung zur Realisierung der → Triggerung.
Bei der T. kann das auslösende Signal beliebige Kurvenform besitzen, das Ausgangssignal ist immer impulsförmig. Die bekannteste T. ist der Schmitt-Trigger. Diese T. ist sowohl mit diskreten Bauelementen als auch mit integrierten Schaltkreisen realisierbar.
Bei Erreichen eines definierten (vielfach einstellbaren) Eingangsspannungswerts (→ Triggerpegel), kippt die T. in den anderen Spannungszustand. Unterschreitet die Eingangsspannung einen bestimmten Wert, nimmt die Ausgangsspannung wieder den alten Wert ein. Ausgangsseitig entsteht ein Impuls.
In der Meßtechnik wird die T. u. a. beim → Analog/Digital-Umsetzer und im → Oszilloskop verwendet.

Triggerung
(auch Tastung). 1. Vorgang der Auslösung (engl. trigger, Auslöser) eines Ausgangssignals bei einer → Triggerschaltung, wenn an deren Eingang ein vorwählbarer Zustand erreicht wird.
Der Eingangszustand ist durch den → Triggerpegel und die → Triggerpolarität gekennzeichnet (Bild).

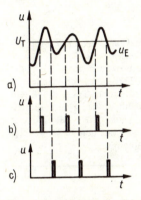

Triggerung. Ableitung des Triggerimpulses aus der Meßspannung; a) Eingangsspannungsverlauf und Triggerpegel U_T; b) Triggerimpuls bei positiver Triggerpolarität; c) Triggerimpuls bei negativer Triggerpolarität

Mit einem Pegelsteller wird ein Spannungswert U_T gewählt. Bei Übereinstimmung der Eingangs-(Meß-)spannung mit dem Triggerpegel wird ein kurzdauernder Impuls erzeugt, und zwar entweder bei ansteigendem oder abfallendem Durchgang (positive oder negative Triggerpolarität).

2. Gesteuerte Zeitablenkung beim → Oszilloskop (Anzeigestabilisierung).
Aufgabe der T. beim Oszilloskop ist es, zwischen der Meßspannung (Vertikalsignal) und der im Gerät erzeugten Sägezahnspannung zur Zeitablenkung einen festen Zeit- und Phasenbezug zu schaffen und dadurch ein „stehendes" Oszillogramm zu gewährleisten. Um stets stabile Oszillogramme zu erhalten, müssen → Triggerquelle, → Triggerkopplung, → Triggerpegel und → Triggerpolarität der Meßaufgabe angepaßt werden. Dabei sind → Triggerempfindlichkeit und Triggerfrequenzbereich des Oszilloskops zu beachten. – Anh.: 72, 134 / 78.

Triggerung, externe

Triggerung, externe
→ Triggerquelle

Triggerung, interne
→ Triggerquelle

Trommelschreiber
→ *Schreiber, der auf einem Diagrammträger, der auf eine umlaufende Trommel gespannt wird, aufzeichnet.*
T. werden in der elektrischen Meßtechnik kaum angewendet. – Anh.: 28/22.

TV-Triggerung
Triggerbare Zeitablenkung beim Oszilloskop (→ Triggerung) durch Fernsehimpulse.
Die T. ist bei Oszilloskopen vorgesehen, die vorzugsweise im Fernsehservice eingesetzt werden. Meist wird durch Tastendruck ein Zeitkoeffizient gewählt, so daß eine automatische Triggerung auf die Bildfrequenz (TVF = tv frame) oder auf den Zeilenwechsel (TVL = tv line) erfolgt.

U

Überbrückungswiderstand
Widerstände, die bei der → Thomson-Meßbrücke den Verbindungswiderstand zwischen dem niederohmigen Meßobjekt und dem Vergleichswiderstand überbrücken.
In der Schaltung werden zwei Ü. verwendet. Sie haben meist den gleichen Wert wie die zugehörigen → Vergleichswiderstände und werden mit denen gemeinsam verstellt. – Anh.: –/69.

Überlastbereich
Bereich der Werte, die die Meß- oder eine Einflußgröße jenseits des Arbeitsbereichs eines Meßgeräts bis zur → Überlastungsgrenze annehmen darf.
Bei einzelnen Meßgeräten wird der Ü. in den → Anzeigebereich einbezogen und auf der Skala angegeben (Bild).

Überlastbereich. Nichtlineare Skala mit 100 % Überlast

Die Teilstriche des Ü. werden nur als Grobteilung ausgeführt und mit halber Schriftgröße beziffert. – Anh.: 6, 78, 83/4, 24, 57, 77.

Überlastungsgrenze
Zulässiger Wert, den die Meß- oder eine Einflußgröße annehmen darf, ohne daß das Meßgerät eine bleibende Veränderung erfährt.
Nach Über- bzw. Unterschreiten des Arbeitsbereichs beginnt der Überlastbereich, der mit der Ü. endet. Das Meßgerät kann, ggf. nur für eine festgelegte Zeitspanne, bis zur Ü. belastet werden. Nach dem Ende derartiger Überlastungen dürfen sich die Kennwerte nicht irreversibel geändert haben.

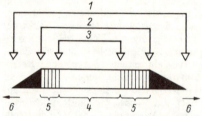

Überlastungsgrenze. *1* Sicherheitsgrenze; *2* Überlastungsgrenzen; *3* Meßgrenzen; *4* Arbeitsbereich; *5* Überlastbereich; *6* Zerstörung

Die Ü. wird oft in Vielfachen des Meßbereichsendwerts oder in % angegeben. Sie liegt unterhalb der → Sicherheitsgrenze. – Anh.: 83/4, 24, 57, 77.

Überlastungsschutz
Schutzschaltung bei Vielfachmeßgeräten, die die Überlastung und Zerstörung des Meßwerks durch falsche Bedienung und Fehlschaltungen verhindern soll.
Moderne Meßgeräte sind mit schnellwirkenden konventionellen Sicherungen und/oder elektronischen Schutzschaltungen als Ü. ausgerüstet.
So können z. B. zwei gegeneinander geschaltete Dioden (Bild a) oder eine Z-Diode (Bild b) parallel zum Meßwerk angeordnet werden. Bei normalem Betrieb ist der Spannungsabfall am Meßwerk so klein, daß durch die Dioden kein nennenswerter Strom fließt. Bei Überlast steigt die Spannung am Meßwerk, und der Strom durch die Dioden nimmt (exponentiell) zu. Dadurch spricht die Feinsicherung an und unterbricht den Stromkreis.
Eine Stromkreisunterbrechung kann durch ein Relais erfolgen, das durch einen Verstärker

Überlastungsschutz

angesteuert wird. Die Eingangsgröße des Verstärkers ist die Spannung, die an einem Widerstand in Reihe zum Meßwerk abfällt (Bild c). Bei Überlast steigen Strom und Spannung und lösen so den Schaltvorgang aus.

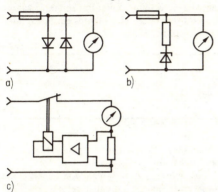

c)
Überlastungsschutz. Beispiele; a) Sicherung und antiparallele Schaltdioden; b) Sicherung und Z-Diode; c) elektronisch betätigtes Relais

Überschwingen
Anfangsteil eines Rechteckimpulses, der den stationären Amplitudenwert überschreitet.
Das Ü. spiegelt den Einschwingvorgang nach einem Sprungvorgang wider. Meist verursachen Resonanzerscheinungen im Übertragungssystem diese gedämpften Schwingungen nach Anstieg und/oder Absinken an den Impulsflanken. Die Überhöhung der Amplitude Δx wird auf die stationäre Amplitude $\hat{x}$ bezogen (Bild) und als Ü. in Prozent angegeben:

$$\text{Ü}/\% = \frac{\Delta x}{\hat{x}} \, 100$$

Aus der Periodendauer T_S läßt sich die Frequenz des Ü. bestimmen.

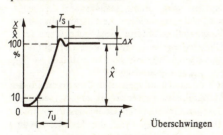

Überschwingen

Die Beruhigungszeit T_U ist die Spanne, die vergeht zwischen dem Erreichen von 10 % des Amplitudenwerts bis zu dem Zeitpunkt, wo der stationäre Zustand erreicht ist. – Anh.: 15, 72 / 78.

Übertragungsfaktor
→ Verstärkungsfaktor

Überverbrauchszähler
→ *Elektrizitätszähler zum Erfassen und Verrechnen von Überverbrauch.*
Der Ü. erfaßt, im Unterschied zum → Maximumzähler, die elektrische Energie, die oberhalb einer bestimmten vereinbarten Leistungsgrenze aufgenommen wird (Bild).

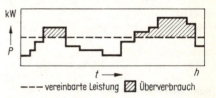

Überverbrauchszähler; Darstellung des Überverbrauchs

Der Ü. hat zwei Zählwerke, wovon das eine die gesamte aufgenommene Energie anzeigt und das andere die Energie, die beim Überschreiten der Leistungsgrenze bezogen wird.
Ü. enthalten einen dauernd laufenden, an der Meßspannung angeschlossenen Synchronmotor, der über ein Differentialgetriebe dem Zählerantrieb entgegenwirkt. Die Drehzahl wird durch ein Getriebe der vereinbarten Grenzleistung angepaßt. Eine mechanische Sperre sorgt dafür, daß das Überverbrauchszählwerk nur dann läuft, wenn die Drehzahl und damit die aufgenommene Leistung den vorgegebenen Betrag übersteigt. – Anh.: 91 / 58.

UC
Abk. für *universal current*. Kurzbezeichnung für Gleich- und Wechselstrom oder Gleich- und Wechselspannung (früher Allstrom).
Anh.: 33, 34, 41, 47, 63 / 38, 61.

Umcodierer
→ Digital/Digital-Umsetzer

Umformer
Kurzform für → Meßumformer.

Umkehrspanne
→ *Meßmittelfehler.* U. ist der Unterschied der Anzeigen, die man für den gleichen Wert der Meß-

Umkehrspanne

größe erhält, wenn man sich ihm einmal von kleineren und ein andermal von größeren Werten herkommend langsam stetig annähert (Bild).
Anh.: 6/57,77.

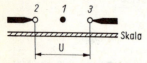

Umkehrspanne. *1* Lage des Zeigers beim Sollwert; *2* tatsächliche Lage des Zeigers von kleineren Werten herkommend; *3* tatsächliche Lage des Zeigers von größeren Werten herkommend; *U* Umkehrspanne

Umsetzer
Kurzform für → Meßumsetzer.

Universalmesser
(Universalmeßgerät); → Vielfachmesser

Universal-Verstärkervoltmeter
Ausführungsart des → Verstärkervoltmeters.
Beim U. wird im Unterschied zum → Wechselspannungs- und → Selektiv-Verstärkervoltmeter beim Messen von Gleichspannungen der Meßwert im → Gleichspannungsverstärker verstärkt und danach in der Anzeigeeinrichtung angezeigt. Beim Messen von Wechselgrößen müssen diese vor der Verstärkung einer → Meßgleichrichtung zugeführt werden. Diese ist häufig in einem → Tastkopf untergebracht (Bild). Ein Hochspannungstastkopf ermöglicht auch Hochspannungsmessungen.

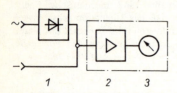

Universal-Verstärkervoltmeter. *1* Tastkopf mit Meßgleichrichtung; *2* Gleichspannungs-Meßverstärker; *3* Anzeige

→ Frequenzbereich, → Eingangswiderstand und die Meßbereiche für → Spannungsmessung des U. sind sehr groß und gestatten daher einen universellen Einsatz. – Anh.: –/67.

Unrichtigkeit
Veraltete Bezeichnung für systematischer → Fehler.

Unterdrückungsbereich
Bereich der Meßwerte, oberhalb dessen ein Meßgerät anzuzeigen beginnt.
Um nur einen Meßwerteteilbereich anzuzeigen, versieht man einzelne Meßgeräte mit einem U. (→ Nullpunktunterdrückung). Er kann konstant sein oder sich stufenlos einstellen lassen. – Anh.: 6, 83/24, 77.

V

Variator
(Variometer). Mehrwertige → Maßverkörperung der Induktivität für Meßzwecke.
V. bestehen aus zwei Spulen, von denen eine im Feld der anderen drehbar gelagert ist. Die Spulen können in Reihe oder parallel geschaltet werden, so daß die gegenseitige Induktion beim Verdrehen in weiten Grenzen veränderbar ist. Anh.: –/1.

Vektorzerleger
→ Resolver

Verbindungsleitung
Elektrisch leitende Verbindung zwischen der Meßstelle und dem Meßgerät bzw. zwischen dem Meßgerät und dem Zubehör.
V. müssen einen genügenden Querschnitt entsprechend der Strombelastung aufweisen.
Als austauschbares → Zubehör werden Leitungen i. allg. als widerstandslos und dämpfungsfrei (und somit die Messung nicht beeinflussend) angenommen. Anderenfalls müssen die tatsächlichen Leitungskenngrößen bei der Ermittlung der Meßergebnisse berücksichtigt werden. Als nichtaustauschbares Zubehör, d. h. als eingemessene Leitungen müssen die V. speziell geforderte, elektrische Werte (z. B. Übertragungsverhalten, Widerstand) einhalten und können nur mit dem zugehörigen Meßgerät verwendet werden.
Bei unterschiedlichen Metallen innerhalb der Meßkreise und gleichzeitig unterschiedlichen Temperaturen an den Übergangsstellen treten Thermospannungen auf, die das Meßergebnis fälschen können.
Zwischen Meßstelle und V. und zwischen V. und Meßgerät treten Übergangswiderstände auf. Bei Präzisionsmessungen sollen deshalb

Verbindungsleitung

die Anschlüsse nur verlötet oder verschraubt werden; für Betriebsmessungen genügen Steckverbindungen mit guter Kontaktgabe.
Zwischen Hin- und Rückleitung oder zu anderen Leitungssystemen tritt vielfach eine Induktivität und/oder eine Kapazität auf (Bild). Durch Verdrillen beider Leitungen sinkt die Induktivität bei Anstieg der Kapazität. Durch Verwendung von Koaxialleitungen werden sowohl Induktivität als auch Kapazität auf den geringstmöglichen Wert gebracht. – Anh.: 78/93.

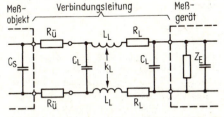

Verbindungsleitung. Wechselstromersatzschaltung; $R_ü$ Kontaktübergangswiderstände; R_L Widerstand der Meß- bzw. Masseleitung; C_L Kapazität zwischen Meß- und Masseleitung; L_L Induktivität der Meß- bzw. Masseleitung; k_L Kopplungsfaktor zwischen Meß- und Masseleitung; C_S parasitäre Ausgangskapazität des Meßobjekts, Z_E Eingangsimpedanz des Meßgeräts

Vergleichsbedingung
Vergleichbare → Meßbedingungen an verschiedenen Meßorten.
V. liegen vor, wenn die Messungen derselben Größe durch verschiedene Beobachter, nach verschiedenen Meßverfahren, mit verschiedenen Meßmitteln (möglichst der gleichen Bauart) an verschiedenen Orten und/oder zu verschiedenen Zeiten ausgeführt werden.
V. sind Voraussetzungen etwa eines Ringversuches mit mehreren verschiedenen teilnehmenden Laboratorien.
Unter V. weichen die Meßergebnisse infolge der unterschiedlichen systematischen Fehler an den einzelnen Meßorten stärker voneinander ab als die unter → Wiederholbedingungen gewonnenen Werte. – Anh.: 6/77.

Vergleichsmethode
→ Meßmethode

Vergleichswiderstand
→ *Meßwiderstand mit (sehr) genau bekanntem Wert, der in verschiedenen Meßschaltungen (z. B.* → *Gleichstrommeßbrücken,* → *Kreuzspulwiderstandsmesser,* → *Strom- und* → *Spannungsvergleich) zum Vergleich elektrischer Größen genutzt wird.* –
Anh.: 139/69.

Verhältnisgröße
Physikalische oder technische Größe, die durch das Verhältnis zweier Größen definiert ist.
Zwei gleichartige Größen werden in ein Verhältnis gesetzt. Es entsteht eine dimensionslose V., die sich jedoch von einer reinen Zahl unterscheidet, da sie Merkmale und Eigenschaften einer Größe hat, z. B. → Verstärkungsfaktor, Wirkungsgrad.
Ist die im Nenner stehende Größe eine festgelegte Bezugsgröße, so erhält die V. häufig das Adjektiv „relativ" (relative Größe) oder „normiert" (normierte Größe).
Wird der Logarithmus einer V. gebildet, spricht man von einer logarithmierten V., z. B. Pegelmaße.
Soll insbesondere die Abweichung einer V. von einem Ausgangswert gekennzeichnet werden, nutzt man überwiegend die Einheiten Prozent ($1\% = 10^{-2}$), Promille ($1‰ = 10^{-3}$) oder Millionstel ($1\text{ ppm} = 10^{-6}$). – Anh.: 16, 19/61, 66, 77, 91.

Verhältnis(meß)methode
Direkte → *Meßmethode, bei der der Wert der Meßgröße aus dem Verhältnis dieser Größe zu einer gleichen mit bekanntem Wert bestimmt wird.*
Man unterscheidet die → Substitutions-, die → Ergänzungs- und die → Vertauschungsmethode. – Anh.: 6, 130, 147/77.

Verhältniswiderstand
Widerstände, die bei → *Meßbrücken zum Einstellen des Brückenverhältnisses oder/und des Meßbereichs dienen.*
Zwei (oder mehrere) Widerstände werden in Reihe geschaltet und bilden so als Spannungsteiler einen Zweig der Meßbrücke. Der Spannungsteiler wird entweder aus diskreten Widerständen zusammengesetzt und (fein)stufig verstellt, oder er wird als Schleifdrahtwiderstand ausgeführt, mit dem kontinuierlich eingestellt werden kann. – Anh.: 139/69.

Verlust
Ungewollt, nutzlos abgegebene Leistung.
Technische, reale Bauelemente sind im Wechselstromkreis stets verlustbehaftet. Neben ihrer

Verlust

energiespeichernden Eigenschaft setzen Blindschaltelemente auch Wirkleistung um. Sie sind Scheinwiderstände mit einem Blind- und einem Wirkwiderstandsanteil. Die Verhältnisse können durch → Ersatzschaltbilder und Zeigerdiagramme anschaulich gemacht werden. Sie werden quantitativ durch den → Verlustfaktor angegeben.
Bei Kondensatoren entstehen V. hauptsächlich durch den Isolationsstrom und durch die Wechselwirkung des Verschiebungsstroms mit dem Material (Polarisationsv.). V. von Spulen haben ihre Ursache überwiegend in Leitungsverlusten („Kupfer"-V.) und in Eigenschaften ferromagnetischer Stoffe im Magnetfeld („Eisen"-V.).

Verlustfaktor
Verhältnis von Wirk- zu Blindleistung bei technischen Bauelementen.
Der V. dient zur Kennzeichnung der → Verluste von Kondensatoren und Spulen. Er ist der Tangens des Verlustwinkels, der sich mit den aus Ersatzschaltplänen abgeleiteten Zeigerdiagrammen anschaulich machen läßt.
Allgemein gilt

$$d = \tan\delta = \frac{P}{Q} = \left|\frac{R}{X}\right|.$$

Die spezifische formelmäßige Beschreibung des V. hängt von der gewählten Ersatzschaltung ab (Tafel → Ersatzschaltbild).
Der V. ist abhängig von der Art des Dielektrikums bzw. des ferromagnetischen Materials, vom Wert und der Frequenz der Betriebsspannung und von der Temperatur. Er wird durch → V.messung bestimmt.
Vielfach wird der Kehrwert des V. als Güte (Gütefaktor) angegeben.
Der V. ist nicht mit dem Leistungsfaktor identisch. – Anh.: 2, 43/*61*, 76.

Verlustfaktormessung
Bestimmung des Verlustfaktors bei Kondensatoren und Spulen.
Der → Verlustfaktor bzw. die Güte (als dessen Kehrwert) lassen sich aus den Meßwerten der → Strom-/Spannungs-/Frequenz-/Wirkleistungs-Messung errechnen. Eine direkte V. kann mit → Kapazitäts- bzw. → Induktivitätsmeßbrücken erfolgen.
Bei allen Meßverfahren ist zu beachten, daß der Verlustfaktor von der Betriebsspannung, -frequenz und -temperatur abhängig ist.

Verlustwinkel
(Fehlwinkel). Winkel, der bei technischen Bauelementen an der theoretischen Phasenverschiebung idealer Bauelemente „fehlt".
Durch die → Verluste an Kondensatoren und Spulen weicht die reale Phasenverschiebung φ von 90 °C ($\pi/2$) ab. Den Unterschied $\delta = 90° - \varphi$ bezeichnet man als V., dessen Tangens als → Verlustfaktor die diesbezüglichen Eigenschaften und Verhaltensweisen, die durch → Ersatzschaltbilder und Zeigerdiagramme anschaulich gemacht werden können, angibt. Der V. kann meßtechnisch bestimmt werden (→ Verlustfaktormessung). – Anh.: 2, 43/*61*, 76.

Verstärker
Schaltung mit aktiven elektronischen Bauelementen zur → Verstärkung von Signalen.
V. sind aktive Vierpole. Am Eingang liegt das Eingangssignal (Index 1), d. h. die Eingangsspannung u_1 und der Eingangsstrom i_1 bzw. deren Produkt als Eingangs- oder Steuerleistung $p_1 = u_1 i_1$. Der Eingangswiderstand R_1 ist der Quotient $R_1 = \dfrac{u_1}{i_1}$. Analoge Verhältnisse herrschen am Ausgang (Index 2): Ausgangsspannung u_2, Ausgangsstrom i_2, Ausgangsleistung $p_2 = u_2 i_2$, Ausgangswiderstand $R_2 = \dfrac{u_2}{i_2}$ (Bild).
Die zum Betrieb des V. einem Netzteil oder der Batterie entnommene notwendige Hilfsleistung P_H bleibt bei den Betrachtungen der V.eigenschaften außer acht. Wichtige Kenngrößen eines V. sind → Verstärkungsfaktor, → Frequenzgang und → Klirrfaktor
Einteilungen der V. sind möglich nach der Signalart (Gleichspannungsv., Wechselspannungsv.), nach der Frequenz (NF-V., HF-V.), nach der Bandbreite (Breitbandv., Selektivv.), nach der zu verstärkenden Grundgröße (Spannungsv., Stromv., Leistungsv.), nach den aktiven Bauelementen (Röhrenv., Transistorv., V. mit integrierten Schaltkreisen) oder nach der Anwendung (Vorv., Endv., Impedanzwandler). Eine wichtige V.art (meist in integrierter Schaltungstechnik) ist der → Operationsv. Die

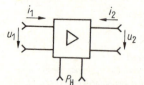

Verstärker

Verstärker

in Meßgeräten bzw. Meßeinrichtungen verwendeten V. nennt man → Meßverstärker. – Anh.: 33, 41, 45, 47, 51, 60, 131/ *64*.

Verstärkervoltmeter
(früher Röhrenvoltmeter). Elektronisches Meßgerät zur → *Spannungsmessung.*
Das V. ist ein Spannungsmeßgerät, bei dem vor einer analogen oder digitalen Anzeigeeinrichtung ein → Eingangsspannungsteiler, teilweise eine → Meßgleichrichtung und ein → Meßverstärker geschaltet ist.
Der Meßverstärker wurde früher mit Röhren (Röhrenvoltmeter) bestückt. Er wird heute ausschließlich mit Transistoren und integrierten Schaltkreisen gebaut.
Je nach Anordnung der Baugruppen im Signalfluß, Eigenschaften und Einsatzgebieten des V. unterscheidet man → Universal-V., → Gleichspannungs-V., → Wechselspannungs-V., → Selektiv-V. Erfolgt die Anzeige digital, spricht man vom → Digitalvoltmeter. – Anh.: –/ *31, 67*.

Verstärkung
1. Vorgang der Amplitudenvergrößerung der elektrischen Größen Spannung, Strom und Leistung mittels → *Verstärkers.*
Die V. dient in der Meßtechnik hauptsächlich der Amplitudenvergrößerung von Meßsignalen, die für eine direkte Anzeige zu klein sind. Neben der Amplitudenvergrößerung ist bei der V. meist noch eine verzerrungsfreie Übertragung des Signals bedeutungsvoll.
2. (umgangssprachliche) Kurzform für → *Verstärkungsfaktor.*
Anh.: 19, 45, 46, 51, 60, 131/ *61, 64, 66*.

Verstärkungsfaktor
(auch Verstärkungsgrad oder Übertragungsfaktor; umgangssprachlich kurz Verstärkung). Quantitative Kenngröße einer Verstärkerstufe oder eines mehrstufigen → *Verstärkers.*
Der V. ist das Verhältnis von Ausgangs- zu Eingangswert eines Übertragungsgliedes (Bild). In der Praxis gibt man als V. meist das Verhältnis der Spannungen (Spannungsv.)

$v_u = \dfrac{u_2}{u_1}$ an. Es kann aber auch der Stromv.

$v_i = \dfrac{i_2}{i_1}$ oder der Leistungsv.

$v_p = \dfrac{u_2 i_2}{u_1 i_1} = \dfrac{p_2}{p_1}$ angegeben werden.

Der V. wird als einheitenlose Zahl oder als Verstärkungsmaß in dB (→ Pegelmaß) angegeben. Ist $v < 1$, handelt es sich um eine Abschwächung (umgangssprachlich auch als „Dämpfung" bezeichnet). – Anh.: 19, 45, 46, 51, 60, 131/ *61, 64, 66*.

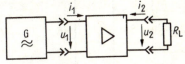

Verstärkungsfaktor

Verstimmungs(meß)brücke
→ Ausschlagmeßbrücke

Versuchsvoraussetzung
→ Meßbedingung

Vertauschungs(meß)methode
→ *Verhältnismeßmethode, bei der nach ihrem Vergleich Meßgröße und Substitutionswert vertauscht und erneut verglichen werden.*
Bei der V. werden zwei Messungen ausgeführt. Zunächst erfolgt wie bei der Substitutionsmethode ein Vergleich der Meßgröße mit einer Maßverkörperung. Danach werden Meßgröße und Vergleichsgröße ausgetauscht. Das Meßergebnis ist das arithmetische Mittel aus beiden Meßwerten. Die V. dient z. B. zur Erkennung systematischer Meßfehler. – Anh.: 6, 130, 147/ *77*.

Vertikal(ablenk)system
Baugruppenkombination eines → *Oszilloskops, das die Vertikal-(Y-)Ablenkung des Elektronenstrahls bewirkt.*
Das V. paßt das Eingangsmeßsignal an die Ablenkempfindlichkeit der Elektronenstrahlröhre an. Es besteht aus einer umschaltbaren → Eingangskopplung, dem (frequenzkompensierten) → Eingangsspannungsteiler, dem Vertikalvor- und -endverstärker (→ Meßverstärker), vielfach einer → Verzögerungsleitung und den → Ablenkelektroden (Bild auf Seite 172). – Anh.: 72, 134/ *78, 86, 87*.

Vertrauensgrenze
Grenzen (oberhalb und unterhalb eines Mittelwerts), zwischen denen der wahre Wert zu erwarten ist.
Das aus n voneinander unabhängigen Einzelwerten bestimmte → arithmetische Mittel ist i. allg. nicht der wahre → Wert. Es ist aber

Vertrauensgrenze

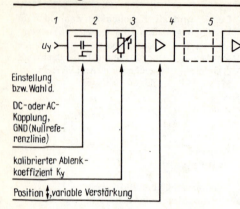

Vertikal(ablenk)system. Übersichtsschaltplan;
1 Y-Eingangsbuchse für Vertikalablenkspannung u_y;
2 Eingangskopplung; *3* Eingangsspannungsteiler;
4 Vertikal-(Y-)Vorverstärker; *5* Verzögerungsleitung;
6 Vertikal-(Y-)Endverstärker; *7* Elektronenstrahlröhre

möglich, V. zu berechnen, die den Vertrauensbereich des Mittelwerts angeben. Dazu ist eine statistische → Sicherheit zu wählen; systematische Fehler sind auszuschließen.

Die V. charakterisieren die → Meßunsicherheit des Meßergebnisses:

obere V. $\bar{x} + \dfrac{t}{\sqrt{n}} s$

untere V. $\bar{x} + \dfrac{t}{\sqrt{n}} s$.

Der Wert für die → Standardabweichung s muß errechnet, die Werte für t bzw. $t/\sqrt{n}$ können in Abhängigkeit von der Anzahl n der Einzelwerte und der statistischen Sicherheit P der Tafel entnommen werden. – Anh.: 6/77.

Verzerrungsleistung

Anteil der → Blindleistung, der durch Oberschwingungen gebildet wird.

Die V. repräsentiert alle zur → Wirkleistung nicht beitragenden Produkte der Spannung mit den Oberschwingungen des Stroms ($I_2, I_3, \ldots$):

$$D = U\sqrt{I_2^2 + I_3^2 + \ldots}$$

Werte zum Bestimmen der Vertrauensgrenze

Bereich	Werte für t und $t/\sqrt{n}$							
	$\bar{x} \pm 1\sigma$		$\bar{x} \pm 1{,}96\sigma$		$\bar{x} \pm 2{,}58\sigma$		$\bar{x} \pm 3\sigma$	
statistische Sicherheit	$P = 68{,}3\%$		$P = 95\%$		$P = 99\%$		$P = 99{,}73\%$	
Anzahl n d. Einzelwerte	t	$t/\sqrt{n}$	t	$t/\sqrt{n}$	t	$t/\sqrt{n}$	t	$t/\sqrt{n}$
(2)	(1,8)	(1,3)	(12,7)	(9,0)	(64)	(45)	(235)	(166)
3	1,32	0,76	4,3	2,5	9,9	5,7	19,2	11,1
4	1,20	0,60	3,2	1,6	5,8	2,9	9,2	4,6
5	1,15	0,51	2,8	1,24	4,6	2,1	6,6	3,0
6	1,11	0,45	2,6	1,05	4,0	1,6	5,5	2,3
8	1,08	0,38	2,4	0,84	3,5	1,24	4,5	1,6
10	1,06	0,34	2,3	0,72	3,2	1,03	4,1	1,29
20	1,03	0,23	2,1	0,47	2,9	0,64	3,4	0,77
30	1,02	0,19	2,05	0,37	2,8	0,50	3,3	0,60
50	1,01	0,14	2,0	0,28	2,7	0,38	3,16	0,45
100	1,00	0,10	2,0	0,20	2,6	0,26	3,1	0,31
200	1,00	0,07	1,97	0,14	2,6	0,18	3,04	0,22
sehr groß (über 200)	1,00	0	(1,96) 2	0	2,58	0	3,0	0

Verzerrungsleistung

Man kann die V. nur rechnerisch aus der geometrischen Differenz der gemessenen Gesamtblindleistung Q und der Grundschwingungsblindleistung $Q_1 = UI_1 \sin \varphi_1$ ermitteln:

$$D = \sqrt{Q^2 - Q_1^2}.$$

Anh.: 11, 18, 44/61.

Verzerrungsmeßgerät
→ Klirrfaktormeßbrücke

Verzögerungsleitung
Baugruppe zur zeitlichen Verzögerung eines elektrischen Signals.
Verzögerungszeiten im ns- bis µs-Bereich werden hauptsächlich durch Laufzeitketten und Verzögerungszeiten im µs- bis ms-Bereich überwiegend durch spezielle Wandlerbauelemente erreicht.
Die Laufzeitkette stellt einen Vierpol mit längs angeordneten Induktivitäten und querliegenden Kapazitäten dar. Die Werte der Bauelemente bestimmen die Verzögerungszeit. Laufzeitketten können auch durch Leitungsstücke (verteilte Induktivitäten und Kapazitäten) erreicht werden.
Bei Wandlerbauelementen wird eingangsseitig durch piezoelektrische Wandler die elektrische Schwingung in eine mechanische Schwingung (Ultraschallschwingung) umgeformt. Am Ausgang wird diese wieder in eine elektrische Schwingung zurückgewandelt. Die mechanische Schwingung durchläuft als Welle mit geringerer Geschwindigkeit das Medium des Bauelements. Dabei bestimmt die zurückgelegte Wegstrecke die Verzögerungszeit.

Vibrationsgalvanometer
Meßgerät zum empfindlichen Nachweis von Wechselströmen.
V. enthalten einen kleinen Dauermagneten (sog. Nadel), der mit einem Spiegel fest verbunden (vielfach in einem auswechselbaren Einsatz) zwischen zwei Spannbändern gelagert ist (Bild). Wird die Meßstromspule vom Wechselstrom durchflossen, so kommt die Nadel mit dem Spiegel in Schwingungen, die durch Projektion mit einem Lichtstrahl sichtbar gemacht werden. Bildet sich der Lichtstrahl im stromlosen Zustand auf der Skala als Strich ab, so verbreitet er sich infolge der Schwingungen zu einem Lichtband.
Ein zweiter (Dauer- oder Elektro-)Magnet, dessen Richtfeld quer zum Feld des Meßstroms wirkt, kann so verstellt werden, daß die Eigenfrequenz der Nadel auf die benötigte Resonanzfrequenz eingestellt werden kann.

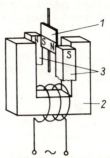

Vibrationsgalvanometer (schematisch); *1* Einsatz mit Nadel und Spiegel; *2* Erregermagnetkreis mit Meßstromspule; *3* Richtmagnetkreis zur Resonanzabstimmung

Vibrationsmeßwerk
(Zungenfrequenzmesser). → *Meßwerk mit schwingfähigen Organen (Stahlzungen), die elektromagnetisch in Resonanzschwingungen versetzt werden.*
Eine Anzahl von vorn abgewinkelten Stahlzungen werden durch Variation von Länge oder Gewicht auf verschiedene Eigenfrequenzen abgestimmt und zu einem Kamm nebeneinander angeordnet. Erregt man sie durch das Wechselfeld eines Elektromagneten, so wird die Zunge durch Resonanzwirkung am stärksten schwingen, deren Eigenfrequenz mit der Frequenz der magnetischen Anziehungskraft übereinstimmt. Diese ist bei Vormagnetisierung durch ein Gleichmagnetfeld oder bei Unterdrückung einer Halbwelle durch einen Gleichrichter gleich der einfachen, sonst gleich der doppelten Frequenz der Meßspannung.
Auch die Nachbarzungen schwingen mehr oder weniger mit, so daß auch das Ablesen von Zwischenwerten möglich ist (Bild).
Es existieren zwei Grundbauformen: der → Zungenfrequenzmesser nach Frahm und der

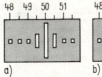

Vibrationsmeßwerk. Beispiele für die Anzeige; a) 50 Hz, b) 49,75 Hz

Vibrationsmeßwerk

→ Zungenfrequenzmesser nach Hartmann-Kempf.
Allgemeine Eigenschaften: Das V. dient der Messung von Industriefrequenzen in einem verhältnismäßig engen Bereich. Die Frequenzanzeige ist weitgehend unabhängig von Kurvenform, Temperatur und Spannungsschwankungen. Bei Spannungen über 100 V werden V. mit Vorwiderständen betrieben. – Anh.: 64/24, 54, 56, 57.

Vielfache und Teile, dezimale
→ Vorsatz

Vielfachmesser
(Vielfachmeßgerät, Universalmeßgerät, Multimeter). Meßgerät mit möglichst vielen Meßbereichen für verschiedene elektrische Größen, die durch Verbinden eines → Drehspulmeßwerks mit Gleichrichtern, Vor-, Neben- und Abgleichwiderständen und den zugehörigen Umschaltern, auch mit Meßverstärkern, Schutzschaltungen, Stromversorgung und getrenntem Zubehör entstehen (Bild).
Unterschiedliche Strom- und Spannungsmeßbereiche entstehen durch Kombination von → Mehrbereichsstrom- und → Mehrbereichsspannungsmessern. Als Kennwert wird der → Gesamtmeßbereich angegeben.
Den Einsatz zur Messung von Gleich- und Wechselgrößen erreicht man durch Ab- und Zuschalten von Meßgleichrichtern zum Drehspulmeßwerk. Wechselgrößen werden nur bei sinusförmigem Verlauf richtig angezeigt.
Bei der Widerstands- und Kapazitätsmessung liegt das Meßwerk in Reihe mit einer eingebauten oder externen Gleich- bzw. Wechselspannungsquelle und dem angeschlossenen Meßobjekt; auf den in Ohm bzw. Farad kalibrierten Skalen ergibt sich der dem Strom proportionale Meßwert (→ Meßwerk, in-Ohm-kalibriertes; → Spannungsmesser, in-Farad-kalibrierter).
Bei Verstärkungs- und Dämpfungsmessungen wird die Ermittlung des Spannungspegels in Dezibel (dB) auf eine Spannungsmessung zurückgeführt und dabei als vereinbarte Bezugsgröße eine Spannung von 0,775 V (entsprechend einer Leistung von 1 mW an einem Widerstand von 600 Ω) benutzt.
Bei V. ist die Gefahr der Überlastung des Meßwerks durch falsche Bedienung und Fehlschaltungen besonders groß; deshalb sind sie mit schnellwirkenden konventionellen Sicherungen oder/und elektronischen Schutzschaltungen ausgerüstet.
Bei elektronischen V. wird die Meßgröße zunächst in einem der Meßgröße angepaßten → Verstärker verarbeitet und dann der Anzeigeeinrichtung zugeführt. Durch → Tastköpfe können im Bedarfsfall die Anwendungsbereiche der V. erweitert werden.
Neuerdings wird die analoge Skala der V. durch eine digitale Anzeige ergänzt oder ersetzt.
Rein digital anzeigende V. werden auch als → Digitalmultimeter bezeichnet.

Vierleiterzähler
→ Drehstromzähler

Vorsatz
International vereinbarte Silben, die zur Bildung von dezimalen Vielfachen oder Teilen von → *Einheiten vor die Benennung der Einheit gesetzt werden (Tafel).*

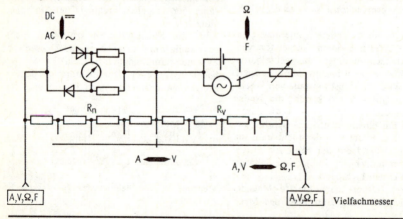

Vielfachmesser

Vorsatz

Vorsätze für Einheiten

Vorsatz	Vorsatzzeichen	Faktor, mit dem die Einheit multipliziert wird
Exa	E	10^{18}
Peta	P	10^{15}
Tera	T	10^{12}
Giga	G	10^{9}
Mega	M	10^{6}
Kilo	k	10^{3}
Hekto +	h	10^{2}
Deka +	da	10^{1}
Dezi +	d	10^{-1}
Zenti +	c	10^{-2}
Milli	m	10^{-3}
Mikro	μ	10^{-6}
Nano	n	10^{-9}
Piko	p	10^{-12}
Femto	f	10^{-15}
Atto	a	10^{-18}

+ Vorsatz nur noch dort verwenden, wo er bereits üblich ist.

V. werden bei den meisten Einheiten, vorzugsweise den SI-Einheiten verwendet. Es sind möglichst solche V. anzuwenden, daß die Zahlenwerte der Größen zwischen 0,1 und 1000 liegen.
V. und Einheiten werden entweder ausgeschrieben kombiniert, oder es wird ein Vorsatzzeichen mit dem Einheitenzeichen verbunden (also Millivolt oder mV bzw. Mikroampere oder μA; aber nicht MilliV oder μAmpere).
Zwischen Vorsatzzeichen und Einheitenzeichen ist kein Zwischenraum zu lassen.
Das V.zeichen darf nicht als selbständige Einheit verwendet werden (richtig: 1 Mikrometer oder 1 μm; falsch: 1 μ = 1 Mikron).
V., die einer ganzzahligen Potenz von Tausend (10^{3n}) entsprechen, sind zu bevorzugen.
Die gleichzeitige Verwendung mehrerer V. ist unzulässig (also Gigawatt oder GW, aber nicht Kilomegawatt oder kMW). Wenn Einheitenzeichen durch einen Quotienten angegeben werden, ist der V. vorzugsweise im Zähler zu verwenden; es sei denn, daß die Angabe im Nenner anschaulicher ist (also km/s, auch A/mm², aber nicht kV/km). – Anh.: 1, 148, 149/75.

Wagnerscher Hilfszweig
Kunstschaltung zur mittelbaren Erdung von → Wechselstrommeßbrücken.
Ist die unmittelbare Erdung einer Wechselstrommeßbrücke nicht möglich oder zulässig, wird zur Beseitigung der Kopplungseinflüsse mit einem Hilfszweig der → Wechselstromnullindikator auf Erdpotential gebracht. Dazu werden zwei zusätzliche Impedanzen Z_a und Z_b wie im Bild geschaltet. Der Nullabgleich der Brücke wird für beide Schalterstellungen durchgeführt.

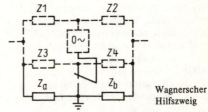

Wagnerscher Hilfszweig

Wanderfeldinduktionsmeßwerk
→ Induktionszähler

Wechselgröße
Dynamische → Größe mit dem linearen Mittelwert Null.
Eine W. ist eine schwankende Größe (vielfach mit einem periodischen Zeitverlauf). Ihr über einen längeren Betrachtungszeitraum gebildeter linearer Mittelwert, der → Gleichwert oder die Gleichkomponente der W., ist Null.
Manchmal betrachtet man auch die → Mischgröße als allgemeine W., die einen anteiligen Gleichwert hat. – Anh.: 18, 44, 47/61.

Wechselgrößenmessung
Bestimmung des Werts einer → Wechselgröße, (z. B. Wechselstrom und -spannung).
Zur W. müssen die Meßgeräte entsprechend der Meßgröße, z. B. zur Strom- oder Spannungsmessung, angeschlossen und dabei die → Frequenzbereiche der Meßmittel beachtet werden.
Eine exakte W. umfaßt die Angabe eines linearen und/oder quadratischen Mittelwerts oder eines Augenblickswerts einschließlich der Kurvenform (Zeitverlauf der Augenblickswerte),

Wechselgrößenmessung

der Frequenz und des Phasenwinkels. Vielfach genügt die Messung und Angabe des → Effektivwerts oder der → Schwingungsbreite.

Bei Sinusgrößen und im Niederfrequenzbereich ermittelt man überwiegend den Effektivwert, ohne das besonders zu betonen. Dazu können alle quadratisch wirkenden Meßgeräte, also thermische, elektrodynamische, elektrostatische und Dreheisenmeßgeräte, genutzt werden. Meßgeräte mit Gleichrichtung erfassen den → Gleichrichtwert. Die Skala ist in der Regel unter Einbeziehung des → Formfaktors für sinusförmige Größen so kalibriert, daß der Effektivwert direkt abgelesen werden kann. Daher zeigen derartige Meßgeräte (z. B. die weit verbreiteten Vielfachmeßgeräte) nichtsinusförmige Größen (Strom bzw. Spannung) falsch an.

Bei nichtsinusförmigen Größen wird die Schwingungsbreite (Wert Spitze-Spitze) mit elektronischen Meßgeräten, überwiegend mit dem Oszilloskop bestimmt. Durch oszilloskopische → Spannungsmessung lassen sich auch charakteristische Augenblickswerte messen.

Ist der Wechselgröße eine Gleichgröße überlagert, muß wie bei der → Mischgrößenmessung vorgegangen werden.

Bei direktwirkenden elektrischen Meßgeräten und elektronischen Meßgeräten mit massefreiem (symmetrischem) Eingang muß keine Anschlußzuordnung beachtet werden. Bei den meisten elektronischen Meßgeräten ist der Eingang einpolig mit Masse bzw. Erde verbunden (unsymmetrischer Eingang), was beim Anschluß an das Meßobjekt zu berücksichtigen ist.

Wechselspannungskompensator

→ *Kompensator, der eine sehr genaue Wechselspannungsmessung ohne und mit Berücksichtigung der Phasenlage gestattet.*

Soll nur der Betrag der Wechselspannung bestimmt werden, d. h., die Phasenlage ist ohne Bedeutung, kann die Messung nach geeigneter Wandlung, z. B. mit Thermoumformern, mit einem → Gleichspannungskompensator erfolgen (→ Rumpf-Kompensator).

Soll die Phasenlage der Wechselspannung berücksichtigt werden, so muß die Kompensationswechselspannung u_K in jedem Augenblick der unbekannten Spannung u_x gleich und entgegengerichtet sein, d. h. gleiche Amplitude, gleiche Frequenz und eine Phasenverschiebung von 180° (→ Larsen-Kompensator).

Wechselspannungsverstärker

→ *Verstärker, bei dem die aktiven Bauelemente über RC-Glieder, Schwingkreise, Schwingquarze, piezo- oder magnetomechanische Filter gekoppelt sind.*

Die Koppelglieder bestimmen die untere und teilweise auch die obere → Grenzfrequenz. Liegen untere und obere Grenzfrequenz weit auseinander, dann spricht man vom Breitbandverstärker, befinden sie sich nahe beieinander, vom Selektivverstärker. Durch entsprechende äußere Beschaltung wird ein → Differenz- oder auch ein Operationsverstärker zum W. – Anh.: 33, 41, 45, 47, 51, 60, 131/64.

Wechselspannungs-Verstärkervoltmeter

Ausführungsart des → Verstärkervoltmeters.

Beim W. werden im Unterschied zum → Universal-Verstärkervoltmeter nur Wechselspannungswerte gemessen.

Um möglichst kleine Spannungswerte zu erfassen, wird der Meßwert zunächst durch einen → Meßverstärker verstärkt, dann der Meßgleichrichtung zugeführt und danach angezeigt (Bild). – Anh.: –/67.

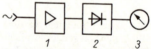

Wechselspannungs-Verstärkervoltmeter. *1* Wechselspannungs-Meßverstärker; *2* Meßgleichrichtung; *3* Anzeige

Wechselstrommeßbrücke

→ *Meßbrücke, die mit Wechselstrom betrieben wird.*

Mit W. können Wechselstromwiderstände (→ Scheinwiderstandsmeßbrücke), Frequenzen (→ Frequenzmeßbrücke) oder Verzerrungen (→ Klirrfaktormeßbrücke) gemessen werden. Die Erfüllung der → Meßbrückenabgleichbedingungen wird durch → Wechselstromnullindikatoren kontrolliert.

Die Frequenz der Betriebs- oder Meßspannung ist vom Anwendungsfall abhängig. Sie kann zwischen 50 Hz und 50 kHz liegen; vielfach beträgt sie 1 kHz. Mit zunehmender Frequenz nehmen die Einflüsse der elektrischen und magnetischen Felder zwischen den Brückenzweigen und von der Umgebung zu. Abhilfe erfolgt durch hochwertige Isolation, bifilare Leitungsführung, günstige Anordnung der Baugruppen sowie durch direkte oder mittelbare Erdung und Abschirmung.

Wechselstromnullindikator

Wechselstromnullindikator
→ *Nullindikator zum Nachweis von Wechselstrom bzw. -spannung.*
Mit W. wird der Abgleich von → Wechselspannungskompensatoren und von → Wechselstrommeßbrücken kontrolliert. Für einen begrenzten Frequenzumfang werden wechselstromanzeigende Meßwerke, Meß(kopf)hörer, modifizierte Vielfachmesser- oder Verstärkervoltmeterschaltungen als W. für die Null- bzw. Minimumanzeige genutzt. Mit phasenempfindlichen elektronischen W. (spezielle Verstärker mit geeigneter Anzeige, Oszilloskope) kann der Nullzustand getrennt für den Betrags- und den Phasenabgleich kontrolliert werden.

Wechselstromzähler
→ *Induktionszähler zum unmittelbaren Anschluß in einem Einphasen-Wechselstromsystem.*
W. dienen der Erfassung und Verrechnung der Energie bei kleinen bis mittleren Anschlußwerten, z. B. in Haushalten, soweit die Netze eine einphasige Belastung zulassen. Sie werden als 300 bis 600 % belastbare → Großbereichszähler vorzugsweise mit der Nennstromstärke 10 A hergestellt. Berücksichtigt man, daß W. spätestens bei 0,5 % ihrer Nennleistung anlaufen müssen, lassen sich damit bei einer Anschlußspannung von 220 V Leistungen von etwa 10 W bis zu 13,2 kW erfassen.
Bei größeren Anschlußwerten erfolgt die Energieerfassung meist mit → Drehstromzählern.
– Anh.: 91 / 58.

Wegmessung
Bestimmung geometrischer Ausdehnungen (z. B. Längen) durch Umwandeln in eine elektrische Größe.
Für die Messung kleiner Wege nutzt man ohmsche → Aufnehmer. Zur Schichtdicken- und Niveaumessung eignen sich kapazitive Aufnehmer. Universeller Längenaufnehmer ist der induktive Aufnehmer.
Digitale W. erfolgt mit → Analog/Digital-Umsetzern nach dem Ausschlagverfahren.

Wegumsetzer
→ *Analog/Digital-Umsetzer nach dem Ausschlagverfahren*

Wehneltzylinder
Elektrode der → *Elektronenstrahlröhre.*
Der W. ist konzentrisch zur Katode angeordnet und in Richtung zum Bildschirm gelocht. Er erhält ein negatives Potential gegenüber Katode und stößt deshalb die Elektronen ab. Der W. bewirkt so eine erste Bündelung der Elektronen zum Elektronenstrahl. Durch Verändern der W.spannung kann die Menge der Elektronen, die die Nachbarschaft der Katode verlassen und zum Bildschirm fliegen, d. h. die Intensität des Elektronenstrahls, beeinflußt werden. Über den W. wird die Grundhelligkeit des Oszillogramms eingestellt. Die → Rücklaufaustastung und eine mögliche Helligkeitsmodulation erfolgen über den W. – Anh.: – / 17, 28, 29.

Weicheisenmeßwerk
→ Dreheisenmeßwerk

Wellenlängenmeßverfahren
Meßverfahren zur → *Frequenzmessung bei hohen Frequenzen.*
Das W. benutzt den Effekt stehender Wellen auf Leitungen, wenn die Wellenlänge kleiner als die Leitungslänge ist. Praktikabel ist das W. für Frequenzen ab 300 MHz.

Wellenmesser
Meßgerät zur Frequenzmessung nach dem → *Frequenzvergleichsverfahren.*
Im W. (Bild) wird die Meßfrequenz der einstellbaren und kalibrierten Frequenz eines Generators in einer Mischstufe überlagert. Die Differenzfrequenz passiert einen Tiefpaß und kommt im Indikator zur Anzeige. Frequenzgleichheit besteht bei Null oder Minimum der Anzeige.

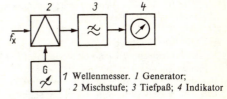

1 Wellenmesser. *1* Generator; *2* Mischstufe; *3* Tiefpaß; *4* Indikator

Welligkeit
→ Mischgröße

Wert
einer Größe. Quantitative Aussage zu einer physikalischen → *Größe.*
Der W. gibt die meßbare mengenmäßige Ausprägung der durch die Größe angegebenen Eigenschaft an. Er wird als Produkt aus dem → Zahlenwert, zur Charakterisierung der Quanti-

Wert

tät, und der Einheit, zur Charakterisierung der Größenart, angegeben, z. B. 5,6 kΩ; 220 V.
Soll besonders betont werden, daß der W. gemessen worden ist, so spricht man vom → Meßwert. – Anh.: 3, 6, 15, 54/*31, 61, 77*.

Wert, angezeigter
→ Meßwert

Wert, richtiger
→ *Wert einer physikalischen Größe, der dem wahren Wert sehr nahe kommt.*
Da ein völlig fehlerfreies Messen praktisch unmöglich ist, nimmt man der Notwendigkeit und dem vorgesehenen Zweck angepaßt den r. W. mit einer entsprechenden Genauigkeit und Stellenzahl als wahren Wert an und nutzt ihn in der → Fehlerrechnung.
Den r. W. erhält man praktisch als Ergebnis einer genügend langen Meßreihe, das frei von systematischen Fehlern ist. – Anh.: 6/*77*.

Wert, wahrer
→ *Wert einer physikalischen Größe, den man durch fehlerfreies → Messen erhalten würde oder der als w. W definiert wird.*
Der w. W. ist ein idealisierter Begriff. Er läßt sich experimentell nicht bestimmen und ist daher i. allg. nicht bekannt.
In der Praxis nutzt man den richtigen Wert. – Anh.: 6/*77*.

Wert Spitze – Spitze
→ Schwingungsbreite

Weston-Element
Cadmium-Quecksilber-Element mit gesättigtem Elektrolyten (→ Normalelement).

Wheatstone-Meßbrücke
→*Gleichstrommeßbrücke zur Messung von Wirkwiderständen.*
Bei dieser → Meßbrücke kann aus drei bekannten Widerständen ein vierter unbekannter bestimmt werden. Ein Spannungsteiler wird aus dem unbekannten Widerstand R_x und einem Vergleichswiderstand R_N mit (genau) bekanntem Wert gebildet. Der andere, parallelgeschaltete Spannungsteiler besteht aus zwei Verhältniswiderständen R3 und R4 (Bild).
Verändert man das → Brückenverhältnis $b = R_3/R_4$, d. h., gleicht man die Verhältniswiderstände gegenseitig so ab, daß die Betriebsspannung durch beide Spannungsteiler in gleichem Maße geteilt wird, haben die Anschlußpunkte des Meßgeräts gleiches Potential. Es fließt kein Strom durch den Nullindikator. Die W. ist abgeglichen. Der Wert des unbekannten Widerstands ist: $R_x = b\,R_N$.

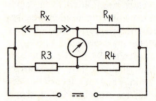

Wheatstone-Meßbrücke. Grundschaltung der Gleichstrommeßbrücke

W. können als → Schleifdraht- oder → Stufenwiderstandsmeßbrücke aufgebaut werden. – Anh.: 139/*69*.

Wicklungsart
Ausführungsmöglichkeiten von Wickelgütern.
Bei der unifilaren Wicklung (Bild a) wird der Draht fortlaufend nebeneinander aufgewickelt. Sie weist eine hohe „parasitäre" Induktivität und Kapazität auf und kann deshalb nur bei Gleichstrom zur fehlerlosen Messung genutzt werden. Bei Widerständen über 500 Ω überwiegt bei Wechselstrombetrieb der Einfluß der Parallelkapazität. Man unterteilt den Widerstand in Einzelwicklungen, und zwei aufeinanderfolgende Kammern des Wickelkörpers werden in entgegengesetztem Sinn bewickelt (Kammerwicklung).
Bei Widerstandswerten unter 500 Ω dominiert die Wicklungsinduktivität. Sie kann durch bifilare Wicklung (Doppeldrahtwicklung, Bild b)

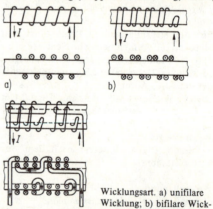

Wicklungsart. a) unifilare Wicklung; b) bifilare Wicklung; c) Chaperon-Wicklung

Wicklungsart

vermindert werden. Dazu wird der Draht in der Mitte um 180° zur Schleife umgebogen und als Doppeldraht aufgewickelt, so daß Hin- und Rückleitung nahe beieinander liegen.
Um die durch bifilare Wicklung zunehmende Parallelkapazität zu vermindern, nutzt man bei Notwendigkeit die Chaperon-Wicklung (Bild c). Die gesamte Wicklung wird in Einzelwickel aufgeteilt, von denen jede bifilar ausgeführt ist.

Widerstandsbestimmung durch Strom- und Spannungsmessung

Verfahren zur indirekten → Widerstandsmessung. Mittels des Ohmschen Gesetzes lassen sich aus der Messung von Gleichspannung und Gleichstrom der Wirkwiderstand und aus der Messung der Effektivwerte von Wechselstrom und Wechselspannung der Scheinwiderstand bestimmen.
I. allg. können die Strom- und Spannungsmessungen nacheinander ausgeführt werden. Bei der Bestimmung von strom- und spannungsabhängigen Widerständen, z. B. nichtlineare Widerstände, Halbleiterbauelemente, Kontaktübergangs- und Isolationswiderstände muß eine gleichzeitige → Strom-/Spannungs-Messung erfolgen. Aus den dabei ermittelten Meßwerten kann der Widerstand mit für Betriebsmessungen ausreichender Genauigkeit (etwa 5 %) berechnet werden, wenn entsprechende Widerstandsverhältnisse zwischen Meßobjekt und Meßgerät bestehen. Die spannungsrichtige → Schaltung wird vorteilhaft zur Messung relativ niederohmiger Widerstände benutzt; dabei sollte der Spannungsmesser möglichst hochohmig sein ($R_{GU} > 50\,R$ bzw. Z).
Zur Messung relativ hochohmiger Widerstände verwendet man die stromrichtige Schaltung; dabei sollte der Strommesser möglichst niederohmig sein $\left(R_{GI} < \dfrac{1}{50} R \text{ bzw. } Z\right)$.

Bei Einbeziehung der Meßgerätewiderstände R_{GU} und R_{GI} in die Rechnung kann der exakte Widerstandswert bestimmt werden mit der spannungsrichtigen Schaltung

$$R_x = \frac{U_x}{I}\left(1 + \frac{R_x}{R_{GU}}\right)$$

stromrichtigen Schaltung

$$R_x = \frac{U}{I_x} - R_{GI}$$

Widerstandsmesser

(Widerstandsmeßgerät, früher Ohmmeter). Meßgerät zur direkten → Widerstandsmessung.

Widerstandsmesser mit Parallelschaltung

(Parallel-Ohmmeter). *In-Ohm-kalibriertes* → *Meßwerk zur* → *Widerstandsmessung.*
Relativ niederohmige Widerstände können zur Messung mit einem Meßwerk parallel an eine Spannungsquelle gelegt werden. (Bild a).

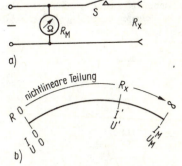

Widerstandsmesser mit Parallelschaltung; a) vereinfachter Schaltplan; b) Skalenverlauf

Vor jeder Messung muß eingemessen und ggf. justiert werden, d. h. bei offenen Anschlußklemmen (Taste S geöffnet), also $R = \infty$, wird Zeigerendausschlag (U_M) kontrolliert bzw. eingestellt. Der gesamte Strom fließt durch das Meßwerk.
Mit angeschlossenem Meßobjekt R_x teilt sich bei geschlossener Taste der Gesamtstrom auf; die Anzeige wird geringer. Bei kurzgeschlossenen Anschlußklemmen ($R_x = 0$) bleibt die Anzeige in der mechanischen Nullage.
Die Skalenteilung, d. h. der zum jeweils angezeigten Spannungswert U' gehörende Widerstandswert R_x, läßt sich mit den Meßwerkdaten (R_M, U_M) berechnen:

$$R_x = \frac{R_M}{\dfrac{U_M}{U'} - 1}$$

Es ergibt sich eine stark nichtlineare Skala mit dem Skalennullpunkt auf der linken Seite (Bild b).
Der Meßgerätewiderstand bestimmt den Meßbereich; er kann durch Parallel- und Reihenschaltung zusätzlicher Widerstände (→ Meßbereichserweiterung) beeinflußt werden.
Relativ hochohmige Widerstände werden mit

Widerstandsmesser mit Parallelschaltung

dem → Widerstandsmesser mit Reihenschaltung gemessen.

Widerstandsmesser mit Reihenschaltung

(Reihen-Ohmmeter). In-Ohm-kalibriertes → Meßwerk zur → Widerstandsmessung.
Zur Messung relativ hochohmiger Widerstände werden diese mit einem Meßwerk in Reihe an eine Spannungsquelle gelegt (Bild a). Vor jeder Messung muß eingemessen und ggf. justiert werden, d. h. bei kurzgeschlossenen Anschlußklemmen (Taste S geschlossen), also $R_x = 0$, wird Zeigerendausschlag (I_M bzw. U_M) kontrolliert bzw. eingestellt.

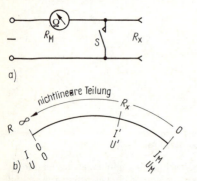

Widerstandsmesser mit Reihenschaltung. a) vereinfachter Schaltplan; b) Skalenverlauf

Nach Öffnen der Taste liegt das Meßobjekt R_x mit dem Meßwerkwiderstand R_M in Reihe an der Spannungsquelle; der Strom wird geringer. Bei offenen Anschlußklemmen ($R_x = \infty$) fließt kein Strom; der Zeiger befindet sich in der mechanischen Nullage. Die Skalenteilung, d. h. der zum jeweils angezeigten Strom- bzw. Spannungswert (I' bzw. U') gehörende Widerstandswert R_x läßt sich bei bekannten Meßwerkdaten (R_M, I_M bzw. U_M) berechnen.

$$R_x = R_M\left(\frac{I_M}{I'} - 1\right) \text{ bzw. } R_x = R_M\left(\frac{U_M}{U'} - 1\right)$$

Es ergibt sich die für diese Schaltungsvariante charakteristische, stark nichtlineare Skala mit dem Skalennullpunkt (elektrische Nullage) auf der rechten Seite (Bild b).
Der Meßbereich wird durch den Meßgerätewiderstand bestimmt und kann durch Parallel- und Reihenschalten zusätzlicher Widerstände (→ Meßbereichserweiterung) beeinflußt werden. Mehrbereichs-W. m. R. werden häufig in Vielfachmeßgeräten genutzt.

Relativ niederohmige Widerstände werden vorteilhaft mit dem → Widerstandsmesser mit Parallelschaltung gemessen.

Widerstandsmessung

Bestimmung des Werts des elektrischen Widerstands.
Als indirektes Verfahren kann im einfachsten Fall eine → Widerstandsbestimmung durch Strom- und Spannungsmessung erfolgen. Beim → Strom- oder → Spannungsvergleich werden die jeweiligen Größen am Meßobjekt mit denen an einem Meßwiderstand vergli-

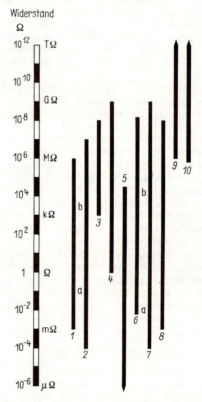

Widerstandsmessung. Orientierende Durchschnittswerte für Einsatzbereiche der Verfahren. *1* Strom-/Spannungs-Messung; *2* Spannungsvergleich a) mit Kompensator; b) mit Zeigermeßgeräten; *3* Stromvergleich; *4* Wheatstone-Meßbrücke; *5* Thomson-Meßbrücke; *6* Widerstandsmesser (sog. Ohmmeter); *7* Kreuzspulwiderstandsmesser a) mit Strom-Spannungs-Verfahren; b) mit Stromvergleichsverfahren; *8* Digitalohmmeter; *9* Teraohmmeter; *10* Entladezeitkonstantenmessung

Widerstandsmessung

chen. Eine der genausten W. ermöglichen → Meßbrücken.
Zur direkten W. können in-Ohm-kalibrierte → Meßwerke (früher sog. Ohmmeter) genutzt werden. Derartige Schaltungen werden auch in den meisten Vielfachmeßgeräten angewendet. → Kreuzspulwiderstandsmesser sind weitgehend unabhängig von Betriebsspannungsschwankungen und werden zur Messung des Widerstands oder dazu gewandelter nichtelektrischer Größen eingesetzt. Hochohmige Widerstände (z. B. beim Nachweis des Isolationsvermögens) werden durch sog. Teraohmmeter mit Kreuzspulmeßwerken oder nach dem Brücken- oder Spannungsvergleichsverfahren gemessen.
In elektronischen Meßgeräten zur W., z. B. → Digitalohmmetern, wird eines der vorgenannten Verfahren in geeigneter, spezifischer Weise genutzt.
Wechselstromwiderstände werden mit den prinzipiell gleichen Verfahren wie Gleichstromwiderstände unter Einsatz von Meßmitteln für Wechselgrößen bestimmt (→ Scheinwiderstandsmessung).
Die Auswahl aus der Vielzahl von Meßverfahren erfolgt unter Berücksichtigung des Werts des zu messenden Widerstands (von einigen Mikroohm der Kontaktübergangswiderstände bis zu Teraohm der Isolationswiderstände), der notwendigen Genauigkeit und unter ökonomischen Gesichtspunkten (z. B. Meßgeschwindigkeit und -häufigkeit).

Widerstandsthermometer
Elektrisches Temperaturmeßgerät.
In W. kommen ohmsche Widerstände (Pt, Ni) oder Halbleiter zur Anwendung.

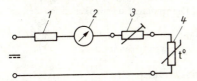

Widerstandsthermometer. *1* Leitungswiderstände; *2* Anzeige; *3* Abgleichwiderstand; *4* temperaturabhängiger Widerstand

Die Temperatur wird in eine Widerstandsänderung (Bild) gewandelt, nachfolgend verstärkt und/oder in einer → Brückenschaltung ausgewertet. Nach A/D-Umsetzung ist digitale Anzeige möglich. – Anh.: 26, 76, 77 / *96.*

Wiederholbedingung
→ *Meßbedingungen an einem Meßort.*
W. liegen vor, wenn die zu vergleichenden Meßergebnisse derselben Größe unter gleichen Arbeitsbedingungen, in ausreichend kurzen Zeitabständen, nach demselben Meßverfahren und mit ein und demselben Meßmittel vom gleichen Beobachter in demselben Laboratorium o. ä. bestimmt werden.
Unter W. sind systematische Fehler nicht erkennbar. Die Streuung der unter W. gewonnenen Meßergebnisse ist geringer als die unter → Vergleichsbedingungen ermittelten. – Anh.: 6 / *77.*

Wien-Meßbrücke
(CCRR-Meßbrücke). → *Wechselstrommeßbrücke zur Messung der Kapazität und des Verlustfaktors von Kondensatoren.*
Bei der W. ist das Meßobjekt (C_x mit $\tan \delta_C$) mit einer Vergleichsschaltung, die den Ersatzschaltplan nachbildet, in Reihe und dazu der andere Spannungsteiler aus zwei Wirkwiderständen R3 und R4 parallel geschaltet.
Entsprechend der Ersatzschaltung des Meßobjekts besteht die Vergleichsschaltung aus einem Kapazitätsnormal C_N mit geringen oder vernachlässigbaren Verlusten und einem in Reihe (Bild a) oder parallel (Bild b) geschalteten Phasenabgleichwiderstand R_N.

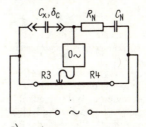

a)

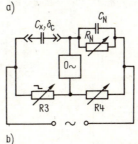

b)

Wien-Meßbrücke. Kapazitätsmeßbrücke; a) mit Reihenverlustabgleich; b) mit Parallelverlustabgleich

Wien-Meßbrücke

Mit beiden Anordnungen lassen sich unabhängig von der Frequenz die Kapazität und der Verlustwiderstand des Kondensators bestimmen:

$$C_x = \frac{R_4}{R_3} C_N \qquad R_v = \frac{R_3}{R_4} R_N$$

Bei bekannter Meßfrequenz ergeben sich die Verlustfaktoren für die Reihenersatzschaltung (Bild a)

$$\tan \delta_C = \omega C_N R_N \text{ und}$$

für die Parallelersatzschaltung (Bild b)

$$\tan \delta_C = \frac{1}{\omega C_N R_N}$$

Bei Betriebsmeßgeräten kann der ohmsche Spannungsteiler als Schleifdraht oder Potentiometer ausgeführt werden (Bild a). Für höhere Genauigkeitsforderungen ist einer der Widerstände fest (oder in Stufen umschaltbar) und der andere ein feinstufig verstellbarer Präzisionswiderstand (Bild b).
Zur Messung von Elektrolytkondensatoren kann die Meßschaltung nach Bild a genutzt werden. Die Gleichspannung zur Polarisation des Kondensators wird entweder in Reihe zur Wechselspannung oder über einen hochohmigen Vorwiderstand parallel zum Nullindikator gelegt. Das Nullinstrument muß durch einen Reihenkondensator von der Polarisationsspannung getrennt werden.

Wien/Robinson-Meßbrücke

→ *Wechselstrommeßbrücke zur* → *Frequenzmessung.*
Ein Zweig dieser → Frequenzmeßbrücke besteht aus dem sog. Wien-Spannungsteiler, d. h. aus der Serienschaltung eines Widerstands R1 mit einem Kondensator C1 und dazu in Reihe die Parallelschaltung eines Widerstands R2

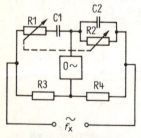

Wien/Robinson-Meßbrücke

mit einem Kondensator C2. Der andere Brückenzweig wird aus den ohmschen Widerständen R3 und R4 gebildet (Bild).
Bei der W. gelten die allgemeinen Abgleichbedingungen

$$\frac{R_3}{R_4} = \frac{R_1}{R_2} + \frac{C_2}{C_1} \quad \text{und} \quad \omega^2 R_1 R_2 C_1 C_2 = 1$$

Für den praktischen Gebrauch wählt man die meßbereichsbestimmenden Bauelemente zu

$$R_1 = R_2 = R; \quad R_3 = 2 R_4 \quad \text{und} \quad C_1 = C_2 = C.$$

Damit ergibt sich die Frequenz, für die die W. abgeglichen werden kann

$$f_x = \frac{1}{2 \pi R C}$$

Winkel(stellungs)messung

Art der Wegemessung.
Die Messung kleiner Winkel erfolgt günstig mit ohmschen → Aufnehmern.
Die Messung großer Winkel erfolgt bevorzugt digital mit → inkrementalen Gebern oder analog mit → Drehmeldern oder Resolvern. – Anh.: 4 / –

Wirbelstrombremse

(Wirbelstromdämpfung); → Induktionsdämpfung

Wirbelstromtachometer

Meßgerät zur mechanischen → *Drehzahlmessung.*
Im W. bewegt sich ein Permanentmagnet mit der zu messenden Drehzahl in einer drehbar gelagerten Metallglocke. Wegen der Magnetbewegung werden in der Glocke (Leiter) Spannungen induziert, deren Folge Wirbelströme sind. Sie erzeugen gegen eine kalibrierte Feder ein Drehmoment und lenken einen Zeiger aus.
W. sind zur Geschwindigkeitsmessung in Fahrzeugen weit verbreitet. – Anh.: – / 88.

Wirkarbeitszähler

(Wirkenergiezähler, auch Wirkverbrauchszähler), *Meßmittel zur Bestimmung des Wirkanteils der elektrischen* → *Energie.*
Der W. ist ein → Induktionszähler, bei dem die Drehzahl der Aluminiumscheibe $n \sim U \cdot I$ ein Maß für die Leistung ist. Das heißt, die Zahl der Läuferumdrehungen nimmt zu je größer der Stromfluß durch die Feldspulen ist. Summiert man die Umdrehungen mit einem

Wirkarbeitszähler

Zählwerk in einer Zeiteinheit, so ist deren Anzahl proportional der elektrischen Energie $n \sim W$.
W. werden heute ausnahmslos als → Großbereichszähler gebaut. Ihre Nennspannungen stimmen mit den Netzspannungen überein, ihre nach verschiedenen Nenn- und Grenzströmen abgestuften Lastbereiche sind dem tatsächlichen Leistungsbedarf in den Verbraucherstromkreisen angepaßt.
Man beachte, daß der W. beim Wechsel der Energierichtung, z. B. beim Übergang von Stromlieferung auf Strombezug, seinen Drehsinn umkehrt.
Je nach Art des Netzes und der Verbraucher verwendet man verschiedene → Zählerschaltungen.
Zum Erfassen der Energieaufnahme von Haushalten und kleinen bis mittleren Anschlußwerten dienen (Einphasen-) → Wechselstromzähler. Bei größeren Anschlußleistungen wird die Energieaufnahme meist über → Drehstromzähler ermittelt. – Anh.: 91, 92, 93, 94, 95, 96, 97, 98, 99, 101, 120 / *8, 20, 21, 58.*

Wirkfaktor
→ Leistungsfaktor

Wirkleistung
Physikalische und technische Größe der nutzbaren elektrischen → Leistung.
Die W. ist die „wirklich wirkende" Leistung, d. h., die Leistung, die an den Betriebsmitteln eine (möglichst beabsichtigte) Wirkung hervorruft; z. B. Erwärmung, mechanische Kräfte.
Im Gleichstromkreis und im Wechselstromkreis mit ohmscher Belastung (d. h. Phasengleichheit von Strom und Spannung, $\cos \varphi = 1$) tritt nur W. auf: $P = U \cdot I$.
Bei beliebiger Belastung im Wechselstromkreis ist nur der Wirkanteil des Stroms ($I \cdot \cos \varphi$) bzw. die mit dem → Leistungsfaktor verknüpfte → Scheinleistung als W. nutzbar:
$P_\sim = U_\sim \cdot I_\sim \cdot \cos \varphi = S \cdot \cos \varphi.$
Anh.: 1, 2, 3, 43 / *61, 75.*

Wirkleistungsmessung
Bestimmung der elektrischen → Wirkleistung.
Als indirekte Verfahren zur W. können im Gleichstrom- und Einphasen-Zweileitersystem bzw. in jedem einzelnen Strang des Drehstromnetzes die → Leistungsbestimmung durch Strom- und Spannungsmessung bei Wechselstrom mit zusätzlicher Leistungsfaktormessung, das → Drei-Spannungsmesser- oder das → Drei-Strommesser-Verfahren genutzt werden.
In speziellen Schaltungen ist auch der Kompensator oder das Oszilloskop zur indirekten W. geeignet.
Zur direkten W. lassen sich alle grundsätzlichen → Leistungsmesserschaltungen anwenden; die Verfahren müssen nach dem Stromsystem ausgewählt werden.
In symmetrisch belasteten Drehstromnetzen mit und ohne Mittelleiter wird vorwiegend das → Ein-Leistungsmesser-Verfahren genutzt.
Wird das Drehstromnetz unsymmetrisch belastet, erfolgt die genaueste und in jedem Fall richtige wenn auch aufwendige W. durch das → Drei-Leistungsmesser-Verfahren. Auch das Zwei-Leistungsmesser-Verfahren ist in beliebig belasteten Drehstromnetzen mit (→ Aron-Schaltung, duale) und ohne (→ Aron-Schaltung) Mittelleiter anwendbar.
Bei der W. im Gleichstromnetz sind einige Besonderheiten zu beachten (→ Gleichstromleistungsmessung).

Wobbelung
Meßverfahren zur unmittelbaren Darstellung des → Frequenzgangs eines Vierpols mit dem Oszilloskop.
Bei der W. wird mittels → Frequenzmodulation eines Generators eine periodisch wiederkehrende Frequenzänderung einer Meßspannung an das Meßobjekt (Vierpol) gegeben. Diese Frequenzänderung wird von der Sägezahnspannung (Kippspannung) des Oszilloskops gesteuert. Der dabei entstehende Amplitudenverlauf wird am Oszilloskop als Kurve dargestellt (Bild).

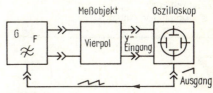

Wobbelung

Überwiegend werden die Frequenzgänge von Schwingkreisen, Bandfiltern, RC-Vierpolen oder Verstärkerstufen dargestellt. In das Oszillogramm können Frequenzmarken eingeblendet werden, da auf dem Bildschirm des Oszilloskops ein absoluter Frequenzmaßstab fehlt. Durch Einstellen des Frequenzhubs der fre-

Wobbelung

quenzmodulierten Schwingung läßt sich die Kurve auf dem Bildschirm dehnen. – Anh.: 41 / –

X-Betrieb

(XY-Betrieb). Betriebsart des → Oszilloskops.
Beim X. werden dem Y- und dem X-Eingang des Oszilloskops je eine Spannung u_y und u_x zugeführt. Der Sägezahngenerator ist (im Unterschied zum → Zeitbetrieb) abgeschaltet. Das Oszillogramm ist dann die Darstellung der Abhängigkeit der Spannung u_y und u_x oder zweier Größen, die in diese Spannung gewandelt wurden: $u_y = f(u_x)$.

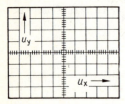

X-Betrieb. Koordinatenzuordnung auf dem Bildschirm

Bei manchen → Zweikanaloszilloskopen fehlt der *X*-Eingang. Die Spannung u_x zur Horizontalablenkung wird dann an einen der beiden Y-Eingänge angelegt (z. B. „X via Y_A"). – Anh.: 72, 134 / 78, 86, 87.

XY-Schreiber
→ Koordinatenschreiber

Z

Zählen

Ermittlung der Anzahl von gleichartigen Elementen einer Menge oder von Ereignissen als → metrologische Tätigkeit.
Die Meßtechnik bedient sich in steigendem Umfang des Z. zur Ermittlung eines Meßwerts (z. B. → Zählverfahren der digitalen Meßtechnik). Z. kann man durch Sinneswahrnehmung oder mittels Zähleinrichtungen.
Zählobjekte können räumlich oder zeitlich unterscheidbare Körper (z. B. Gegenstände, Windungen, Elementarteilchen), Objekte, die nicht ohne Zerstörung des Ganzen voneinander entfernt oder nur indirekt gezählt werden können (z. B. Zähne eines Zahnrads, Ladungsträger eines elektrischen Stroms) oder zeitlich aufeinanderfolgende Ereignisse (z. B. Messungen, Umläufe, Schwingungen, elektrische Impulse) sein.
Der Zählwert wird durch die Anzahl verbunden mit der allgemeinen Zähleinheit Eins (als Ersatz für ‚Stück') oder einer Zähleinheit mit Sachbezug (z. B. Bit, Windungen oder daraus abgeleitete Sondereinheiten wie Umdrehungen je Minute) oder einer echten Zähleinheit (z. B. Paar, Dutzend) angegeben. – Anh.: 6, 130, 147 / 77.

Zahlenwert

(auch Maßzahl). Zahl, die angibt wie oft eine → Einheit in der betrachteten → Größe enthalten ist.
Der Z. ist neben der Einheit Bestandteil des → Werts einer Größe. Er ist der Quotient aus Meßwert und Einheit und charakterisiert die Menge (Quantität) der Größe.
Die Netzspannung (220 · 1 V) hat z. B. den Z. 220.
Der Z. kann, abhängig von der gewählten Einheit, unterschiedlich sein, obwohl der Wert der Größe gleich ist (z. B. die Geschwindigkeit eines Fahrzeugs 50 km/h = 13,89 m/s). – Anh.: 6 / 77.

Zähler

Meßgerät, das physikalische Vorgänge in einer Zeitspanne zählt bzw. addiert.
Ereigniszähler: Z. der die Anzahl von Gegenständen oder Vorgängen feststellt und anzeigt (z. B. → Z., elektronischer).
Integrierendes → Meßgerät; Z. bei dem eine physikalische Größe, z. B. die elektrische Leistung oder eine Wassermenge, in einem Zeitintervall summiert und angezeigt wird (z. B. → Elektrizitätsz. oder Wasserz.) – Anh.: 6, 147 / 11, 65, 77.

Zähler, elektronischer

Meßgerät zum Zählen diskreter elektrischer Ereignisse (z. B. Impulse).
E. Z. besitzen meist mehrere wählbare Betriebsarten. Als Ereigniszähler (Bild a) geschal-

Zähler, elektronischer

tet, läßt eine Torschaltung während des Meßintervalls Impulse passieren. In → Zählstufen gespeichert, wird das Ergebnis in einer digitalen Anzeige dargestellt.

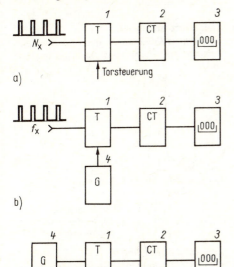

Zähler, elektronischer. Betriebsarten als a) Ereigniszähler; b) Zählfrequenzmesser; c) Zeitmesser; *1* Torschaltung; *2* Zählschaltung; *3* Digitalanzeige; *4* Generator

Als Zählfrequenzmesser (Bild b) geschaltet, wird eine Torschaltung von einem quarzstabilisierten Generator gesteuert. Die zu messende Frequenz ist gleich dem in Zählstufen gespeicherten und in einer digitalen Anzeige dargestellten Zahlenwert, wenn die Toröffnungszeit 1 s beträgt.

Als Zeitmesser (z. B. zur Periodendauermessung) geschaltet (Bild c), liefert ein quarzstabilisierter Generator eine Impulsfrequenz an eine Torschaltung. Die Weiterverarbeitung erfolgt wie beim Ereigniszähler. Mit einer Impulsfrequenz von 1 Hz ist die Anzeige gleich der Toröffnungszeit in Sekunden. – Anh.: 57, 75, 78 / 67.

Zählerbelastung

Elektrische Leistung, deren Integration bzw. Summierung über die Zeit den Wert ergibt, der durch → Elektrizitätszähler gemessen und angezeigt wird.

Die minimale und die maximale Z. begrenzen den → Belastungsbereich.

Zählerkonstante

Zahl der Läuferumdrehungen eines → Elektrizitätszählers je Ableseeinheit.

Die auf dem Leistungsschild der meisten Zähler durch Aufschrift „1 kWh = C_Z Umdrehungen" festgelegte Z. C_Z gibt die Sollumdrehungszahl je kWh an.

Für die Z. sind folgende Werte oder ihre dekadischen Vielfachen und Teile zu bevorzugen:
120 ; 150 ; 187,5 ; 240 ; 300 ; 375 ; 480 ; 600 ; 750 ; 960.
Anh.: 91, 120 / 8, 58.

Zählerschaltung

Anschluß von → Elektrizitätszählern.

Elektrizitätszähler werden auf einer Zählertafel am sog. Zählerplatz (ggf. in einem Zählerschrank) montiert.

Z. sind in Vorschriften im einzelnen festgelegt.
– Anh.: 91, 95, 101, 111, 120 / 8, 9, 58.

Zählfehler

(auch digitaler Restfehler). Fehler bei elektronischen → Zählern, der durch die unterschiedliche und zufällige Phasenlage der Toröffnungszeit entsteht (Bild).

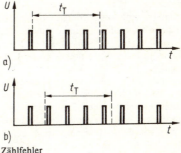

Zählfehler

Trotz gleicher Frequenz und Toröffnungszeit t_T wird bei *a* ein Impuls weniger erfaßt als bei *b*.

Zählfrequenzmesser

Betriebsart eines elektronischen → Zählers.

Zählgröße

Physikalische Größe, die durch → Zählen gemessen wird.

Die Z. dient zur quantitativen Kennzeichnung

Zählgröße

von Mengen. Es wird die Anzahl von Zähleinheiten, die in einer Menge enthalten sind, bestimmt.
In Wortverbindungen werden Z. häufig durch Anhängen der Silbe -zahl ausgedrückt, z. B. Umdrehungs-, Ereignis-, Windungszahl.

Zählschaltung
Schaltungsanordnung zur numerischen Bestimmung von periodischen und zufälligen Ereignissen (z. B. Impulsen, Frequenzen) und Zeiten.
Bekannt sind digitale Z. mit elektronischen → Zählern und analoge Z. durch Mittelwertbildung nach dem → Kondensatorumladeverfahren.

Zählstufe
Baugruppe elektronischer Meßgeräte.
Z. verarbeiten elektrische Impulse auf der Basis bistabiler Kippschaltungen. Eine Z. mit einer Kippschaltung ist in der Lage, bis 2 zu zählen. Das Ergebnis ist binär codiert. Z. werden in verschiedenen Varianten als monolitische Schaltkreise gefertigt.
Häufig sind dekadische Z. In Verbindung mit Mikrorechnern treten oft oktal oder hexadezimal codierte Z. auf.

Zählverfahren
(Inkrementalverfahren). Grundlegendes → Digitalmeßverfahren.
Die gleich (seltener unterschiedlich) großen „Portionen" (Inkremente), in die ein Einzelwert quantisiert ist, werden gezählt. Dieses Aufsummieren kann auf ein Zeitintervall bezogen werden.
Eine Veränderung des Meßwerts wird durch Addieren bzw. Subtrahieren von Inkrementen, also durch Vorwärts- oder Rückwärtszählen wiedergegeben. Dabei werden alle Zwischenwerte zwischen dem alten und dem neuen Wert durchlaufen. – Anh.: – / 64.

Zählwerk
Mechanisch arbeitendes Ziffernsichtgerät zur → Digitalanzeige.
Bei mechanischen Z. befinden sich die Ziffern auf Zahlenrollen, die rein mechanisch angetrieben werden. Meist kann man mit ihnen vorwärts und rückwärts zählen.
Elektromechanische Z. verarbeiten elektrische Impulse, die Zählrollen oder klappbare beschriftete Täfelchen elektromechanisch weiterstellen.

Z. haben eine begrenzte Zählgeschwindigkeit.
– Anh.: – / 11, 65, 77.

Zangenleistungsfaktormesser
→ Leistungsfaktormesser

Zangenstrommeßgerät
Konstruktive Kombination eines → Zangenstromwandlers mit einem geeigneten Strommeßgerät (Bild).
Anh.: 119 / 94.

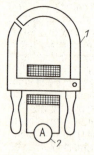

Zangenstrommeßgerät.
1 Zangenstromwandler;
2 Strommesser

Zangenstromwandler
Besondere Bauform des Stromwandlers für den mobilen Einsatz.
Der Z. besitzt einen geteilten und beweglichen Eisenkern (Bild), der zangenähnlich um einen Leiter gelegt werden kann, der den Primärkreis bildet und von dem der Strom gemessen werden soll.

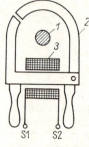

Zangenstromwandler.
1 Primärkreis; *2* Zange;
3 Sekundärkreis

Wegen des unterbrochenen Eisenweges haben Z. nur eine begrenzte Genauigkeit. Mit Z. gelingt aber eine Strommessung, ohne den Meßkreis zu unterbrechen und aufzutrennen. – Anh.: 119 / 94.

Zapfenlager
→ *Achslager für elektrische Meßgeräte*
Die gehärtete Stahlachse des beweglichen Organs läuft in dünne, hochglanzpolierte,

Zapfenlager

schwach verrundete, zylindrische Zapfen aus. Diese werden vom Lochstein geführt und so gegen seitliche Verschiebung gesichert. Das Zapfenende liegt auf dem Deckstein auf (Bild).

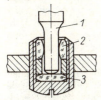

Zapfenlager. *1* Achszapfen; *2* Lochstein; *3* Deckstein

Z. haben eine größere Reibung als → Spitzenlager. Z. gewährleisten eine sehr stabile und relativ erschütterungsunempfindliche Führung des beweglichen Organs. Man verwendet Z. deshalb bei robusten Betriebsmeßgeräten und registrierenden Meßgeräten (→ Schreiber).

Zeiger
Teil der → Anzeigeeinrichtung.
Die Lage des Z. als Anzeigemarke zu den Teilungsmarken der Skala bestimmt die → Anzeige.
Z. müssen leicht sein und eine der Belastung gemäße Stabilität haben. Sie dürfen bei Wechselstrommeßgeräten nicht in Resonanz geraten. Ihre Form soll so gestaltet sein, daß der Meßwert aus geringer Entfernung genau abgelesen, aber auch aus größerer Distanz abgeschätzt werden kann, z. B. durch schmale Spitzen und breite Schafte. Man unterscheidet grundsätzlich → Massez. (körperliche) und → Lichtz.
Die Anbringung des Z. und seine Bewegungsrichtung sind vorgeschrieben (→ Skalenart). Durch eine → Z.nullstellung kann der Z. genau auf den Skalennullpunkt eingestellt werden. Bei Masse-Z. wird das Z.gewicht durch eine → Äquilibrierung ausbalanciert.
Speziell gestaltete Z. können Zusatzaufgaben übernehmen, z. B. als → Kontaktz. oder → Schleppz. – Anh.: 78, 83 / *24, 57, 67.*

Zeiger, körperlicher
→ Massezeiger

Zeigergalvanometer
→ *Galvanometer relativ geringer Empfindlichkeit mit Spitzenlagerung und Anzeige mittels → Massezeiger.*
Z. werden hauptsächlich für kleinere tragbare Meßbrücken und Kompensatoren als Nullindikatoren bei geringen Ansprüchen an die Empfindlichkeit (z. B. 1 Skalenteil je 1 µA oder 100 µV) genutzt.

Zeigernullstellung
Vorrichtung zum Justieren der Nullage des Zeigers.
Der → Zeiger muß sich in einem begrenzten, in Vorschriften festgelegten Bereich um den Skalennullpunkt verstellen lassen.
Bei achsgelagerten Meßwerken erreicht man das meist durch Spannen bzw. Lockern einer Rückstellfeder über einen Exzenter (Bild).

Zeigernullstellung

Bei spannbandgelagerten Meßwerken werden die Bandbefestigungen verstellt.
Bei verschiedenen Meßwerken erfolgt die Z. durch spezielle Maßnahmen, z. B. beim Drehmagnetmeßwerk durch Verdrehen des Richtmagneten oder beim → Hitzdrahtmeßwerk durch Auf- bzw. Abwickeln des Brückendrahtes. – Anh.: 78/57.

Zeitbasis
→ Zeitkoeffizient

Zeitbetrieb
Betriebsart des → Oszilloskops.
Beim Z. dient eine Sägezahnspannung zur Horizontalablenkung des Elektronenstrahls. Diese mit der Zeit linear ansteigende Span-

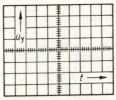

Zeitbetrieb. Koordinatenzuordnung auf dem Bildschirm

Zeitbetrieb

nung bewirkt eine gleichmäßige Bewegung des Leuchtpunkts auf dem Bildschirm von links nach rechts.
Die Vertikalauslenkung erfolgt entsprechend der Spannung u_y, die an den Y-Eingang gelegt wird. Das Oszillogramm ist dann (im Unterschied zum → X-Betrieb) die Darstellung des zeitlichen Verlaufs der Spannung u_y oder der Größe, die zur Spannung u_y gewandelt wurde: $u_y = f(t)$.
Anh.: 72, 134 / 78, 86, 87.

Zeitkoeffizient

(Zeitbasis, Zeitmaßstab). Kennwert eines Oszilloskops.
Der Z. gibt an, in welcher Zeit sich der Leuchtpunkt auf dem Bildschirm in horizontaler Richtung um eine Längeneinheit, z. B. mm, cm, oder einen Teilstrichabstand (z. B. T., DIV) weiterbewegt.

$$K_t = \frac{t}{X} \quad \text{z. B. in} \quad \frac{ms}{cm}, \frac{\mu s}{T}.$$

Der Z. ist der Kehrwert der Ablenkgeschwindigkeit. Der Elektronenstrahl und damit der Leuchtpunkt wird bei → Zeitbetrieb durch die sägezahnförmige Horizontalablenkspannung mit gleichmäßiger Geschwindigkeit von links nach rechts über den Bildschirm bewegt. Es entspricht also eine Längeneinheit in X-Richtung einer bestimmten Zeiteinheit.
Der Z. wird am Kippfrequenzschalter auf der Frontplatte bzw. am Knopfkragen oder durch alphanumerische Einblendungen auf dem Bildschirm angegeben. Er gilt nur für eine definierte Stellung des Feineinstellers und bei ausgeschalteter → Dehnung.
Bei der oszilloskopischen → Zeitmessung kann durch Multiplikation des Z. mit der auf dem Bildschirm ermittelten Auslenkung X zwischen den interessierenden Punkten die zugehörige Zeitdauer bestimmt werden. – Anh.: 72, 134 / 78, 86, 87.

Zeitmaßstab
→ Zeitkoeffizient

Zeitmessung, oszilloskopische

Bestimmung des zeitlichen Abstands zwischen zwei Augenblickswerten mit dem → Oszilloskop.
Das Meßsignal wird bei → Zeitbetrieb an den Y-Eingang gelegt, eine geeignete → Eingangskopplung und → Triggerung gewählt, ein günstiger → Zeit- und → Ablenkkoeffizient einge-

stellt und das möglichst große Oszillogramm mit der notwendigen Helligkeit und Schärfe auf dem Bildschirm positioniert.
Für quantitative Bestimmungen muß der Feineinsteller für den Zeitmaßstab in einer festgelegten Stellung (z. B. auf CAL oder auf anderen Markierungen) stehen und die → Dehnung ausgeschaltet sein (bzw. ihr Faktor muß in die Berechnung einbezogen werden).
Der Augenblickswert, bei dem die Zeitmessung beginnen soll, wird mit dem horizontalen Positionssteller auf eine vorteilhafte vertikale Rasterlinie gestellt und der Zwischenraum zum Bezugsaugenblickswert bestimmt (Bild).

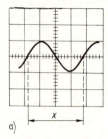
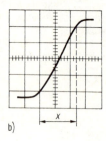

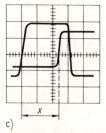

Zeitmessung, oszilloskopische. Beispiele zur Oszillogrammauswertung; a) Bestimmung der Periodendauer; b) Bestimmung der Anstiegszeit; c) Bestimmung des zeitlichen Abstands zwischen einem Bezugs- und dem verzögerten Signal

Die Zeitspanne ergibt sich aus der Multiplikation des Abstands X mit dem Zeitkoeffizienten K_t: $t = X \cdot K_t$.
Anh.: 15, 20, 72 / 78.

Zerstörungsbereich
→ Sicherheitsgrenze

Ziffernschritt
→ Ziffernskala

Ziffernskala
(digitale Skala). → Skala eines Meßmittels, deren

Ziffernskala

Teilungsmarken durch diskrete Ziffernreihen gebildet werden.
Die Z. liefert eine unstetige, digitale Anzeige.
Die Ziffern, meist von 0 bis 9, befinden sich auf mechanisch bewegten Zahlenrollen hinter Schaulöchern (→ Zählwerk) oder werden mit Lumineszenz-(Leucht-)Dioden, Gasentladungs- oder Flüssigkristallanzeigeelementen elektrisch dargestellt.
Die Anzeige erfolgt in ein- oder, meist dezimal gestufter, mehrziffriger Ausführung.
Die Differenz der Werte der Meßgröße für zwei aufeinanderfolgende Ziffern der letzten Stelle einer Z. wird Ziffernschritt genannt. – Anh.: 6/77.

Z-Modulation
Externe Helligkeitssteuerung beim Oszilloskop.
Über einen speziellen (Z-)Eingang kann die Spannung am → Wehneltzylinder der Elektronenstrahlröhre geändert und damit die Helligkeit des Leuchtflecks moduliert werden. Vielfach werden damit Zeitmarken durch Aufhellung oder Verdunkelung in das Oszillogramm eingeblendet. – Anh.: 72, 134/78.

Zubehör
Getrennte Einrichtungen, die bei der Messung mit dem → Meßgerät zusammenwirken.
Z. ist Teil des Meßkreises. Es ist ständig oder zeitweise mit dem Meßgerät unmittelbar verbunden ist.
Man unterscheidet austauschbares Z., begrenzt austauschbares Z. und nichtaustauschbares Z.
Auf notwendiges Z. wird am Meßgerät durch → Skalenzeichen hingewiesen. – Anh.: 78, 115/31, 57.

Zubehör, austauschbares
→ *Zubehör, das für jedes beliebige Meßgerät mit gleichen Kennwerten verwendbar ist.*
A. Z. muß mindestens eine → Genauigkeitsklasse genauer (niedriger) sein als das der Meßgeräte, mit denen es zur Messung verbunden wird. – Anh.: 78, 115/31, 57.

Zubehör, begrenzt austauschbares
Austauschbares Zubehör mit eigener → Genauigkeitsklasse, das nur für Meßgeräte mit gleichen Charakteristiken abgestimmt ist.
B. a. Z. kann z. B. nur mit verschiedenen Meßgeräten des gleichen Typs verbunden und benutzt werden. – Anh.: 78/57.

Zubehör, nichtaustauschbares
→ *Zubehör, das auf die Charakteristik eines bestimmten Meßgeräts abgestimmt ist.*
N. Z. kann nur für das Meßgerät benutzt werden, mit dem es eingemessen ist. Die Zusammengehörigkeit wird gekennzeichnet. – Anh.: 78, 115/31, 57.

Zungenfrequenzmesser
Bauform des → Vibrationsmeßwerks.
● Z. nach Frahm:
Der Kamm aus Stahlzungen und ein Anker aus Weicheisen werden an einem gemeinsamen Steg befestigt, der an beiden Enden an dünnen, elastischen Trägerleisten gelagert ist (Bild a). Der Anker wird durch den Elektromagneten periodisch angezogen und überträgt diese Impulse über den Steg auf alle Zungen. In jeder Periode der Meßspannung wird das System zweimal angezogen, so daß die Zunge,

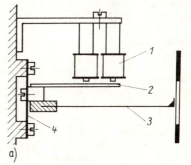

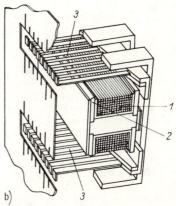

Zungenfrequenzmesser. a) nach Frahm; b) nach Hartmann-Kempf; *1* Erregerwicklung (Elektromagnet); *2* eiserner Anker bzw. Polschuh; *3* Stahlzungenkamm; *4* Trägerleisten

die 50 Hz anzeigt, 100 Schwingungen je Sekunde ausführt.
Gegenüber dem Z. nach Hartmann-Kempf hat diese Bauform wegen der größeren schwingenden Massen einen geringeren Meßbereich (etwa 10 ... 500 Hz).
● **Z. nach Hartmann-Kempf**
Die in einer oder zwei Reihen fest gelagerten Stahlzungen werden durch einen längs des ganzen Zungenkamms verlaufenden Elektromagneten in Schwingungen versetzt (Bild b).
Gegenüber dem Z. nach Frahm hat diese Bauform einen größeren Meßbereich (etwa 10 Hz bis 2 kHz). – Anh.: 64/24, 54, 55, 56, 57.

Zusatzfehler
(auch Einfluß). Änderung des → Meßmittelfehlers gegenüber dem → Grundfehler.
Der Z. wird durch Abweichung einer der → Einflußgrößen in einem festgelegten Bereich von den → Bezugsbedingungen hervorgerufen. Die zulässigen Z.grenzen sind in Vorschriften festgelegt. – Anh.: 78/57, 77.

Zweierteilung
→ Skalenteilung

Zwei-Flanken-Integrationsverfahren
→ Analog/Digital-Umsetzer nach dem Doppelintegrationsverfahren

Zweikanaloszilloskop
→ *Oszilloskop, bei dem mehrere Meßsignale auf dem Bildschirm einer Einstrahlröhre dargestellt werden können.*
Z. werden dort eingesetzt, wo Vergleiche oder Abhängigkeiten zwischen zwei (oder über weitere Umschalter mehreren) Meßsignalen deutlich gemacht werden sollen. Sie nutzen eine → Elektronenstrahlröhre mit einem Strahlerzeuger- und -ablenksystem. Das vertikale Ablenkplattenpaar wird von einem Endverstärker angesteuert. Die Zweikanaldarstellung erreicht man mit einer Umschaltung zwischen den beiden Signalen aus den vertikalen Vorverstärkern (Bild).
Verbindet der Schalter den Vorverstärker (einschließlich Eingangskopplung, Spannungsteiler und Positionseinstellung) mit dem Endverstärker, wird nur das Meßsignal Y_A auf dem Bildschirm dargestellt. Entsprechend wird nur das Signal Y_B oszilloskopiert, wenn der Schalter in die andere Stellung wechselt. Durch einen von außen mit der Hand betätigbaren Schalter kann der jeweilige Kanal ausgewählt und einzeln dargestellt werden.
Bei der Arbeitsweise CHOP (engl. chopped, zerhackt) verwendet man einen elektronischen Umschalter mit einer intern erzeugten, festen Umschaltfrequenz, die wesentlich höher als die Meßfrequenzen liegt. Der Elektronenstrahl schreibt dann abwechselnd Teilstücke der beiden Meßsignale, so daß zwei „gestrichelte" Oszillogramme entstehen.

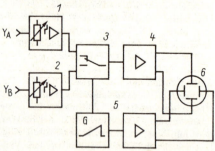

Zweikanaloszilloskop. Übersichtsschaltplan; *1* Vorverstärker für Kanal Y_A; *2* Vorverstärker für Kanal Y_B; *3* (elektronischer) Schalter; *4* Vertikal-(Y-)Endverstärker; *5* Horizontalablenksystem; *6* Einstrahl-Elektronenstrahlröhre

Für schnelle Ablenkzeiten empfiehlt sich die Arbeitsweise ALT (engl. alternate, abwechseln). Hierbei wechselt der elektronische Schalter jeweils nach dem ganzen Signalablauf (während des Elektronenstrahlrücklaufs) von einem Kanal auf den anderen, so daß jedes Meßsignal über den ganzen Bildschirm geschrieben wird, bevor die Kanalumschaltung erfolgt.
Viele Z. verfügen noch über die Arbeitsweise ADD (engl. addition, Summierung), bei der die beiden Meßsignale rückwirkungsfrei addiert und so dargestellt werden: $A + B$. Die häufiger benötigte Subtraktion der Kanäle erfolgt durch Invertieren eines Kanals: $A + (-B) = A - B$.
Die Darstellung von mehr als zwei Meßsignalen (Mehrkanaldarstellung) kann durch Nutzung von mehreren Umschaltern an den Vorverstärkern erfolgen. – Anh.: 72, 134/78.

Zwei-Leistungsmesser-Verfahren
(Zwei-Wattmeter-Verfahren). Verfahren zur → Wirk- und → Blindleistungsmessung.
Z. im beliebig belasteten Drehstrom-Dreileitersystem → Aron-Schaltung.
Z. im beliebig belasteten Drehstrom-Vierleitersystem → Aron-Schaltung, duale.

Zweistrahloszilloskop
→ *Oszilloskop mit einer* → *Zweistrahlröhre.*
Die beiden Elektronenstrahlen können gemeinsam oder getrennt von → Vertikal- und → Horizontal(ablenk)systemen gesteuert werden. Damit ist die gleichzeitige Darstellung von mindestens zwei Oszillogrammen möglich.
Z. können ähnlich dem → Zweikanaloszilloskop eingesetzt werden. – Anh.: 72, 134 / 78.

Zweistrahlröhre
→ *Elektronenstrahlröhre, auf deren Bildschirm zwei (oder mehr) Vorgänge gleichzeitig dargestellt werden können.*
Die zum Schreiben von zwei Vorgängen erforderlichen Elektronenstrahlen können mit zwei selbständigen Strahlerzeugersystemen (Doppelstrahlröhre, double beam) gewonnen werden. Die Horizontal-(Zeit-)ablenkung erfolgt dabei getrennt für jedes Strahlsystem. Es ist auch möglich, ein aus der Katode austretendes Elektronenbündel aufzuspalten (Spaltstrahlröhre, split beam). Beide Teilstrahlen werden dann gemeinsam im absoluten Gleichlauf in horizontaler Richtung abgelenkt. – Anh.: – / 17, 28, 29.

Zweiweggleichrichtung
Schaltung zur → *Meßgleichrichtung.*
Im Unterschied zur → Einweggleichrichtung werden beide Halbwellen der Wechselspannung zur Messung ausgenutzt. Die Z. tritt als → Gegentaktschaltung (Mittelpunktschaltung) oder → Graetzschaltung (Brückenschaltung) auf.

Zwischengröße
(unscharf auch Zwischenwert). Größe, in die die Meßgröße oder eine andere Größe mit dem Ziel einer weiteren Signalverarbeitung umgewandelt wird.
Z. treten häufig in der elektrischen Meßtechnik auf. Besonders deutlich wird das bei der elektrischen Messung nichtelektrischer Größen. So ergeben sich z. B. bei der Temperaturmessung mit Widerstandsthermometer und Drehspulmeßwerk aus der Meßgröße Temperaturänderung die Z. Widerstands-, Spannungs- und Stromänderung.

Zwischenwert
→ *Wert der* → *Zwischengröße.*
Mitunter wird auch die Zwischengröße unscharf als Z. bezeichnet.

Anhang

Normen, Bestimmungen

1 **DIN 1301** Einheiten
2 **DIN 1304** Allgemeine Formelzeichen
3 **DIN 1313** Physikalische Größen und Gleichungen; Begriffe, Schreibweisen
4 **DIN 1315** Winkel; Begriffe, Einheiten
5 **DIN 1318** Lautstärkepegel; Begriffe, Meßverfahren
6 **DIN 1319** Grundbegriffe der Meßtechnik
7 **DIN 1323** Elektrische Spannung, Potential, Zweipolquelle, elektromotorische Kraft; Begriffe
8 **DIN 1324** Elektrisches Feld; Begriffe
9 **DIN 1325** Magnetisches Feld; Begriffe
10 **DIN 1338** Formelschreibweise und Formelsatz
11 **DIN 4897** Elektrische Energieversorgung; Formelzeichen
12 **DIN 5031** Strahlungsphysik im optischen Bereich und Lichttechnik
13 **DIN 5032** Lichtmessung
14 **DIN 5035 Teil 6** Innenraumbeleuchtung mit künstlichem Licht; Messung und Bewertung
15 **DIN 5483** Zeitabhängige Größen
16 **DIN 5485** Wortzusammensetzung mit den Wörtern Konstante, Koeffizient, Zahl, Faktor, Grad, Maß, Pegel
17 **DIN 5488** Zeitabhängige Größen; Benennung der Zeitabhängigkeit
18 **DIN 5489** Vorzeichen- und Richtungsregeln für elektrische Netze
19 **DIN 5493** Logarithmische Größenverhältnisse; Maße, Pegel in Neper und Dezibel
20 **DIN 8236** Zeitmeßtechnische Begriffe
21 **DIN 8274** Lagersteine der Feinwerktechnik; Kalottensteine für Elektrizitätszähler
22 **DIN 8300** Antriebe für Trommel- und Kreisblattschreiber; Bezeichnung, Anforderungen, Kennzeichnung
23 **DIN 13346** Temperatur, Temperaturdifferenz; Grundbegriffe, Einheiten
24 **DIN 13402** Medizinische Elektrothermometer; Begriffe, Anforderungen, Prüfungen
25 **DIN 16159** Maschinen-Glasthermometer; Übersicht
26 **DIN 16160** Thermometer
27 **DIN 16233** Schreibscheiben für Kreisblattschreiber
28 **DIN 16234** Papiere für Schreibrollen, Schreibstreifen und Schreibscheiben schreibender Meßgeräte
29 **DIN 16240** Transportwerke für Bandschreiber
30 **DIN 16243** Stiftrad zum Transportwerk für Bandschreiber; Konstruktionsmaße
31 **DIN 16257** Nennlagen und Lagezeichen für Meßgeräte
32 **DIN 19226** Regelungstechnik und Steuerungstechnik; Begriffe und Benennungen
33 **DIN 30600** Grafische Symbole
34 **DIN 40004** Spannung und Strom; Gekürzte Schreibweisen
35 **DIN 40011** Elektrotechnik; Erde, Schutzleiter, fremdspannungsarme Erde, Kennzeichnung an Betriebsmitteln, Schilder
36 **DIN 40014** Elektrotechnik; Schutzisolierung, Kennzeichnung an Betriebsmitteln, Schilder
37 **DIN 40016** Elektrotechnik; Masse-Anschluß, Kennzeichnung an Betriebsmitteln, Schilder
38 **DIN 40046** Klimatische und mechanische Prüfungen für elektrotechnische Bauelemente der Nachrichtentechnik
39 **DIN 40050** IP-Schutzarten; Berührungs-, Fremdkörper- und Wasserschutz für elektrische Betriebsmittel
40 **DIN 40081 Teil 11** Leitfäden zur Zuverlässigkeit; Bauelemente der Elektrotechnik, Losweise und periodische Prüfungen

Normen

41 DIN 40100 Bildzeichen der Elektrotechnik
42 DIN 40108 Elektrische Energietechnik; Stromsysteme, Begriffe, Größen, Formelzeichen
43 DIN 40110 Wechselstromgrößen
44 DIN 40121 Elektromaschinenbau; Formelzeichen
45 DIN 40146 Begriffe zur Nachrichtenübertragung
46 DIN 40148 Übertragungssysteme und Zweitore
47 DIN 40700 Schaltzeichen
48 DIN 40703 Schaltzeichen, Zusatzschaltzeichen
49 DIN 40712 Schaltzeichen, Kennzeichen für Veränderbarkeit, Einstellbarkeit, Schaltzeichen für Widerstände, Wicklungen, Kondensatoren, Dauermagnete, Batterien, Erdung, Abschirmung
50 DIN 40714 Teil 2 Starkstrom- und Fernmeldetechnik; Schaltzeichen, Meßwandler
51 DIN 40716 Schaltzeichen
52 DIN 41328 Meßverfahren für Elektrolyt-Kondensatoren
53 DIN 41640 Meß- und Prüfverfahren für elektrisch-mechanische Bauelemente
54 DIN 41747 Stabilisierte Stromversorgungsgeräte, Meßverfahren
55 DIN 41750 Stromrichter
56 DIN 41755 Teil 1 Überlagerungen auf einer Gleichspannung, Periodische Überlagerungen; Begriffe, Meßverfahren
57 DIN 41784 Thyristoren; Meß- und Prüfverfahren
58 DIN 41792 Halbleiterbauelemente für die Nachrichtentechnik; Meßverfahren
59 DIN 41859 Elektrische Digitalschaltungen; Begriffe
60 DIN 41860 Lineare integrierte Verstärker; Einteilung und Begriffe
61 DIN 41863 Halleffekt-Bauelemente; Begriffe
62 DIN 42400 Kennzeichnung der Anschlüsse elektrischer Betriebsmittel; Richtlinien, Alphanumerisches System
63 DIN 43700 Messen, Steuern, Regeln; MSR-Geräte für Tafeleinbau, Nenn- und Ausschnittmaße
64 DIN 43701 Elektrische Schalttafel-Meßinstrumente
65 DIN 43703 Elektrische Meßgeräte; Nebenwiderstände
66 DIN 43710 Messen, Steuern, Regeln; Elektrische Thermometer, Thermospannungen und Werkstoffe der Thermopaare
67 DIN 43712 Elektrische Thermometer; Thermodrähte für Thermopaare
68 DIN 43714 Messen, Steuern, Regeln; Elektrische Thermometer, Ausgleichsleitungen für Thermoelemente
69 DIN 43718 Frontrahmen für anzeigende Meßinstrumente; Hauptmaße
70 DIN 43720 Elektrische Temperaturmeßgeräte; Metallene Schutzrohre für Thermoelemente
71 DIN 43732 Elektrische Temperaturmeßgeräte; Thermopaare für Thermoelemente
72 DIN 43740 Angabe der Eigenschaften von Elektronenstrahl-Oszilloskopen
73 DIN 43745 Elektronische Meßeinrichtungen; Angabe der Betriebsgüte in Datenblättern und Normen
74 DIN 43750 Elektronische Meßeinrichtungen; Mitzuliefernde Unterlagen
75 DIN 43751 Messen, Steuern, Regeln; Digitale Meßgeräte
76 DIN 43760 Messen, Steuern, Regeln; Elektrische Thermometer, Grundwerte der Meßwiderstände für Widerstandsthermometer
77 DIN 43762 Elektrische Temperaturmeßgeräte; Meßeinsätze für Widerstandsthermometer
78 DIN 43780 Elektrische Meßgeräte; Direkt wirkende anzeigende Meßgeräte und ihr Zubehör
79 DIN 43781 Messen, Steuern, Regeln; Elektrische Meßgeräte
80 DIN 43782 Messen, Steuern, Regeln; Elektrische Meßgeräte, Selbstabgleichende elektrische Kompensations-Meßgeräte
81 DIN 43783 Teil 1 Elektrische Meßwiderstände; Gleichstrom-Meßwiderstände
82 DIN 43801 Teil 1 Eletrische Meßgeräte; Spiralfedern, Maße
83 DIN 43802 Skalen und Zeiger für elektrische Meßinstrumente

84 DIN 43807 Messen, Steuern, Regeln; Elektrische Meßgeräte, Anschlußbezeichnungen für Schalttafel-Meßgeräte zur Leistungs- und Leistungsfaktor-Messung
85 DIN 43812 Messen, Steuern, Regeln; Berührungslose Drehzahlmeßanlagen
86 DIN 43821 Elektrische Meßgeräte; Widerstandsferngeber, Begriffe
87 DIN 43831 Schreibende Meßinstrumente für Einbau; Hauptmaße der Gehäuse, Technische Werte
88 DIN 43832 Schlüssel für Meßgeräte
89 DIN 43834 Messen, Steuern, Regeln; Befestigung für MSR-Geräte für Tafeleinbau; Befestigungselement, Befestigungslöcher im Gerät
90 DIN 43835 Befestigung für anzeigende Meßinstrumente; Befestigungselement; Kegel am Gehäuse, Montageanordnung
91 DIN 43850 Elektrizitätszähler; Technische Werte
92 DIN 43853 Zählertafeln; Hauptmaße, Anschlußmaße
93 DIN 43854 Plombierschrauben für Elektrizitätszähler
94 DIN 43855 Elektrizitätszähler; Schilder, Maße, Werkstoffe
95 DIN 43856 Elektrizitätszähler; Tarifschaltuhren und Rundsteuerempfänger, Schaltpläne, Klemmenbezeichnungen und Benennungen
96 DIN 43857 Elektrizitätszähler in Isolierstoffgehäusen für unmittelbaren Anschluß bis 60 A Grenzstrom
97 DIN 43858 Schraubendrehereinsatz für Führungshülse für Elektrizitätszähler
98 DIN 43859 Elektrizitätszähler für Meßwandleranschluß; Hauptmaße für Drehstromzähler
99 DIN 43860 Zusatzgeräte am Elektrizitätszähler nach DIN 43857 Teil 2
100 DIN 43862 Elektrizitätszähler; Einschubzähler mit statischem Meßwerk, Hauptmaße
101 DIN 43870 Zählerplätze
102 DIN 44402 Messung der Eigenschaften von Elektronenröhren
103 DIN 44405 Innenraster für Oszillographenröhren
104 DIN 44438 Sockel 14–25 für Oszillographenröhren
105 DIN 44472 Begriffe für integrierte Anpassungsschaltungen, Analog-Digital-Umsetzer
106 DIN 44480 Meßverfahren für integrierte Schaltungen
107 DIN 45021 Modulationstechnik; Begriffe
108 DIN 45174 Quarz-Oszillatoren
109 DIN 46300 Installationsmaterial; Befestigungsschraube für Elektrizitätszähler und Steuergeräte auf Zählerfeldern
110 DIN 55302 Statistische Auswertungsverfahren; Häufigkeitsverteilung, Mittelwert und Streuung
111 DIN VDE 0100 Errichten von Starkstromanlagen mit Nennspannungen bis 1000 V
112 DIN VDE 0101 Errichten von Starkstromanlagen mit Nennspannungen über 1 kV
113 DIN VDE 0106 Schutz gegen elektrischen Schlag; Klassifizierung von elektrischen und elektronischen Betriebsmitteln
114 DIN VDE 0402 Messen, Steuern, Regeln; Drehfeldrichtungsanzeiger
115 DIN VDE 0410 VDE-Bestimmungen für elektrische Meßgeräte; Sicherheitsbestimmungen für anzeigende und schreibende Meßgeräte und ihr Zubehör
116 DIN VDE 0411 VDE-Bestimmungen für elektronische Meßgeräte und Regler; Schutzmaßnahmen für elektronische Meßgeräte
117 DIN VDE 0412 Elektronische Meßgeräte, die in Verbindung mit ionisierender Strahlung verwendet werden; Schutzmaßnahmen
118 DIN VDE 0413 Messen, Steuern, Regeln; Geräte zum Prüfen der Schutzmaßnahmen in elektrischen Anlagen
119 DIN VDE 0414 Meßwandler; Besondere Bestimmungen für induktive Spannungswandler
120 DIN VDE 0418 Elektrizitätszähler; Wechselstrom-Wirkverbrauchszähler
121 DIN VDE 0432 Hochspannungs-Prüftechnik
122 DIN VDE 0470 Teil 1 Prüfgeräte und Prüfverfahren; Prüfung des Berührungsschutzes
123 DIN VDE 0471 VDE-Bestimmungen für die feuersicherheitliche Prüfung von elektrotechnischen Erzeugnissen, ihren Baugruppen und Teilen

Normen

124 **DIN VDE 0664** Fehlerstrom-Schutzeinrichtungen; Fehlerstrom-Schutzschalter bis 500 V Wechselspannung und bis 63 A
125 **DIN VDE 0680** Körperschutzmittel; Schutzvorrichtungen und Geräte zum Arbeiten an unter Spannung stehenden Teilen bis 1000 V
126 **DIN VDE 0681** VDE-Bestimmungen für Geräte zum Betätigen, Prüfen und Abschranken unter Spannung stehender Betriebsmittel mit Nennspannungen über 1 kV
127 **DIN 58658** Trommeln und Antriebe für schreibende Meßgeräte
128 **DIN 58122** Größen, Einheiten, Formelzeichen
129 **DIN 66011** Magnetbänder zur Speicherung digitaler Daten
130 **DIN IEC 47 (CO) 754** Allgemeine Regeln für Meßverfahren
131 **DIN IEC 47 (CO) 873** Integrierte Analogschaltungen; Operationsverstärker
132 **DIN IEC 50 Teil 131** Internationales Elektrotechnisches Wörterbuch; Elektrische Stromkreise und magnetische Kreise
133 **DIN IEC 151** Messung der Eigenschaften von Elektronenröhren
134 **DIN IEC 351** Angabe der Eigenschaften von Elektronenstrahl-Oszilloskopen
135 **DIN IEC 477** Meßwiderstände
136 **DIN IEC 523** Gleichspannungs-Kompensatoren
137 **DIN IEC 524** Gleichspannungs-Widerstandsteiler
138 **DIN IEC 527** Gleichstromverstärker; Eigenschaften und Prüfmethoden
139 **DIN IEC 564** Gleichstrom-Widerstandsmeßbrücken
140 **DIN IEC 584 Teil 1** Grundwerte der Thermospannungen
141 **DIN IEC 618** Induktive Spannungsteiler
142 **DIN IEC 624** Angabe der Eigenschaften von Impulsgeneratoren
143 **VDE 0419** Bestimmungen für Tarifschaltuhren
144 **VDE 0425** Bestimmungen für zweipolige Spannungsprüfer bis 1000 V
145 **VDE 0470** Regeln für Prüfgeräte und Prüfverfahren
146 **VDE 0663** Bestimmungen für Fehlerspannungs-Schutzschalter und Nulleiter-Fehlerspannungs-Schutzschalter bis 500 V und bis 63 A
147 **VDI/VDE 2600** Metrologie (Meßtechnik)
148 **BGBl I S. 709** vom 2. 7. 69 Gesetz über Einheiten im Meßwesen
149 **BGBl I S. 981** vom 26. 6. 70 Ausführungsverordnung zum Gesetz über Einheiten im Meßwesen

Standards

1 **TGL RGW 403** Metrologie; Genauigkeitskennwerte von Normalen
2 **TGL RGW 593** Elektrische Meßgeräte; Gleichstrommeßwiderstände
3 **TGL RGW 594** Elektrische Meßmittel; Normalelemente
4 **TGL RGW 768** Universelles internationales System der automatisierten Kontrolle, Regelung und Steuerung (URS); Meßeinrichtungen
5 **TGL RGW 778** Elektrotechnik; Schutzgrade, die durch Gehäuse gewährleistet werden
6 **TGL RGW 788** Anzeigende Elektromeßgeräte; Allgemeine technische Forderungen (TGL 19472)
7 **TGL RGW 1075** Elektronische Meßgeräte; Impulsgeneratoren
8 **TGL RGW 1108** Einphasige und mehrphasige Induktionswirkenergiezähler
9 **TGL RGW 1109** Induktionsblindenergiezähler
10 **TGL RGW 1709** Metrologie; Strommesser, Spannungsmesser, Wirkleistungsmesser, Blindleistungsmesser
11 **TGL RGW 1856** Mechanische und elektromechanische Zähler; Hauptkennwerte (TGL 28715)
12 **TGL RGW 2416** Elektromeßgeräte, Gleichstromkompensatoren
13 **TGL RGW 2608** Metrologie; Meß-Gleichspannungsteiler

Standards

14 TGL RGW 2609 Metrologie; Referenznormalelemente
15 TGL RGW 2610 Metrologie; Meßwiderstände, Arbeitsmeßmittel
16 TGL RGW 2736 Elektrizitätszähler; Maximumwerke
17 TGL RGW 2753 Elektronenstrahlröhren (TGL 9664/02)
18 TGL RGW 2830 Einheitliches System der Konstruktionsdokumentation des RGW; Schaltzeichen für Elektromeßgeräte (TGL 16026)
19 TGL RGW 3071 Meßwesen; Gleichstromkompensatoren
20 TGL RGW 3072 Meßwesen; Arbeitselektrizitätszähler (TGL 38267)
21 TGL RGW 3073 Meßwesen; Referenznormalelektrizitätszähler (TGL 38267)
22 TGL RGW 3172 Registrierende elektrische Meßgeräte mit direkter Wandlung und Zubehörteile
23 TGL RGW 3890 Elektrische Meßgeräte, Stromzähler
24 TGL 2979 Elektrische Meßinstrumente für Geräte und Tafeln; Skalen und Zeiger
25 TGL 3004 Anzeigende elektrische Meßinstrumente; Gehäuse
26 TGL 7783 Anschlußstellen für Schutzleiter
27 TGL 9200 Umgebungseinflüsse; Klassifizierung von Erzeugnissen
28 TGL 9664 Begriffe für Elektronenröhren
29 TGL 12187 Elektronenröhren; Oszillographenröhren
30 TGL 14151 Strom- und Spannungswandler
31 TGL 14283 Elektrische Meßtechnik; Elektronische Meßgeräte
32 TGL 14591 Automatische Steuerung; Begriffe, Kurzzeichen
33 TGL 15132 **Zeichnungen, Diagramme; Richtlinien für die Gestaltung**
34 TGL 15262 Sinnbilder für Bedienung
35 TGL 16001 Elektrotechnik; Schaltzeichen
36 TGL 16004 Schaltzeichen der Elektrotechnik; Frequenzen und Frequenzbänder
37 TGL 16005 Schaltzeichen der Elektrotechnik; Allgemeine Kennzeichen
38 TGL 16006 Schaltzeichen der Elektrotechnik; Kennzeichnung für Spannungs-, Strom- und Schaltarten
39 TGL 16007 Schaltzeichen für Elektrotechnik; Leitungen und Leitungsverbindungen
40 TGL 16008 Einheitliches System der Konstruktionsdokumentation des RGW; Schaltzeichen für Widerstände
41 TGL 16009 Einheitliches System der Konstruktionsdokumentation des RGW; Schaltzeichen für Kondensatoren
42 TGL 16026 Einheitliches System der Konstruktionsdokumentation des RGW; Schaltzeichen für Elektromeßgeräte
43 TGL 16056 Einheitliches System der Konstruktionsdokumentation des RGW; Schaltzeichen für Elemente der digitalen Technik
44 TGL 16057 Einheitliches System der Konstruktionsdokumentation des RGW; Schaltzeichen für Elemente der Analogtechnik
45 TGL 16088 Einheitliches System der Konstruktionsdokumentation des RGW; Ausführung von Schaltplänen der elektronischen digitalen Rechentechnik
46 TGL 16529 Elektrische Meßinstrumente; Spannungsmesser mit quadratischem und rechteckigem Tubus
47 TGL 16530 Elektrische Meßinstrumente; Strommesser mit quadratischem und rechteckigem Tubus
48 TGL 16531 Elektrische Meßinstrumente; Leistungsmesser mit quadratischem und rechteckigem Tubus
49 TGL 16532 **Elektrische Meßinstrumente; Spannungsschreiber**
50 TGL 16533 Elektrische Meßinstrumente; Stromschreiber
51 TGL 16534 Elektrische Meßinstrumente; Leistungsschreiber
52 TGL 16559 Kriech- und Luftstrecken
53 TGL 17175 Elektrische Meßtechnik; Bestimmung des Klirrfaktors
54 TGL 19456 Elektrische Meßinstrumente für Geräte und Tafeln; Frequenzmesser mit Vibrationszungen

Standards

55 TGL 19458 Elektrische Meßinstrumente; Leistungsfaktormesser
56 TGL 19459 Elektrische Meßtechnik; Frequenzmesser
57 TGL 19472 Direktwirkende elektrische Meßgeräte
58 TGL 19473 Elektrizitätszähler; Wechselstromzähler
59 TGL 19500 Elektrische Meßinstrumente, schlagwetter- und explosionsgeschützt
60 TGL 21366 Elektrotechnik, Elektronik; Schutzklassen, Einteilung und Kennzeichnung elektrotechnischer Betriebsmittel
61 TGL 22112 Elektrotechnik, Elektronik; Größen, Formelzeichen, Einheiten
62 TGL 24491 Elektronenröhren; Typschlüssel für Oszillographenröhren
63 TGL 24568 Halbleiterbauelemente; Meßgeräte
64 TGL 25432 Werkzeugmaschinen; Begriffe der Steuerung
65 TGL 28715 Zähler, mechanisch und elektromechanisch
66 TGL 29323 Drahtgebundene Nachrichtentechnik; Angabe des Pegels, der Dämpfung bzw. Verstärkung
67 TGL 29435 Elektronische Meßgeräte; Strom- und Spannungsmesser
68 TGL 30060 Gesundheits- und Arbeitsschutz, Brandschutz; Schutz gegen Elektrizität, Allgemeine sicherheitstechnische Forderungen
69 TGL 31198 Elektrische Meßtechnik; Gleichstrom-Widerstandsmeßbrücken und Gleichspannungskompensatoren
70 TGL 31532 Betriebliches Meßwesen; Grundsätze
71 TGL 31533 Prüfschemata für Meßmittel
72 TGL 31534 Prüfvorschriften für Meßmittel
73 TGL 31536 Darstellung von Meßergebnissen
74 TGL 31542 Staatliche Etalons
75 TGL 31548 Einheiten physikalischer Größen
76 TGL 31549 Grundlagen der Symbolik in Naturwissenschaft und Technik
77 TGL 31550 Grundbegriffe der Metrologie
78 TGL 31750 Elektronische Meßgeräte; Elektronenstrahloszillographen
79 TGL 31853 Elektronische Meßgeräte; Meßgeneratoren mit koaxialem Ausgang
80 TGL 32076 Lichtmessung
81 TGL 33256 Begriffe, Formelzeichen, Einheitenzeichen der Akustik
82 TGL 33699 Ministerium für Elektrotechnik/Elektronik; Betriebliches Meßwesen
83 TGL 33797 Elektrische Informationstechnik; Quarzgeneratoren
84 TGL 34243 Fotoelektrische Bauelemente; Fotozellen
85 TGL 34364 Elektrotechnik; Erdungs-, Schutz-, Schutzisolierungs- und Massezeichen
86 TGL 34676 Elektronische Meßgeräte; Samplingoszillographen
87 TGL 36077 Elektronische Meßgeräte; Speicheroszillographen
88 TGL 37000 Meßtechnik; Wirbelstromtachometer
89 TGL 37587 Direktwirkende anzeigende elektrische Meßgeräte; Prüfverfahren
90 TGL 37636 Lichtstrahloszillographen
91 TGL 37935 Drahtgebundene Nachrichtentechnik; Maßeinheit Dezibel zur Angabe von Pegeln und Dämpfungen
92 TGL 38267 Elektrizitätszähler, Eichung
93 TGL 39440 Metrologie; Arbeitsthermoelemente
94 TGL 39758 Stromwandler; Begriffe, Technische Forderungen, Prüfung, Kennzeichnung
95 TGL 39759 Spannungswandler; Begriffe, Technische Forderungen, Prüfungen, Kennzeichnung
96 TGL 0-16160 Meßgeräte; Thermometer
97 TGL 200-0057 Umgebungseinflüsse auf elektrotechnische und elektronische Erzeugnisse; Prüfung auf den Einfluß äußerer mechanischer Faktoren
98 TGL 200-0601 Elektrotechnische Anlagen; Allgemeine Errichtungsvorschriften
99 TGL 200-0602 Schutzmaßnahmen in elektrotechnischen Anlagen
100 TGL 200-0603 Erdung in elektrotechnischen Anlagen
101 TGL 200-0617 Beleuchtung mit künstlichem Licht

Standards

102 **TGL 200-0618** Elektrotechnische Anlagen; Inbetriebsetzungsprüfung
103 **TGL 200-7074** Elektrische Meßtechnik; Spannungssucher einpolig für Wechselspannungen bis 250 V gegen Erde
104 **TGL 200-7075** Elektrische Meßtechnik; Spannungssucher zweipolig für Gleich- und Wechselspannung 110 bis 750 V
105 **TGL 200-7097** Elektronische Meßgeräte; Abschirmung für Elektronenstrahlröhren
106 **TGL 200-8160** Halbleiterbauelemente; Halbleitertechnik, Begriffe
107 **TGL 200-8161** Halbleiterbauelemente
108 **TGL 200-8200** Halbleiterbauelemente; Kurzzeichen der Halbleitertechnik
109 **TGL 200-8295** Halbleiterbauelemente; Meßverfahren für Halbleiterdioden
110 **TGL 200-8317** Halbleiterbauelemente; Meßverfahren für Transistoren
111 **TGL 200-8363** Halbleiterbauelemente; Meßverfahren für Thyristoren